·名家通识讲座书系｜典藏版·

AESTHETICS

美学
十五讲

典 藏 版

凌继尧 著

北京大学出版社
PEKING UNIVERSITY PRESS

图书在版编目（CIP）数据

美学十五讲：典藏版 /凌继尧著. —北京：北京大学出版社，2021.10
（名家通识讲座书系：典藏版）
ISBN 978-7-301-32409-7

Ⅰ.①美… Ⅱ.①凌… Ⅲ.①美学–通俗读物 Ⅳ.①B83-49

中国版本图书馆CIP数据核字（2021）第170962号

书　　　名	美学十五讲（典藏版） MEIXUE SHIWU JIANG（DIANCANG BAN）
著作责任者	凌继尧　著
责任编辑	吴　敏
标准书号	ISBN 978-7-301-32409-7
出版发行	北京大学出版社
地　　　址	北京市海淀区成府路205号　100871
网　　　址	http://www.pup.cn　　新浪微博：@北京大学出版社
电子信箱	sofabook@163.com
电　　　话	邮购部 010-62752015　发行部 010-62750672　编辑部 010-62757065
印　刷　者	涿州市星河印刷有限公司
经　销　者	新华书店
	880毫米 × 1230毫米　16开本　24印张　324千字 2021年10月第1版　2021年10月第1次印刷
定　　　价	98.00元（典藏版）

未经许可，不得以任何方式复制或抄袭本书之部分或全部内容。
版权所有，侵权必究
举报电话：010-62752024　电子信箱：fd@pup.pku.edu.cn
图书如有印装质量问题，请与出版部联系，电话：010-62756370

"名家通识讲座书系"
编审委员会

编审委员会主任

许智宏（中国科学院院士　生物学家　北京大学原校长）

委　员

许智宏

刘中树（吉林大学教授　文学理论家　吉林大学原校长　教育部中文学
　　　　科教学指导委员会原主任）

张岂之（清华大学教授　历史学家　西北大学原校长）

董　健（南京大学教授　戏剧学家　南京大学原副校长、文学院院长）

李文海（中国人民大学教授　历史学家　中国人民大学原校长　教育部
　　　　历史学科教学指导委员会原主任）

章培恒（复旦大学教授　文学史家　复旦大学古籍研究所原所长）

叶　朗（北京大学教授　美学家　北京大学艺术学院原院长　教育部
　　　　哲学学科教学指导委员会原主任）

徐葆耕（清华大学教授　作家　清华大学中文系原主任）

赵敦华（北京大学教授　哲学家　北京大学哲学系原主任）

温儒敏（北京大学教授　北京大学中文系原主任　文学史家中国现代文学
　　　　学会原会长　北京大学出版社原总编辑）

执行主编

温儒敏

"名家通识讲座书系"总序

本书系编审委员会

"名家通识讲座书系"是由北京大学发起，全国十多所重点大学和一些科研单位协作编写的一套大型多学科普及读物。全套书系计划出版100种，涵盖文、史、哲、艺术、社会科学、自然科学等各个主要学科领域，第一、二批近50种将在2004年内出齐。北京大学校长许智宏院士出任这套书系的编审委员会主任，北大中文系主任温儒敏教授任执行主编，来自全国一大批各学科领域的权威专家主持各书的撰写。到目前为止，这是同类普及性读物和教材中学科覆盖面最广、规模最大、编撰阵容最强的丛书之一。

本书系的定位是"通识"，是高品位的学科普及读物，能够满足社会上各类读者获取知识与提高素养的要求，同时也是配合高校推进素质教育而设计的讲座类书系，可以作为大学本科生通识课（通选课）的教材和课外读物。

素质教育正在成为当今大学教育和社会公民教育的趋势。为培养学生健全的人格，拓展与完善学生的知识结构，造就更多有创新潜能的复合型人才，目前全国许多大学都在调整课程，推行学分制改革，改变本科教学以往比较单纯的专业培养模式。多数大学的本科教学计划中，都已经规定和设计了通识课（通选课）的内容和学分比例，要求学生在完成本专业课程之外，选修一定比例的外专业课程，包括供全校选修的通识课（通选课）。但是，从调查的情况看，许多学校虽然在努力建设通识课，也还存在一些困难和问题：主要是缺少统一的规划，到底应当有哪些基本的通识课，可能通盘考虑不够；课程不正规，往往因人设课；课量不足，学生缺少选择的空间；更普遍的问题是，很少有真正适合通识课教学的教材，有时只好用专业课教材替代，影响了教学效果。一般来说，综合性大学这方面情况稍好，其他普通的大学，特别是理、工、医、农类学校因为相对缺少这方面的教学资源，加上很少有可供选择的教材，开设通识课的困难就更大。

这些年来，各地也陆续出版过一些面向素质教育的丛书或教材，但无论数量还是质量，都还远远不能满足需要。到底应当如何建设好通识课，使之能真正纳入正常的教学系统，并达到较好的教学效果？这是许多学校师生普遍关心的问题。从2000年开始，由北大中文系主任温儒敏教授发起，联合了本校和一些兄弟院校的老师，经过广泛的调查，并征求许多院校通识课主讲教师的意见，提出要策划一套大型的多学科的青年普及读物，同时又是大学素质教育通识课系列教材。这项建议得到北京大学校长许智宏院士的支持，并由他牵头，组成了一个在学术界和教育界都有相当影响力的编审委员会，实际上也就是有效地联合了许多重点大学，协力同心来做成这套大型的书系。北京大学出版社历来以出版高质量的大学教科书闻名，由北大出版社承担这样一套多学科的大型书系的出版任务，也顺理成章。

编写出版这套书的目标是明确的，那就是：充分整合和利用全国各相关学科的教学资源，通过本书系的编写、出版和推广，将素质教育的理念贯彻到通识课知识体系和教学方式中，使这一类课程的学科搭配结构更合理，更正规，更具有系统性和开放性，从而也更方便全国各大学设计和安排这一类课程。

2001年年底，本书系的第一批课题确定。选题的确定，主要是考虑大学生素质教育和知识结构的需要，也参考了一些重点大学的相关课程安排。课题的酝酿和作者的聘请反复征求过各学科专家以及教育部各学科教学指导委员会的意见，并直接得到许多大学和科研机构的支持。第一批选题的作者当中，有一部分就是由各大学推荐的，他们已经在所属学校成功地开设过相关的通识课程。令人感动的是，虽然受聘的作者大都是各学科领域的顶尖学者，不少还是学科带头人，科研与教学工作本来就很忙，但多数作者还是非常乐于接受聘请，宁可先放下其他工作，也要挤时间保证这套书的完成。学者们如此关心和积极参与素质教育之大业，应当对他们表示崇高的敬意。

本书系的内容设计充分照顾到社会上一般青年读者的阅读选择，适合自学；同时又能满足大学通识课教学的需要。每一种书都有一定的知识系统，有相对独立的学科范围和专业性，但又不同于专业教科书，不是专业课的压缩或简化。重要的是能适合本专业之外的一般大学生和读者，深入浅出地传授相关学科的知识，扩展学术的胸襟和眼光，进而增进学生的人格素养。本书系每一种选题都在努力做到入乎其内，出乎其外，把学问真正做活了，并能加以普及，因此对这套书作者的要求很高。我们所邀请的大都是那些真正有学术建树，有良好的教学经验，又能将学问深入浅出地传达出来的重量级学者，是请"大家"来讲"通识"，所以命名为"名家通识讲座书系"。其意图就是精选名校名牌课程，实现大学教学资源共享，让更多的学子能够通过这套书，亲炙名家名师课堂。

本书系由不同的作者撰写，这些作者有不同的治学风格，但又都有共同的追求，既注意知识的相对稳定性，重点突出，通俗易懂，又能适当接触学科前沿，引发跨学科的思考和学习的兴趣。

本书系大都采用学术讲座的风格，有意保留讲课的口气和生动的文风，有"讲"的现场感，比较亲切、有趣。

本书系的拟想读者主要是青年，适合社会上一般读者作为提高文化素养的普及性读物；如果用作大学通识课教材，教员上课时可以参照其框架和基本内容，再加补充发挥；或者预先指定学生阅读某些章节，上课时组织学生讨论；也可以把本书系作为参考教材。

本书系每一本都是"十五讲"，主要是要求在较少的篇幅内讲清楚某一学科领域的通识，而选为教材，十五讲又正好讲一个学期，符合一般通识课的课时要求。同时这也有意形成一种系列出版物的鲜明特色，一个图书品牌。

我们希望这套书的出版既能满足社会上读者的需要，又能够有效地促进全国各大学的素质教育和通识课的建设，从而联合更多学界同仁，一起来努力营造一项宏大的文化教育工程。

目 录

- I   "名家通识讲座书系"总序

- 001   第一讲 美从何处寻
- 039   第二讲 我见青山多妩媚
- 062   第三讲 人物的品藻
- 082   第四讲 审美距离和移情
- 105   第五讲 目送归鸿，手挥五弦
- 125   第六讲 美乡的醉梦者
- 146   第七讲 美学散步
- 186   第八讲 《奥德赛》和"退潮的沧海"
- 207   第九讲 从西南联大的校歌谈起
- 227   第十讲 浪漫主义美学的"片段"
- 252   第十一讲 企业的美学管理
- 278   第十二讲 "有意味的形式"
- 301   第十三讲 艺术的"不用之用"
- 329   第十四讲 人生的艺术化
- 351   第十五讲 伫立在蔡元培的塑像前

- 371   后 记

第一讲
美从何处寻

> 数的和谐
>
> 美和效用
>
> 《大希庇阿斯篇》
>
> "我爱我师,我尤爱真理"
>
> 对柏拉图提问的现代应答

《美从何处寻?》是宗白华先生在20世纪50年代发表的一篇文章的题目。这篇文章的开头引了他自己在20世纪20年代写的一首婉约的《诗》(收入《流云小诗》):啊,诗从何处寻?

> 在细雨下,点碎落花声,
>
> 在微风里,飘来流水音,
>
> 在蓝空天末,摇摇欲坠的孤星!

诗是美的化身。宗先生主张在细雨微风、落花流水和摇摇欲坠的孤星这些眼观耳听的客观事物中寻求美。在两千五百多年的美学史上，美学家们曾从各种途径探索美的踪迹。我们且从西方美学的源头——希腊美学中选取若干片段，看一下古代哲人是怎样寻觅美的奥秘的。

一　数的和谐

毕达哥拉斯是公元前 6 世纪的希腊哲学家。传说有一次他路过一家铁匠铺，听到大小不同的五个铁锤打击铁砧发出叮叮当当的声音很有节奏，像是一支悦耳的乐曲。他不觉停住了脚步，若有所思地端详着这些铁锤，并让人称了一下，它们的重量符合一定的比例：6∶12＝1∶2，6∶9＝2∶3，6∶8 和 9∶12＝3∶4。毕达哥拉斯心中豁然开朗，匆匆赶回家又做了一些实验，他发现弦长成一定比例时能发出和谐的声音。于是他得出结论，音乐的和谐是由数的比例造成的。毕达哥拉斯和他的学派认为这种和谐就是美。

（一）宇宙作为最高的审美对象

在浩瀚的苍穹中，日出日落，月盈月亏，星星显现又隐去，天体的运行是那样有序。在希腊语中，"宇宙"的本义就是"秩序"。毕达哥拉斯学派把音乐的和谐现象推广到整个宇宙中，宇宙的和谐有序也产生于数的比例。

毕达哥拉斯学派所处的时代，希腊已从原始社会进入奴隶社会。原始社会的意识形态是神话，进入奴隶社会后，希腊哲学家开始用自己的思维结构来代替神话。他们普遍企图寻找一种统摄世界万物的原素或元素。有人把水说成世界的本原，有人把火说成世界的本原，毕达哥拉斯学派把数当作万物的本原。

第一讲 美从何处寻

数怎样成为万物的本原呢？毕达哥拉斯学派认为，由一产生二，由一和二产生出各种数目；一是点，二是线，三是面，四是体，从体产生出一切形体。毕达哥拉斯学派的数本原说是对世界做出的形而上的、哲学的解释，这是它的积极意义。毕达哥拉斯是第一个使用"哲学"（原意为"爱智"）这个术语的人。然而，数本原说也有它的局限性。它带有神秘色彩，和神话很接近。毕达哥拉斯学派直接宣称数是神，

毕达哥拉斯

神首先是数。现在刚入小学的学生都知道，前四位数1、2、3、4相加等于10，而这个发现却使毕达哥拉斯学派惊讶不已，那毕竟是2500年前。毕达哥拉斯学派把10看作玄之又玄的、完满的数。所以，数本原说对世界的解释还是神话学的和宗教的。

毕达哥拉斯学派用数的和谐来解释宇宙的构成和宇宙的美，把数学、音乐和天文学结合起来。数是宇宙的本原，宇宙内的各个天体处在数的和谐中。毕达哥拉斯本人认为太阳和地球的距离是月亮和地球的距离的两倍，金星和地球的距离是月亮和地球的距离的三倍。别的天体也都处在一定的比率中。天体的运行是和谐的，距离越远的天体运动越快，并发出高昂的音调；距离越近的天体运动越慢，并发出浑厚的音调。和距离成比率的音调组成和谐的声音，这就是宇宙谐音。

可以听到、可以看到、可以触摸的宇宙，总之，具体可感的宇宙是最高的美。

宗白华先生写道："宇宙（Cosmos）这个名词在希腊就包含着'和谐、数量、秩序'等意义。毕达哥拉斯（Pythagoras 希腊大哲）以'数'为宇宙的原理。当他发现音之高度与弦之长度成为整齐的比例时，他将何等地惊奇感动，觉得宇宙的秘密已在他面前呈露：一面是'数'的永久定律，一面即是至美和谐的音乐。弦上的节奏即是那横贯全部宇宙之和谐的象征！美即是数，数即是宇宙的中心结构，艺术家是探乎于宇宙的秘密的！"[1]

后来，希腊美学家柏拉图在《蒂迈欧篇》、亚里士多德在《论天》中也描述了宇宙的美。根据柏拉图的描绘，在广袤的苍穹中，各种星体有序地、交错地、多层次地做旋转运动。这确实是一幅瑰丽奇妙的图景。在亚里士多德看来，宇宙的球体是最美的，它永恒的、匀速的圆周运动也是最美的。宇宙就像一支合唱队。指挥示意开始，合唱队就一齐高歌，有些音高，有些音低，由这些不同的音调组成和谐悦耳的一曲。希腊美学家关于宇宙结构的理论不是精确的天文学理论，他们对宇宙的描述是诗意的、审美的。对宇宙美的观照是希腊美学的一个重要特点。有人问公元前5世纪的希腊哲学家阿那克萨戈拉，为什么生比不生好，阿那克萨戈拉不假思索地回答："生能够观照天和整个宇宙的构造。"希腊美学家醉心观照宇宙的美，并从中获得巨大的审美享受。

中国人固然也观照宇宙、太虚、太空，然而观照的方法和西方大异其趣，由此形成中西审美意识和艺术意识的重要区别。按照宗白华先生的观点，西方人向宇宙做无限地追求，而中国人要从无穷世界返回到万

---

[1] 《宗白华全集》第2卷，安徽教育出版社1994年版，第54页。

物，返回到自我，返回到自己的"宇"。在中文里，"宇"是屋宇，"宙"是在"宇"中出入往来。中国人对宇宙的观照像《易经》上说的是"无往不复"，像陶渊明的诗所说的是"俯仰终宇宙"。有往又有复，有仰又有俯。在这种往复俯仰中，"网罗天地于门户，饮吸山川于胸怀"。

宗先生在1949年发表的《中国诗画中所表现的空间意识》一文中说明了这种观点。他写道："西洋人站在固定地点，由固定角度透视深空，他的视线失落于无穷，驰于无极。"而中国人"向往无穷的心，须能有所安顿，归返自我，成一回旋的节奏"。[1]中国人的空间意识是遥望着一个目标而潆洄委曲，绸缪往复。中国诗人对宇宙的俯仰观照由来已久。汉苏武诗："俯观江汉流，仰视浮云翔。"曹丕诗："俯视清水波，仰看明月光。"曹植诗："俯降千仞，仰登天阻。"王羲之《兰亭》诗："仰视碧天际，俯瞰绿水滨。""中国人于有限中见到无限，又于无限中回归有限。他的意趣不是一往不返，而是回旋往复的。"[2]同是观照宇宙的美，中国人和西方人竟有那样的不同，根子在于宇宙意识的差异。

（二）《持矛者》的美学意义

在希腊艺术中，雕塑很发达。古希腊雕塑家波利克里托的《持矛者》是希腊雕塑的代表作。这是一位"气宇轩昂的持矛青年"。他被塑成正在行走中，瞬间的停顿和潜在的运动相结合。左手握矛，左肩因此绷紧并微微耸起。左腿没有负重而臀部自然放松。右手随意悬挂，右肩下垂，右腿反撑全身重量，臀部提起。一边是收缩的躯干，另一边是伸展的躯干，这种对称给身体一种动态的平衡。[3]

---

[1]　《宗白华全集》第2卷，安徽教育出版社1994年版，第439—440页。
[2]　同上书，第440页。
[3]　苏珊·伍德福特、安尼·谢弗－克兰德尔、罗莎·玛丽亚·莱茨：《剑桥艺术史》第1卷，罗通秀等译，中国青年出版社1994年版，第40—41页。

《持矛者》被艺术家誉为"法规",也就是艺术的范本。波利克里托总结了自己从事雕塑创作的经验,写成一部著作,名字也叫《法规》。什么是波利克里托所说的法规呢?这就是毕达哥拉斯学派数的比例。朱光潜先生在《西方美学史》上卷(1963年初版)中把波利克里托说成毕达哥拉斯学派的门徒,即使这种说法有商榷的余地,然而可以肯定的是,波利克里托的理论和毕达哥拉斯学派的比例说有着密切的关系,而且,流传下来的《法规》残篇和有关"法规"雕像的情况最早见于毕达哥拉斯学派的记载。波利克里托有一句名言:"(艺术作品的)成就产生于许多数的关系,而且,任何一个细枝末节都会破坏它。""持矛者"身体的各个部位、各个部位和整体的关系,都符合一定的数的比例。

《持矛者》不仅体现了毕达哥拉斯学派数的比例,而且体现了对毕达哥拉斯学派数的美学本质的理解。毕达哥拉斯学派的数不完全等同于现代科学关于数的抽象概念。他们的数是事物的生成原则和组织原则,他们对比例的强调不同于机械的、刻板的公式。他们特别看重比例关系中的动态的韵律感。波利克里托和其他希腊雕塑家接受了毕达哥拉斯学派的这种观点,他们对数的比例做辩证的理解,即不从纯数量关系上来理解这种比例,而是把数看作为一种实体,一种生命力量。他们的数从活的人体中自然地产生出来,就像毕达哥拉斯学派的数从宇宙天体中产生出来一样。这样理解的数不是静态的对称,而是动态的韵律。

在这一点上,希腊雕塑和同样遵循数的比例的埃及雕塑表现出明显的区别。埃及雕塑家从固定的模式出发,把人体分为 $24\frac{1}{4}$ 部分。雕塑家们根据分工各自创作若干部分,然后组装成完整的人像。按这种程序创作出来的作品明显缺少生气,雕像往往手是张开的,腿是叉开的。和埃及雕塑家不同，希腊雕塑家关于人体比例的概念来自对人体的直接观察。波利克里托在创作时从一个中心出发，把人体看作一个整体，然后安排人体的各个部分，确定各部分与整体的关系。由于有了这种人体测量学的视点，希腊雕像使多侧面、多层次的栩栩如生的人物形象尽收眼底。它的这种特点在文艺复兴时期的绘画和雕塑中发扬光大。

希腊雕塑体现了毕达哥拉斯学派数的比例，而毕达哥拉斯学派又把数看成明确的几何形体。我们在上面讲到，在毕达哥拉斯学派看来，一是点，二是线，三是面，四是体，由体形成各种形体。此外，体还产生组成万物的四种元素：水、火、土、气。古希腊人对水、火、土、气的理解和我们现代人不同，在他们那里，土是六面体（立方体），火是四面体（锥体），气是八面体，水是二十四面体。毕达哥拉斯学派的主要成员是天文学家和数学家，特别是几何学家和音乐家。他们擅长在空间几何关系、数的结构关系上把握世界。这形成了希腊雕塑、希腊美学乃至希腊文化的一个重要特征：造型性或形体性。希腊每一种文化领域无不在某种程度上表现出这种造型性。连数学和天文学这样的学科，在希腊人那里也具有明显的形体性。希腊数学几乎总是几何学，尤其是立体几何学。我们甚至可以把柏拉图的著名对话《理想国》设想成一座雕塑群像。在这篇对话中，柏拉图构建了一个理想的城邦国家。理想国有三种阶层：统治者、卫士和生产者。他们组成这样的雕塑群像：中间卓然而立的是理想国的统治者，分立两侧的是威严的辅助者武士和谦卑的被统治者工农业生产者。现代德国哲学家施宾格勒在他的名著《西方的没落》中指出，每一种独立的文化都有它的基本象征物。对于希腊文化来说，这就是"立体"。

由此也产生了中西艺术的区别。"从绘画和雕塑的关系而论，中西就有不同。希腊的绘画，立体感强，注重凸出形体，讲究明暗，好像把雕塑搬到画上去。而中国则是绘画意匠占主要地位，以线纹为主，雕塑却有了画意。"[1] 希腊画似雕塑，中国雕塑似画。"西洋人物画脱胎于希腊的雕刻，以全身肢体之立体的描摹为主要。中国人物画则一方着重眸子的传神，另一方则在衣褶的飘洒流动中，以各式线纹的描法表现各种性格与生命姿态。"[2]

毕达哥拉斯学派在数的和谐中寻求美，这种观点对西方美学，特别是对希腊罗马美学产生了重大影响。可以说，希腊罗马美学具有数学性。希腊思维中数的传统可以追溯到更为遥远的年代，荷马史诗中所使用的数字就具有审美意义。《伊利亚特》描写希腊各城邦和特洛伊的战争。《奥德赛》描写俄底修斯在特洛伊战争后返乡的故事。荷马在史诗中运用数字不是随意的。他最常用的数字是3，《伊利亚特》使用了67次，《奥德赛》使用了56次。10也是荷马喜欢使用的数字。特洛伊战争延续了10年，俄底修斯在外漂泊了10年。荷马暗示，世界是按某些数字组织起来的，数字成为世界审美结构的原则。

二　美和效用

如果毕达哥拉斯学派在数的和谐中寻求美，那么，比他们稍晚的另一位希腊哲学家苏格拉底则把美和效用联系起来。

苏格拉底生于雅典，雅典被称为"希腊智慧的首府""全希腊的学校"。这里商品经济发达，民主政治健全，文化艺术辉煌。雅典诞生了一批著名的政治家、戏剧家、历史学家、雕塑家和哲学家。苏格拉底就

---

[1] 《宗白华全集》第3卷，安徽教育出版社1994年版，第392页。
[2] 《宗白华全集》第2卷，第102页。

是他们中的一员,而且智慧尤为超群。希腊北部城镇德尔斐的阿波罗神庙的预言宣称没有人比他更智慧。苏格拉底没有写过任何著作,他的言行由他的弟子记载下来。除了一两次打仗外,他也没有离开过雅典。他整天奔忙于街头、市场和广场,找各种各样的人谈话和辩论,探索和论证真理。有时为了思考一个问题,他会有些怪异地、直挺挺地在一个地方站着不动,从清早站到傍晚,甚至站着过夜。

(一)自在之美和自为之美

苏格拉底用德尔斐神庙的铭言"认识你自己"说明他的哲学研究和美学研究。"认识你自己"并不是认识人的外貌和躯体,而是认识人的灵魂。在苏格拉底看来,人由灵魂、肉体以及这两者的结合三部分组成,其中占统治地位的是人的灵魂。灵魂中最接近神圣的部分是理性,理性是灵魂的本质。于是,认识灵魂就是认识理性。"认识你自己"归根到底也就是认识理性。苏格拉底从理性出发研究美学问题时,追求的是美的普遍定义。

苏格拉底和他的弟子亚里斯提普斯有一段关于金盾和粪筐怎样才美的对话:

> 亚里斯提普斯:那么,粪筐能说是美的吗?
>
> 苏格拉底:当然,一面金盾却是丑的,如果粪筐适用而金盾不适用。

苏格拉底

亚：你是否说，同一事物同时既是美的又是丑的？

苏：当然，而且同一事物也可以同时既是善的又是恶的，例如对饥饿的人是好的，对发烧的病人却是坏的，对发烧的病人是好的，对饥饿的人却是坏的。再如就赛跑来说是美的而就摔角来说却是丑的，反过来说也是如此。因为任何一件东西如果它能很好地实现它在功用方面的目的，它就同时是善的又是美的，否则它就同时是恶的又是丑的。[1]

这段对话表明，金盾和粪筐的美不在于它们自身的属性，而在于它们的用途，在于它们对使用者的关系。金盾虽然珍贵，然而它不适合抵御敌人，它就是丑的。粪筐虽然粗鄙，然而它适于日常使用，它仍可以是美的。这种观点和毕达哥拉斯学派已经不同。毕达哥拉斯学派所说的美是事物本身的美，苏格拉底所说的美是事物适合使用者的美。前者是自在之美，后者是自为之美。自为之美总是包含着效用的因素，而自在之美就没有这些因素。自在之美是绝对的，自为之美是相对的，因为同一个事物可能符合这一种效用，而不符合那一种效用。苏格拉底的这种人本主义美学观还表现在他和胸甲制造者皮斯提阿斯的谈话中。皮斯提阿斯制造的胸甲既不比别人造的更结实，也不比别人造的花更多的费用，然而他卖得比别人的贵。苏格拉底问其原因，他说他造胸甲时遵循比例。

苏格拉底：你怎样表现出这种比例呢，是在尺寸方面，还是在

---

[1] 色诺芬：《回忆录》第3卷第8章第6—7节，采用朱光潜译文，见北京大学哲学系美学教研室编：《西方美学家论美和美感》，商务印书馆1980年版，第19页。

重量方面，从而以此卖出更贵的价格？因为我想，如果你要把它们造得对每个人合身的话，你是不会把它们造得完全一样和完全相同的。

　　皮斯提阿斯：我当然把它造得合身，否则胸甲就一点用处也没有了。

　　苏：人的身材不是有的合比例、有的不合比例吗？

　　皮：的确是这样。

　　苏：那么，要使胸甲既对身材不合比例的人合身、同时又合比例，你怎样做呢？

　　皮：总要把它做得合身，合身的胸甲就是合比例的胸甲。

　　苏：显然，你所理解的比例不是就事物本身来说的，而是对穿胸甲的人来说的，正如你说一面盾对于合用的人来说就是合比例的一样；而且按照你的说法，军用外套和其他各种事物也是同样的情况。[1]

在这里苏格拉底区分出两种比例：胸甲本身的比例，胸甲对穿胸甲的人的比例。第一种比例是事物自身的比例，没有涉及这些比例的效用，可以称为自在的比例，这就是毕达哥拉斯学派所理解的比例。第二种比例不是就事物本身来说的，而是就事物对使用者的关系来说的，是胸甲合身的比例，可以称为自为的比例，这就是苏格拉底所理解的比例。这样，苏格拉底对比例做了人本主义的理解。

（二）美和合目的性

从苏格拉底以上的两段对话来看，他把美等同于效用。不过，这个

---

[1]　色诺芬：《回忆录》第3卷第10章第10—13节。

问题还可以往深一层看。如果联系苏格拉底的整个哲学思想，那么，有用的东西之所以美是因为合目的性。合目的性是美的基础。

苏格拉底经常谈到合目的性问题。人的身体就有一种非常好的和它的目的非常吻合的结构。例如，眼睛很柔弱，有眼睑来保护它。眼睑像门户一样，睡觉时关闭，需要看东西时打开。睫毛像屏风，不让风来损害眼睛。眉毛像遮檐，不让汗珠滴到眼睛上。苏格拉底是最早把"目的"引入哲学领域的哲学家。美是合目的性是一种新的学说。毕达哥拉斯学派把宇宙也看作合目的性的，然而这种合目的性是不脱离事物自身的，它在宇宙的节奏和对称中表现出来。而苏格拉底的合目的性是与人相关的。

在西方美学史上，苏格拉底和希腊美男子克里托布卢比美的事例，往往被当作笑话看待。苏格拉底虽然智慧超群，然而他相貌丑陋，脸面扁平，大狮鼻，嘴唇肥厚。并且，他不修边幅，无论赴宴做客，还是行军打仗，常穿一件破大衣，却不常穿鞋。他竟然要和克里托布卢比美。

苏格拉底：你知道我们需要眼睛干什么吗？

克里托布卢：知道啊，那是为了看。

苏：这样的话，我的眼睛比你的美。

克：为什么呢？

苏：因为你的眼睛只能平视，而我的眼睛能斜视，它们是凸出来的。

克：按照你的说法，虾的眼睛比其他动物的要好了？

苏：当然，因为对视力而言它们有极好的眼睛。

克：那好，谁的鼻子更美呢，是你的还是我的？

苏：我想是我的。如果神给我们鼻子仅仅是为了嗅的话：你的鼻孔朝下，而我的鼻孔朝上，因而它们能够嗅到来自四面八方的气味。

克：扁平的鼻子何以比笔直的鼻子更美呢？

苏：那是因为它不遮挡视觉，使眼睛立即看到想看的东西；而高鼻子仿佛恶作剧似的，用一道屏障隔开了双眼。[1]

这则对话把"美是效用"的观点推演到荒谬的地步，因而通常被作为笑话看待，或者被理解为令人惊讶的奇谈怪论。实际上这则体现了苏格拉底式讽刺的笑话包含着严肃的内容。苏格拉底当然承认克里托布卢的外貌比自己美，他的对话正是以诙谐的方式暗示生理上合目的性的器官不一定就是美的，美的对象不同于合目的性的对象。凸出的眼睛有利于视，朝天的鼻孔有利于嗅，但是，它们并不美。美和效用有联系，然而又有区别。美和效用的联系在于，美的事物是有效用的。不过，有效用的事物不一定是美的。也就是说，美的事物是合目的性的，不过，合目的性的事物不一定是美的。美和效用的区别在于形式，因为美的事物如眼、鼻等，不仅有效用，而且还有观赏价值。美和效用既有联系又有区别，这就是苏格拉底的观点。

三 《大希庇阿斯篇》

《大希庇阿斯篇》是西方第一篇有系统地讨论美的著作，他的作者是苏格拉底的学生柏拉图。柏拉图原名阿里斯托克勒，因为他的胸肩

---

[1] 色诺芬：《回忆录》第3卷第5章第5—7节。

宽阔，一说额头宽阔，原名就被希腊文表示"宽阔"的谐音词"柏拉图"所替代。他的诞生被渲染得颇为神秘，他的生日与希腊神话中的阿波罗相同。一次，当他嗷嗷待哺时，蜜蜂用蜜喂养了他。这预示他有杰出的口才，正如荷马在史诗《伊利亚特》中所描绘的那样，"谈吐比蜂蜜还要甘甜"。在西方文化史、思想史上柏拉图起到非常重要的作用，对他极端贬抑的现代英国哲学家波普尔也认为："人们可以说西方的思想或者是柏拉图的，或者是反柏拉图的，可是在任何时候都不是非柏拉图的。"[1]

柏拉图深深爱戴自己的老师苏格拉底，苏格拉底因莫须有的罪名被判处死刑后，柏拉图离开了雅典这个使他伤透心的地方。他在各地周游，10年后才回到阔别已久的雅典。他在雅典西北部购置了带花园的住宅，在那里居住并创办了哲学学校。这就是柏拉图学园。除了两次又去西西里岛外，柏拉图一直在学园中过着平静、俭朴、家庭式的生活。柏拉图是学园的第一任领袖，他生前就指定外甥德彪西波为自己的继承人。学园领袖的更迭标志着学园发展的不同阶段。学园存在了9个世纪之久。学园门口写着"不懂几何者不得入内"，这表明柏拉图及其弟子对数学包括几何学的重视。其中不难看出毕达哥拉斯学派的影响。如果说苏格拉底教导柏拉图追求知识和道德理想，那么，毕达哥拉斯学派使柏拉图重视思维的精确性、理论建构的严密性和考察对象的全面性。在学园中，柏拉图于讲学之余，继续写他那著名的对话。

除了《申辩篇》和书信外，柏拉图的全部著作都以对话体写成。朱光潜先生指出："在柏拉图的手里，对话体运用得特别灵活，向来不从

---

[1] 《国际社会科学百科全书》波普尔撰写的"柏拉图"条目，第12卷，第163页。转引自汪子嵩等：《希腊哲学史》第2卷，人民出版社1993年版，第596页。

第一讲 美从何处寻

抽象概念出发而从具体事例出发，生动鲜明，以浅喻深，由近及远，去伪存真，层层深入，使人不但看到思想的最后成就或结论，而且看到活的思想的辩证发展过程。柏拉图树立了这种对话体的典范，后来许多思想家都采用过这种形式，但是至今还没有人赶得上他。柏拉图的对话是希腊文学中一个卓越的贡献。"[1] 柏拉图对话瑰丽多彩的文风和严肃深邃的思想珠联璧合，相映生辉。哲学家柏拉图和诗人柏拉图紧密地结合在一起。

柏拉图

（一）"什么是美"和"什么东西是美的"

《大希庇阿斯篇》是苏格拉底和希庇阿斯的对话。在柏拉图的全部对话中，柏拉图本人始终没有出场，出场担任主角的大部分是苏格拉底。柏拉图通过他的师尊说明自己的观点。希庇阿斯是一位智者。智者指公元前5世纪希腊一批以传授知识、诡辩术、语法和修辞学为业的哲学家。

智者是希腊民主制度的产物。在希腊民主制度下，公民参与政治活动和文化活动的机会大增。在这些活动中，往往要发表演说，进行辩论。于是，能言善辩成为人们追求的一种本领。智者作为周游于希腊各城邦、收费传授雄辩术的教师应运而生。智者又被称为诡辩者，诡辩者

---

[1] 柏拉图：《文艺对话集》，朱光潜译，人民文学出版社1980年版，第334—335页。

当然是一个贬义词。不过,"早期智者是高尚的、备受尊敬的人,他们常常被所在的城邦委以外交使命"。智者一词后来"获得吹毛求疵的咬文嚼字断章取义者的贬义",那是伟大智者的不肖的后继者连同他们的逻辑诡辩造成的[1]。

在柏拉图的对话中,智者一般都作为苏格拉底的对立面出现,受到苏格拉底的攻击和嘲讽,往往被描绘成夸夸其谈、洋洋自得的江湖骗子和傻瓜。在《大希庇阿斯篇》中,希庇阿斯在大智若愚的苏格拉底的层层诘问下窘态百出,不得不屡屡承认自己的无知。实际上希庇阿斯博闻强记,精通多种学问。《大希庇阿斯篇》有很大的文学虚构成分。柏拉图有两篇《希庇阿斯篇》,一篇写得较早、较好,篇幅也较长,叫《大希庇阿斯篇》,另一篇则叫《小希庇阿斯篇》。

《大希庇阿斯篇》一开头,希庇阿斯就说:"苏格拉底啊,我实在太忙了。"然后他自夸声名和学识,说不久要公开朗诵一篇文章,请苏格拉底去听。苏格拉底说,要评判文章的美丑,先要知道美是什么,他有一个论敌拿这个问题问过他,由于自己愚笨,回答不出,丢了脸,他想请教高明的希庇阿斯,以便下次应战。希庇阿斯连声说,这个问题小得很,小得微不足道。苏格拉底就假装那个论敌,和希庇阿斯对辩美的问题。其实,这位假想的论敌还是苏格拉底。他用第三者的口吻,可以痛快地嘲讽希庇阿斯[2]。

那位论敌要问的问题是:什么是美?而不是:什么东西是美的?也就是说,他感兴趣的是美本身和美的定义,而不是各种美的东西的罗列。前者是各种美的东西之所以为美的本质,后者则是具体的、千姿百

---

[1] 策勒尔:《古希腊哲学史纲》,翁绍军译,山东人民出版社1996年版,第85页。
[2] 参见朱光潜为《大希庇阿斯篇》加的题解,柏拉图:《文艺对话集》,第327—329页。

态的美的现象。希庇阿斯却看不出这两个问题有什么分别,他的第一个答案是:"美就是一位年轻漂亮的小姐。"苏格拉底半开玩笑地说,一匹母马或一只汤罐也可以是美的。但这还不是美本身,"这美本身把它的特质传给一件东西,才使那件东西成其为美",一个年轻小姐、一匹母马或一只瓦罐都不能起这种作用。

由此希庇阿斯给出第二个答案:"黄金是使事物成其为美的。"他说,一件东西纵然本来是丑的,只要镶上黄金,就得到一种点缀,使它显得美了。苏格拉底以那位论敌的口吻反驳道:你瞎了眼睛吗?希腊大雕刻家菲狄阿斯雕刻女神雅典娜的像没有用金做她的眼或面孔,用的是象牙。而且,他雕两个眼珠子不用象牙,用的是云石。由于象牙和云石配合得很恰当,所以雕像很美。

这就引出美的第三个定义:"恰当的就是美的。"在讨论这个定义时,希庇阿斯只注意到恰当和事物外在性质的关系,恰当是使一个事物在外表上显得美的。例如,其貌不扬的人穿起合适的衣服,外表就好看起来了。苏格拉底强调,美本身不是外在的性质,而是事物的内在内容。恰当使事物在外表上显得比它们实际美,所以隐瞒了真正的本质。至于恰当是否产生实际美,对话没有明确谈到。辩来辩去,美终于"从手里溜脱了"。希庇阿斯理屈词穷,想一走了之。苏格拉底留住了他,换了一个讨论方式。苏格拉底提出了一些可能的美的定义,逐一进行讨论。这些定义有:美是有用的,美是有益的,美是视觉和听觉所产生的快感。可是说来说去,仍然没有能够解决"美本身是什么"的问题。从这场讨论中,苏格拉底得到了一个益处,那就是更清楚地了解了一句谚语:"美是难的。"

我们上面说过,在《大希庇阿斯篇》中苏格拉底代表了柏拉图的观点。这篇对话对美学的最大贡献就是区分了"什么是美"和"什么东西是美的"这两个问题。"我问的是美本身，这美本身，加到任何一件事物上面，就使那件事物成其为美，不管它是一块石头，一块木头，一个人，一个神，一个动作，还是一门学问。"[1] 柏拉图对美本身的追问被称为天才的追问，正是有了这个追问，西方才产生了美学。两千多年来，美学家们通过探索美的本质，来理解和解释各种具体的美的现象。在这种意义上，柏拉图是哲学美学的始祖和创立者。所谓哲学美学，就是以美的本质为核心来研究审美对象的美学。

柏拉图所说的美本身究竟是什么呢？《大希庇阿斯篇》没有做出明确的回答。这篇对话是柏拉图的早期作品，从中可以见到柏拉图思想发展中徘徊犹豫的情况。在以后的对话中，柏拉图回答了这个问题：美是理式。

（二）美是理式

柏拉图把美本身说成是理式，理式就成为柏拉图美学的核心概念。理式在希腊语中由 idea 和 eidos 来表示。一般说来，这两个词的含义没有区别，柏拉图在同样的意义上使用它们。由于 idea 和 eidos 本身的多义性，更由于柏拉图在使用中赋予它们各种各样的有时甚至是相互矛盾的意义，给后人理解柏拉图的理式带来很多困难和分歧。

在我国的柏拉图理式论研究中，首先碰到的难题是 idea 和 eidos 的翻译问题。这两个词的中文译名已达二十多种。

我国哲学著作一般把柏拉图 idea 和 eidos 译成"理念"，朱光潜先生则极力倡导译成"理式"。由于朱先生的影响，我国美学著作中采用这种译名的较多。为了理解美作为理式的特征，我们先看一下柏拉图理式论的内容。柏拉图认为，每一种物都和任何一种其他物有所区别，因

---

[1] 柏拉图：《文艺对话集》，第188页。

此，它具有一系列本质特征，而物的所有这些本质特征的总和就是物的理式。比如，桌子是某种物质材料制成的东西，这是一。桌子适用于不同的用途：用来吃饭、看书、写字、放置物品等，这是二。桌子所有这些本质属性的总和就是桌子的理式。如果我们不懂得桌子的结构和用途，那么，我们就没有桌子的理式，也就根本不能把桌子同椅子、沙发、床等区别开来。这样，物的存在就要求它是某种理式的载体。

柏拉图的理式论是在思索"物是什么，对物的认识怎样才可能"的问题时产生的。为了区分和认识物，应该针对每个物提出这样的问题：这个物是什么？它和其他物的区别在哪里？物的理式正是对上述问题的回答。为了认识物，同它发生关系，利用它，制造它，必须要有物的理式。任何物乃至世上存在的一切都有自身的理式。如果没有理式，那么，就无法使甲区别于乙，整个现实就变成不成形和不可知的混沌。

理式是对它名下的所有个别物的无限概括。北京的四合院是房子，上海的石库门是房子，天津的小洋楼还是房子。房子的理式就是对这些个别的房子的极端概括。房子本身是可以见到、可以触摸的，房子的理式是不可以见到、不可以触摸的。然而，个别的房子只有在同房子的理式的联系中才能得到理解。没有房子的理式，也就没有房子的个别的表现形态。作为物的一般性，理式是物的规律。柏拉图是第一个使用"辩证法"术语的人。他的理式论包含着一般和个别的深刻的辩证法。

冯友兰先生在《三松堂自序》中转述过两则笑话，对于我们理解"理式"很有帮助。柏拉图有一次派人到街上买面包，那个人空手回来，说没有"面包"，只有方面包、圆面包、长面包，没有光是"面包"的面包。柏拉图说，你就买一个长面包吧。那个人还是空着手回来，说没有"长面包"，只有黄的长面包、白的长面包，没有光是"长面包"的长面包。柏拉图说，你就买一个白的长面包吧。那个人还是空着手回来，说没有"白的长面包"，只有冷的长白面包、热的长白面包，没有光是"白的长面包"的白的长面包。这样，那个人跑来跑去，总是买不来面包，柏拉图于是饿死了。另一则笑话说，先生给学生讲《论语》，讲到"吾日三省吾身"，先生说，"吾"就是我呀。学生放学回家，他父亲叫他复述，问他"吾"是什么意思，学生说"吾"是先生。父亲大怒，说"吾"是我！第二天上学，先生又叫学生复述，问"吾"是什么意思，学生说"吾"是我爸爸。先生没有办法叫学生明白，说"吾"是"我"，这个"我"是泛指，用哲学的话说，这个"我"是"抽象"的我，既不是他的先生，也不是他的爸爸。[1]

朱光潜先生在《西方美学史》中谈到，物的理式是物的"道理或规律"，柏拉图综合个别事物得到概念，表明他"思想中具有辩证的因素"，因为"人们的认识毕竟以客观现实世界中个别感性事物为基础，从许多个别感性事物中找出共同的概念，从局部事物的概念上升到全体事物的总的概念。这种由低到高，由感性到理性，由局部到全体的过程正是正确的认识过程"。[2] 柏拉图的理式是以素朴的方式提出的自然规律和社会规律，他力图用这些规律来替代古老的神话。那个时代对自然规律和社会规律的探索刚刚开始，对这些规律的解释也是相当素朴的。不过，柏拉图对万物规律的探索表明了由神话向人的思维过渡的深刻变革。在这里，柏拉图完全站在先进的甚至是革命的立场上。

然而，事情并没有到此为止。柏拉图发现了物的理式，他和弟子们惊喜不已，理式被他解释为神的本质。如果历史主义地看问题，我们应

---

[1] 冯友兰：《三松堂全集》第1卷，河南人民出版社1985年版，第266页。

[2] 《朱光潜全集》第6卷，安徽教育出版社1990年版，第61页。

当理解这种狂喜、赞叹和惊异。哲学发现使哲学家狂喜的例子在柏拉图以前就有过。从前人们不能区分思想和感觉。公元前6—前5世纪的希腊哲学家巴门尼德发现了这两者的区别，这种发现引起狂喜，巴门尼德甚至在充满神话象征意义的赞美诗中歌颂这种发现。因为这表明希腊人全新意识的产生，这种意识把思想同人对生活的感性知觉区分开来，把人的理智提到第一位。

面对理式柏拉图陷入狂喜中，结果夸大了理式的作用。他不仅主张理式高于物质，而且认为理式形成了一个独特的世界，这导致了理式世界和现实世界的分离。在柏拉图那里有两类存在：理式世界和现实世界。理式世界是第一性的，现实世界是第二性的，它只是理式世界的摹本和影子。例如，桌子之所以为桌子的道理是桌子的理式，是第一性的；而木匠做的桌子只是桌子理式的摹本，是第二性的。与桌子的理式相比，木匠做的桌子受到材料、工艺的限制，总是不完满的。这样，柏拉图成为客观唯心主义的鼻祖。而他后期的继承者们又进一步走入极端，使得现实世界在理式世界面前黯然失色并完全消失。现实世界只是每个人意识中观念的产物，从而，客观唯心主义为主观唯心主义开辟了道路。

弄清了柏拉图理式论的内容，我们就容易理解朱光潜先生对理式的解释。20世纪40年代朱先生阐述了idea的翻译问题："idea源于希腊文，本义为'见'，引申为'所见'，泛指心眼所见的形相（form）……柏拉图只承认idea是真实的，眼见一切事物都是idea的影子，都是幻相。这匹马与那匹马是现象，是幻相，而一切马之所以为马则为马的idea。"[1]

20世纪60年代翻译柏拉图《文艺对话集》时，朱先生在一则注释中写道："柏拉图所谓'理式'（eidos，即英文idea）是真实世界中的根

---

[1] 《朱光潜全集》第9卷，安徽教育出版社1993年版，第225页。

本原则，原有'范形'的意义。如一个'模范'可铸出无数器物。例如'人之所以为人'就是一个'理式'，一切个别的人都从这个'范'得他的'形'，所以全是这个'理式'的摹本。最高的理式是真，善，美。'理式'近似佛家所谓'共相'，似'概念'而非'概念'；'概念'是理智分析综合的结果；'理式'则是纯粹的客观的存在。所以相信这种'理式'的哲学，属于客观唯心主义。"[1]

理解了理式的内容，我们再看美的理式的特征。柏拉图在洋溢着欢乐和青春气息的《会饮篇》中斩钉截铁、酣畅淋漓地肯定了美的理式的永恒性、绝对性和单一性："这种美是永恒的，无始无终，不生不灭，不增不减的。它不是在此点美，在另一点丑；在此时美，在另一时不美；在此方面美，在另一方面丑；它也不是随人而异，对某些人美，对另一些人就丑。还不仅此，这种美并不是表现于某一个面孔，某一双手，或是身体的某一其他部分；它也不是存在于某一篇文章，某一种学问，或是任何某一个别物体，例如动物、大地或天空之类；它只是永恒地自存自在，以形式的整一永与它自身同一；一切美的事物都以它为泉源，有了它那一切美的事物才成其为美，但是那些美的事物时而生，时而灭，而它却毫不因之有所增，有所减。"[2]

这段话常常为美学著作所援引，它集中而扼要地阐述了美的理式的四个特征。第一，美的理式具有永恒性。它不生不灭，不增不减。至于那些美的对象，如美的人、马、衣服等等，却不是永恒不变的。第二，美的理式具有绝对性。它不是在此点、此时、此方面美，而在另一点、另一时、另一方面丑，它也不随人而异。第三，美的理式具有先验性和

---

[1] 《朱光潜全集》第12卷，安徽教育出版社1991年版，第109页。
[2] 柏拉图：《文艺对话集》，第272—273页。

单一性（一类中只有一个）。美的理式先于美的事物而存在，它存在于彼岸世界，或者天国中。它和美的事物相分离，不存在于个别事物中，无论是某一个面孔或某一双手，还是某一篇文章或某一种学问。它只是自存自在。第四，具体事物分有美的理式。各种美的理式却不因此有所增损。与美的理式相比，各种美的事物总是不完满的。

柏拉图从哲学的角度提出"什么是美"的问题，并对这个问题做出了一个哲学的回答。

（三）"美是理式"的影响

现在已经没有人相信柏拉图的理式存在于彼岸世界或者天国之中，然而我们仍然能在他的理式论中找到积极的内容。柏拉图的理式论在西方美学史上产生了长久而广泛的影响，柏拉图思考问题的方式使美学成为美的哲学。

柏拉图提出"什么是美"的问题，他把美的本质和美的现象区分开来。他想寻求一种普遍因素，由于它各种美的现象才成为美的。虽然很多人对柏拉图的答案不满意，但是两千多年来美学家们步柏拉图的后尘，苦苦思索着这种普遍因素：它究竟是物质的还是精神的？客观的还是主观的？自然的还是社会的？内容的还是形式的？这些都是哲学性很强的问题。所以，柏拉图的提问是从哲学角度的提问。

同时，柏拉图的回答也是哲学的回答。因为柏拉图是依据他的哲学体系来回答美的问题的，他的答案和他的哲学体系密切相关。我们已经说过，按照柏拉图的哲学体系，世界由两部分组成：一种是可以见到的、易朽的物质，另一种是不可以见到的、永恒的理式。各种美的现象属于前者，美的理式属于后者。柏拉图的美学学说是他的哲学学说的有机组成部分。美学是哲学的分支学科。各种哲学体系都会对美的本质问题提出自己的答案。由于美学和哲学的这种关系，所以西方美学史上最著名的四位美学家,即希腊的柏拉图、亚里士多德和德国的康德、黑格尔都首先是哲学家,而不是艺术理论家。

柏拉图的理式论使他的美学成为一种本体论。本体论是研究存在的学说。在柏拉图那里,美和存在密切联系在一起。美在理式,理式是唯一真实的存在,为一切世界所自出。毕达哥拉斯学派数的美学也是一种本体论美学。他们的数指事物的结构,是本体论的;而数的和谐是美,所以,数又是审美的。如果说柏拉图的本体论美学和毕达哥拉斯学派的本体论美学有什么区别的话,那么,这种区分表现为:对于毕达哥拉斯学派来说,宇宙是自在的;而对于柏拉图来说,宇宙成为一种社会存在,因为他的理式是宇宙和人类社会生活中一切事物的生成模式。在柏拉图那里,美的对象是分等级的。它们逐渐上升的梯级是:一个形体的美、全体形体的美、心灵和行为制度的美、知识学问的美,最高的梯级是理式的美。美的等级取决于存在的等级,而存在等级的高低又取决于距离物质的远近。柏拉图的这种本体论美学、美的等级以及美的等级取决于对精神和物质的关系的看法,对罗马新柏拉图主义的首领普洛丁和中世纪基督教美学最重要的代表奥古斯丁都发生了直接的影响。"柏拉图路线"贯穿于整个西方美学史。

柏拉图的理式论也对文艺复兴和浪漫主义运动发生了重要影响。文艺复兴时期,在意大利佛罗伦萨建立了柏拉图学园,柏拉图甚至被当作神来供奉。大艺术家米开朗琪罗参加了学园的活动。朱光潜先生在《西方美学史》中指出,文艺复兴时期一些理论家利用柏拉图的理式论证典型的客观性与美的普遍标准。浪漫主义运动时期大半把"理式"理解为"理想"。这个时期的许多诗人和美学家都在不同程度上是柏拉图主义者和新柏拉图主义者,其中最明显的是德国的赫尔德、席勒和英国的雪莱。

根据传说，柏拉图临终前看见自己变成一只天鹅。在苏格拉底第一次见到柏拉图之前，苏格拉底梦见了一只天鹅。天鹅是诗神阿波罗的神鸟。柏拉图的外甥德彪西波更把柏拉图说成阿波罗的儿子，他在失传的《柏拉图颂》中写道，柏拉图的母亲和他父亲没有肉体接触，通过阿波罗向她显圣便生下了柏拉图。这样，柏拉图成为医神阿斯克勒庇俄斯的同父异母兄弟，因为医神是阿波罗和女神可罗尼的儿子。这些传说似乎暗示，柏拉图是人的灵魂的医治者，他终生追求美与和谐，追求真善美的统一。

四 "我爱我师，我尤爱真理"

"我爱我师，我尤爱真理"，这是柏拉图的弟子亚里士多德在批判柏拉图理式论时说的一句名言。苏格拉底、柏拉图和亚里士多德，这三位有师承关系的哲人是西方文化史上一道独特的景观。黑格尔指出："哲学之发展为科学，确切地说是从苏格拉底的观点进展到科学的观点。哲学之作为科学是从柏拉图开始而由亚里士多德完成的。他们比起所有别的哲学家来，应该可以叫作人类的导师。"[1]哈佛大学的校训是："以柏拉图为友，以亚里士多德为友，更要以真理为友。"这则校训仿佛从"我爱我师，我尤爱真理"脱胎而出。

(一) 对柏拉图理式的批判

公元前369年，亚里士多德慕名负笈前往柏拉图学园求学时，是一个十七八岁的毛头小伙子，而柏拉图已是闻名遐迩的六旬哲人了。起先3年亚里士多德还未能见到柏拉图，因为柏拉图正在西西里推行他的

---

[1] 黑格尔：《哲学史演讲录》第2卷，生活·读书·新知三联书店1957年版，第151页。

《雅典学院》

政治主张。亚里士多德在柏拉图学园生活到公元前347年柏拉图去世为止，历时20载，和柏拉图的交往达17年。

某些希腊史学家不仅直接谈到亚里士多德和柏拉图的分歧，甚至还谈到这两位哲学家之间的不和。据记载，柏拉图把他的行动迟缓的门生塞诺克拉底和性格执拗的亚里士多德做比较，说："一个需要马刺，另一个需要笼头。"然而，尽管亚里士多德在许多哲学问题上和柏拉图有分歧，但是他根本没有想离开柏拉图学园，到柏拉图死后才离去。甚至当他不同意柏拉图时，他也往往不说"我"，而说"我们"，把自己当作柏拉图的弟子们中的一员。他在《尼各马科伦理学》中批评柏拉图的理式论时写道："理式学说是我们所敬爱的人提出来的。"当然，这首先指柏拉图。由此可见他们的个人关系基本上是友善的。彼此亲近的人们在理论观点上有分歧,这并非罕见的现象。其实,柏拉图是一个富于自由色彩的哲学家,他允许自己的弟子有各种不同意见。尽管亚里士多德和他有分歧,他仍然高度评价这位弟子的哲学才能,称他为"学园的智慧"。

从阅读柏拉图著作到阅读亚里士多德著作,仿佛从一个世界来到另一个世界。柏拉图著作热烈奔放,汪洋恣肆,融

亚里士多德

思辨与想象于一炉;而亚里士多德著作严肃冷峻,"以表达的简洁清晰和丰富的哲学语汇见长"[1]。亚里士多德在研究中坚持严格的历史主义和系统性,他总是在历史发展中研究每个问题,在阐述自己的观点前,先要仔细研究哲学史资料。他十分善于把经验的、实践的研究和平静的、怡然自得的纯理性状态结合起来。

亚里士多德对柏拉图的理式论做过尖锐的批判,但是他们都主张,物的存在就要求它是某种理式的载体。柏拉图使物的理式与物相脱离,进而形成与现实世界相对立的理式世界,并把它移置到天国中去。亚里士多德批判了柏拉图关于一般理式可以脱离个别事物而独立存在的观点。亚里士多德哲学的全部基础在于,他不脱离物来理解物的理式。他认为,在个别的房屋之外不可能还存在着一般的房屋,一般的房屋是我

---

[1] 策勒尔:《古希腊哲学史纲》,第181页。

们的思想从客观对象中抽象出来的。他主张物的理式就在物的内部。他论证的逻辑很简单：既然物的理式是这个物的本质，那么，物的本质怎么能够存在于物之外呢？物的理式怎么能够存在于远离物的其他地方，而一点不对物产生影响呢？物的理式存在于物内部，在物的内部发生作用，理式和物之间没有任何二元论。这一论题是亚里士多德和柏拉图基本的和原则的分歧。

虽然亚里士多德对柏拉图的理式做了无情的批判，然而他并没有放弃柏拉图的理式。亚里士多德批判理式脱离于物的孤立存在，但是从来没有否定过理式本身。按照传统翻译惯例，亚里士多德所使用的希腊术语 eidos 在拉丁文中译成"形式"，为的是使物的 eidos 尽可能与物本身相接近，从而强调亚里士多德的 eidos 处在物之中。而在柏拉图的著作中，eidos 从来不被译成"形式"，只译成"理式"，为的是强调"理式"处在物之外。我们不反对把亚里士多德的 eidos 译成"形式"，但是始终要记住，这就是柏拉图的理式。

柏拉图的理式论是"一般在个别之外"，亚里士多德的理式论是"一般在个别之中"。柏拉图仅仅承认理式的一般性，而忘掉它的个别性。亚里士多德的结论是，存在于物内部的理式既是一般性，又是个别性。

（二）美产生于大小和秩序

亚里士多德否定理式的孤立存在，承认现实世界的真实性，他在事物本身中寻找美的根源。

亚里士多德在《诗学》中写道："一个美的事物——一个活东西或一个由某些部分组成之物——不但它的各部分应有一定的安排，而且它的体积也应有一定的大小；因为美产生于大小和秩序，一个非常小的活东西不能美，因为我们的观察处于不可感知的时间内，以致模糊不清；一个非常大的活东西，例如一个一万里长的东西，也不能美，因为不能一览而尽,看不出它的整一性;因此,情节也须有长度(以易于记忆者为限),正如身体,亦即活东西,须有长度(以易于观察者为限)一样。"[1]这段话常为美学著作所援引。

在《政治学》中,亚里士多德也说过一段类似的话:"人们知道,美产生于数量、大小和秩序,因而大小有度的城邦就必然是最优美的城邦。城邦在大小方面有一个尺度,正如所有其他的事物——动物、植物和各种工具等等,这些事物每一个都不能过小或过大,才能保持自身的能力,不然就会要么整个地丧失其自然本性,要么没有造化。例如一指长或半里长的船干脆就不成其为船了,也有一些船在尺寸大小上还算过得去,但航行起来还是可能嫌小或嫌大,从而不利于航行。"[2]

只有结合亚里士多德的整个美学体系和哲学体系,才能够弄清这两段貌似平常的言论的深刻内涵。这两段言论有两个要点。第一,美产生于大小和秩序。像其他希腊美学家一样,亚里士多德具有明确的结构感,他不喜欢混沌无序。强调秩序是他一贯的美学思想,他通过事物自身的秩序、对称和确定性来说明美的原因。亚里士多德所理解的秩序存在于自然、天体、人和社会生活中。他指出,自然是一切秩序的原因,秩序和确定性在天体中显示得尤为突出。政体是城邦中各种官职配置的一种秩序,法律也是一种秩序。

第二,美产生于一定的尺度。亚里士多德的尺度理论产生于四因说。他认为,任何事物,不管人造物还是自然物,其形成有四种原因:质料因、形式因(这里的"形式"就是柏拉图的"理式",希腊语为

---

[1] 亚里士多德:《诗学》,罗念生译,人民文学出版社1982年版,第25—26页。原译"美要倚靠体积与安排"改译为"美产生于大小和秩序"。

[2] 《亚里士多德全集》第9卷,苗力田主编,中国人民大学出版社1997年版,第239—240页。原译"美产生于数量和大小"改译为"美产生于数量、大小和秩序"。

eidos）、动力因和目的因。比如书橱、木材是质料因，图纸是形式因，木工是动力因，书橱的用途是目的因。四因可以最完满地体现在事物中，从而创造出美和合目的性的有机整体。如果它们在事物中的体现缺少某种尺度，过分或不及，那么，整体就受到损害，从而失去美、艺术性、效用和合目的性。物质世界的多样性取决于四因不同的相互关系。四因可以出现在最美的事物中，也可以出现在最丑的事物中。这一切取决于四因相互关系的尺度。

亚里士多德把他的尺度理论运用到伦理学和国家学说中。他在《尼各马科伦理学》中分析道德范畴时指出，在情绪方面的道德是勇敢，它的不及是懦怯，过就是鲁莽；在欲望方面的道德是节制，它的不及是吝啬，过就是奢侈；在仪态方面的道德是大方，它的不及是小气，过就是粗俗；等等。在《政治学》中，他指出国家必须保持适当的疆域，国土不能太小，否则缺乏生活所必需的自然资源；但也不能太大，否则过剩的资源将产生挥霍消费的生活方式。国家最好由中产阶级统治，因为中产阶级既不过强过富，又不太穷太弱。而巨富只能发号施令，穷人又易于自卑自贱，这两类人都不适合治理国家。

亚里士多德也把他的尺度理论运用到美学上来，认为四因适中的、合度的关系产生美的有机整体。

在哲学上，亚里士多德徘徊于唯物主义和唯心主义之间；然而在美学上，他多持唯物主义观点。如果说柏拉图开启了从精神上探索美的根源的先河，那么，亚里士多德则标明了从客观现实、从事物自然属性上寻求美的方向。文艺复兴时代的艺术家们曾孜孜不倦地研究人体比例，认为美来自各部分之间的比例关系。18世纪英国画家荷迦兹提出蛇形曲线是最美的线条，他说："如果从一座优秀的古代雕像上除去它的弯弯曲曲的蛇形线，它就会从精美的艺术作品变成一个轮廓平淡、内容单调的形体。"[1]所有这些，都可以见出亚里士多德美学的影响。

希腊美学离我们已经十分遥远了，然而它仍然值得我们认真研究，因为"后来美学上许多重要思想都伏源于此"。原创性是希腊美学的一个重要特征。有人这样评价希腊哲学："希腊哲学和其他的希腊精神产品一样，是一种始创性的创造品，并在西方文明的整个发展过程中具有根本性的重要意义"，"希腊哲学家所建立的体系不应当仅仅被看成是现代哲学的一种准备，作为人类理性生活发展中的一项成就，它们本身就具有独立的价值"。[2]这些评价也同样适用于希腊美学。

五　对柏拉图提问的现代应答

对于柏拉图"什么是美"的提问，现代美学有两种截然不同的态度。20世纪20—50年代流行的分析美学不仅对这个提问的各种答案表示质疑，而且对这个提问本身的合理性表示质疑。与此不同的是，另一些现代美学家从新的立场、新的观点和新的方法论角度继续对这个古老的问题做出富有时代气息的回答。

分析美学是分析哲学的一部分。分析哲学否定传统哲学、传统伦理学的一些提问，如"什么是善"；同样，分析美学也否定传统美学"什么是美"的提问。分析美学家们认为这个问题是个假问题。原因之一是语言作为一种工具，可以服务于不同的目的。一个词的意义就是它在语言中的用法。在不同的句子、不同的上下文和不同的语境中，一个词有很多不同的意义。例如，对于不同的审美对象我们说"美"，我们在天

---

[1]　荷迦兹：《美的分析》，《美术译丛》1980年第1期，第74页。
[2]　策勒尔：《古希腊哲学史纲》，第2—4页。

热口渴时喝了一杯凉茶说"美"（表示生理上的快感），我们在赞扬一个人的道德情操时说"心灵美"（表示伦理上的善），"美"的词义如此含混歧异，怎么可能有统一的本质呢？即使对于审美对象，我们在说"这是美的"时，也只是表达一种情感状态，而不是像科学认识那样描述了事实。这时候形容词"美的"完全可以换成感叹词"啊"，"这片风景真美"和"这是怎样的一片风景啊"说的是一个意思。因此，从日常语言哲学看，传统美学只能是一种误解。分析美学取消了美的本质问题，等于抽掉了传统美学的基石。

分析美学的反对者认为，不能因为美的概念的多义含混而取消美学的生存。真、善、美这些关系到人类存在基本价值的词语，尽管笼统模糊，却仍然保持着长久而动人的魅力。"柏拉图关于美是什么的问题，不是至今仍然吸引人们的好奇心么？美不是美的小姐，不是美的汤罐……那么'美本身'，那值得一切艺术以及一切人们去追问、向往、模拟的'美本身'，究竟是什么呢？也就是说，各种美所应有的共性和理想究竟是什么呢？他尖锐提出的这个问题不是至今仍然没有得到答案，而逼迫着人们去不断寻求吗？"[1]"真是什么？善是什么？美是什么？它们的联系与区别是什么？它们与人类的总体和个体存在的意义、目的、关系如何？……仍然在不断地引人思索。对人生的哲理思辨，将永远随时代而更新，人的永恒存在将使人的这种自我反思——哲学永恒存在，将使美的哲学探索永恒存在。"[2]

（一）20世纪50年代我国的美学大讨论

20世纪50年代中期到60年代初期，我国美学界围绕美的本质问题

---

[1] 李泽厚：《美学三书》，安徽文艺出版社1999年版，第448页。
[2] 同上书，第450页。

展开了广泛的讨论。从今天的学术标准看，这场讨论有很多不足之处。然而，它的重要意义不可低估。这主要表现在两个方面。第一，这场讨论在理论上达到了一定的深度，培养了一批美学人才，提高了社会各界对美学的兴趣，扩大了美学这门学科的影响。如果没有这场讨论，中国美学的发展很可能是另外一种样子。第二，这场讨论是"文化大革命"前罕见的甚至是唯一的没有演变成政治批判的学术争论。虽然争论各方也使用了尖锐的、激烈的政治批判的词汇，但是各方并没有因此而改变自己的学术观点，他们都享有充分的批评和反批评的权利。在这场讨论中，主要形成了三种观点：以蔡仪先生为代表的典型说、以李泽厚先生为代表的客观性和社会性的统一说以及以朱光潜先生为代表的主客观统一说。

蔡仪先生认为美的东西就是典型的东西，美的本质就是事物的典型性。所谓典型，就是个别之中显现着一般的东西，就是个别事物表现了同类事物的一般性和普遍性。一棵树木显现着同类树木的一般性，它就是美的；一座山峰显现着同类山峰的一般性，它就是美的。

为了论证美是典型，而典型是事物的常态，蔡仪先生举了一个例子："再引宋玉《登徒子好色赋》来说：'天下之佳人莫若楚国，楚国之丽者莫若臣里，臣里之美者莫若臣东家之子。东家之子，增之一分则太长，减之一分则太短，着粉则太白，施朱则太赤。'在这里很显然的，这位美人的形态颜色，一切都是最标准的，也就是概括了'臣里'、'楚国'、天下的女人最普遍的东西了。由此可知她的美就是在于她是典型的。"[1]东家之子最充分地体现了女人的常态，所以是最美的。

典型说有两个要点，一是主张在客观事物本身中寻找美，而不是在

---

[1] 蔡仪：《美学论著初编》（上），上海文艺出版社1982年版，第238页。

先验的理式和人心中寻找美。现实事物的美是美感的根源，也是艺术美的根源。研究美学的正确途径是从现实事物去考察美，去把握美的本质。二是典型是在个别之中显现着一般，其中一般性是根本的、决定性的，个别性是次要的、从属的。

李泽厚先生主张美是客观存在的，但是它不在于事物的自然属性，而在于事物的社会属性。这就是李泽厚先生的客观性和社会性统一说。蔡仪先生也强调了美的客观存在，然而否认了美依存于人类社会的根本性质。李泽厚先生和蔡仪先生的分歧就在美的社会性问题上。

什么是事物的社会性呢？就是它的社会职能，它在人类生活中所占的地位、作用和关系。这种社会性是客观存在的，它依存于人类社会，却不依存于人的主观意识，属于社会存在的范畴，而不属于社会意识的范畴。古松、梅花与老鼠、苍蝇为什么有美有不美呢？这是由它们的社会性、由它们和人类生活的关系所决定的。李泽厚先生还举过国旗美的例子。他认为国旗的美在于它的社会性，即它代表了中国这个伟大的国家，至于一块红布、几颗黄星本身并没有什么美的。这个例子遭到很多人的批评，因为国旗的美也体现在红布、黄星的形式美上，即国旗的自然属性上。

要理解朱光潜先生的主客观统一说，我们先看他常举的一个例子。一朵红花，只要是视力正常的人，都会说花是红的，时代、民族、文化修养的差别不能影响一个人对"花是红的"的认识。但是，对于花的美，不同的人会有不同的看法，就是同一个人，今天认为这朵花美，明天可能就认为它不美。为什么会出现这种情况呢？因为"花是红的"是科学的认识，"花是美的"是审美的认识，这两者之间有本质的区别。科学认识的对象是自然物，"红"只是自然物的一个属性，完全是客观的。审美认识的对象已经不纯是自然物，而是夹着人的主观成分的物。

第一讲
美从何处寻

为了表明科学认识的对象和审美创造的对象的区别,朱先生把它们分别称作物甲和物乙。物甲就是物本身,它是客观存在的,不以人的意志为转移。物乙是自然物的客观条件加上人的主观条件的影响而产生的,它是物的形象。物甲和物乙的区别就是"物"和"物的形象"的区别。物甲具有某些条件产生物的形象(物乙)。然而,物乙之所以产生,却不单靠物甲的客观条件,还须加上人的主观条件的影响,所以是主观与客观的统一。同一物甲在不同人的主观条件之下可以产生不同的物乙。俗语说:"情人眼里出西施。"被情人称作西施的这位女子是物甲,她要成为物的形象(物乙),除了自身的客观条件外,还要有欣赏者的主观条件(情人眼睛)。而在其他人的眼中,她未必是西施。朱先生的结论是:物、物甲是自然形态的,只是美的条件;物乙、物的形象是意识形态的,才是美。

朱先生引用宋朝诗人苏轼的《琴诗》来说明自己的观点:

若言琴上有琴声,放在匣中何不鸣?
若言声在指头上,何不于君指上听?

说琴声就在指头上的是主观唯心主义,说琴声就在琴上的是机械唯物主义。说要有琴声,就既要有琴(客观条件),又要有弹琴的手指(主观条件),总而言之,要主观与客观的统一。这是苏轼的看法,也是朱先生的看法。

(二)美是一种价值

朱光潜先生所说的"花是红的"和"花是美的"是两种不同性质的判断。"花红"是认识判断,花的"红"不取决于人而存在,甚至在人类社会出现之前就存在;"花美"是价值判断,花的"美"不能离开人而存在，离开人花就无所谓美丑。这样，美就是一种价值。价值指事物对人的意义。朱先生早就指出美是价值，不过，"审美价值"的术语在我国广泛流行开来是20世纪80年代以后的事。

不同的美学学派对审美价值做出不同的论证，有的认为它是主客观的统一，有的则主张它是客观的。下面我们讲的是后一种观点。

美作为价值，有两个层次：第一个层次是事物的自然属性和外部形式；第二个层次是事物的社会属性和社会内容，这种社会属性和社会内容由事物在社会生活和社会历史实践中所占据的地位和所起的作用决定。例如黄金，天然的光泽和色彩是它的自然属性，作为货币的等价物和财富的象征则是它的社会属性。黄金作为一种带有特殊自然属性的金属，在人出现之前就存在，在人类历史的各个阶段也没有变化。但是黄金的美不仅取决于它的自然属性，而且取决于它在社会生活中所占据的地位。随着黄金中表现的社会关系的改变，自然属性没有变化的黄金也改变着自己的审美价值。黄金在很多场合下是富有、豪华和贵重的标志，能够引起人们的审美欣赏。但有时候，它却会引起人们的审美反感，比如佩戴过多的黄金饰品就显得俗气。看来，美的奥秘应该在社会生活和社会历史实践中去寻找。

郭沫若先生在《武则天》中指出，唐朝人喜欢的女性比较丰满，"方额广颐"正是唐朝所尚好的美人型。然而，唐朝以前的魏晋人却以纤瘦为美。这从他们的壁画和雕塑中可以看出。那么，魏晋人和唐朝人的审美观点是怎样形成的呢？这种审美观和他们的社会生活有什么必然联系呢？魏晋时代政治十分混乱，人民生活极其痛苦，连绵不断的战争动乱造成一片荒凉。"白骨露于野，千里无鸡鸣。""出门无所见，白骨蔽平原。"占据统治地位的门阀士族阶层，是依据军阀势力的上层地主阶级的代表。他们有种种世代沿袭的政治特权和经济特权。士族与地主阶级中的庶族之间固然界限分明，就是士族与士族之间也是等级森严。统治阶级内部经常火并，显赫一时的家族往往顷刻沦为阶下囚。"生年不满百，常怀千岁忧。"对生命短促、人生坎坷的叹喟成为整个时代的典型音调。面对悲伤苦难、不可捉摸的人生，玄谈成了一些人逃避现实的防空洞和附庸风雅的装饰品。所谓玄谈，就是高谈老庄玄奥的哲理（关于玄谈，请参见第三讲）。由于佛教的传播，玄谈之风在思想界更加盛行。受到尊敬和膜拜的不再是"外在的功业、节操、学问"，而是"内在的思辨风神和精神状态"。记载士族阶层逸闻轶事的《世说新语》所津津乐道的，"并不都是功臣名将们的赫赫战功或忠臣义士的烈烈操守，相反，更多的倒是手执拂麈，口吐玄言，扪虱而谈，辩才无碍"[1]。魏晋的壁画和雕塑所表现的长脸细颈、瘦削病弱的身躯，看破红尘、飘然欲仙的风度，智慧思辨、高深莫测的笑容，完全体现了清谈名士的审美观，而他们的审美观又恰恰是魏晋社会生活的产物。

同魏晋相比，唐朝的壁画和雕塑风格大变。人物形象由骨瘦支离变得雍容大方，"丰满圆润的女使替代了瘦削超脱的士夫"[2]，甚至连马的形象也由精瘦变得肥腴。这种变化同唐朝的政治经济状况和社会生活密切相关。唐朝是封建社会的强盛时期，政治局面相对稳定。初唐时期实行了一些比较开明的政策，门阀士族开始走下坡路，中下层地主阶级日益得势。经济上出现繁荣景象，"公私仓廪俱丰实"。在这种社会氛围和心理情绪影响下，壁画和雕塑以生活安定殷实的统治阶级人物为标本，自然是体肥脸胖。所以，"艺术趣味和审美理想的转变，并非艺术本身所能决定，决定它们的归根到底仍然是现实生活"[3]。

---

[1] 李泽厚：《美学三书》，第 96 页。
[2] 同上书，第 119 页。
[3] 同上书，第 120 页。

我们讲了古人和今人对美的本质问题的探索，这些探索有助于加深我们对美的理解。不过，我们寻到美了吗？我们说，美就在我们身边，而它的无限丰富的内容却不断地有待我们去发现，对美的寻求是一个永无终结的过程。然而，我们寻求美、欣赏美不必从抽象概念出发，而要从现实生活中的具体的、鲜活的事例出发。有一首宋诗写道：

> 尽日寻春不见春，
> 芒鞋踏遍陇头云；
> 归来笑拈梅花嗅，
> 春在枝头已十分。

如果从抽象的定义和概念出发来寻求美，那就是"尽日寻春不见春"。如果从现实生活出发，你就会看到"春在枝头已十分"。

思考题

1. 中西方对宇宙美的欣赏有什么区别？
2. 分析"自在之美"和"自为之美"。
3. 怎样理解柏拉图的"美是理式"？
4. 亚里士多德对美的论述有什么特点？
5. 分析"美是价值"的命题。

阅读书目

柏拉图：《文艺对话集》，朱光潜译，人民文学出版社1980年版。

亚里士多德：《诗学》，罗念生译，人民文学出版社1982年版。

第二讲
我见青山多妩媚

> 从致用、比德到畅神
> "美不自美,因人而彰"

"我见青山多妩媚,料青山见我应如是。"这是南宋词人辛弃疾晚年作的《贺新郎(甚矣吾衰矣)》一词中的句子。这两句词说:我看见青山姿态美好,可亲可爱,料想青山看见我也应当产生同样的感觉。辛弃疾平生很得意于这两句词,常常在客人面前吟诵。他把青山拟人化,并引为知己。这两句词说的是对自然美的欣赏。

一 从致用、比德到畅神

自然美指自然界万物的美,如日月星辰、山川草木、花鸟虫鱼等自然物的美。自然美欣赏的历史发展在我国经历了致用、比德和畅神三个阶段。随着社会历史实践的发展，人类的审美领域、审美视野逐渐扩大，自然审美观也得到发展。

（一）致用

"致用"指人类从实用的、功利的观点看待自然。在人类发展初期，致用的自然审美观不仅适用于我国，而且适用于欧洲。狩猎时代的欧洲原始人，尽管周围环境长满花卉，然而他们对此视而不见，在洞穴中着意描绘的只是野牛、野猪、古象等，因为比起花卉来，这些动物和他们的生活的关系更加密切。实用的、功利的原因决定了人类在自然美领域首先欣赏动物的美，然后才欣赏植物的美。

19—20世纪俄国学者普列汉诺夫曾经指出，原始部落，例如澳洲土人，从不用花来装饰自己，虽然他们住在遍地是花的地方。他们只对动物有美感，因为狩猎动物直接关系到他们的生活和生存。只有当原始人转入农耕生活以后，他们才欣赏植物花卉的美，用它们装饰自己和居室。正如19—20世纪德国艺术史家格罗塞所指出的那样："从动物装潢变迁到植物装潢，实在是文化史上一种重要进步的象征——就是从狩猎变迁到农耕的象征。"[1]

在我国整个旧石器时代，装饰最为丰富的是山顶洞人。他们已经娴熟地掌握用赤铁矿砂涂染着色的技巧。他们或用七颗大小相似的白色石灰石石珠，染成红色，作为头饰；或将两面扁平水磨的蛋圆形的砾石钻孔，砾石呈黄绿色，穿孔的部位似有红色，极像现代的鸡心项链坠。史前人类对动物的牙齿，对光滑、齐整、鲜艳的石块有种发自内心的喜爱。在我国新石器时代西安半坡出土的彩陶中，人面鱼纹盆尤其引人注目。人面图案的旁侧，往往画着单只大鱼，或一张网纹。这种神秘色彩

---

[1] 格罗塞：《艺术的起源》，蔡慕晖译，商务印书馆1987年版，第116页。

的人面纹，透露出半坡氏族公社的某种原始信仰。对鱼的崇拜中，也包含着对鱼的欣赏。半坡人是基于鱼与自己的物质生活的迫切需要和密切联系，而对它产生一种集敬畏、依赖、喜爱于一体的心态。虽然这种自然观在严格的意义上还不足以被称为自然美感，然而它毕竟是史前人类与自然的真实的感情交流。史前人类不脱离自己的生活、生存去欣赏自然。

朱光潜先生指出："在起源阶段，美与用总是统一的。从石器时代起，自然事物就已出现于艺术品（主要是手工艺品如生产工具、斗争工具、生活日用品、装饰品之类），而这些在艺术品中出现的自然事物，总是与作者所属部落的生产方式或职业有关。渔猎民族的艺术运用自然事物为'母题'时，那些事物总是与渔猎生活有关，例如法国玛德伦（La Madaleine）岩洞中的壁画就是专画当地原始部落的狩猎对象，特别是鹿。猎人在所住岩洞里画他们所获得的猎物，一则是庆功，一则是研究猎物形态，增进狩猎的知识和技能。"[1]

（二）比德

所谓"比德"，就是以自然景物的某些特征来比附、象征人的道德情操。我国比较成熟的比德的自然审美观，形成于春秋时代。"比德"是儒家学说的表现，是将儒家思想核心中的"仁政""礼教"的部分渗透到山水审美中来。

《论语·雍也》中写道："子曰：'知者乐水，仁者乐山；知者动，仁者静；知者乐，仁者寿。'"知者为什么乐水，仁者为什么乐山呢？孔子没有明说。宋代学者朱熹解释道："知者达于事理而周流无滞，有似于

---

[1] 《朱光潜全集》第10卷，安徽教育出版社1993年版，第224页。

水,故乐水;仁者安于义理而厚重不迁,有似于山,故乐山。"[1]孔子对山水的欣赏,是从道德角度的一种欣赏。与其说他是醉心于自然山水本身,不如说他欣赏的是由眼前的山水引起的对一种道德品质的联想。自然景物的某些特点和人的道德品质的相似性,使欣赏者把它们两者联系起来。这在某种程度上成为中国文人对自然的一种一脉相承的审美习惯。

《论语·先进》记载了孔子和他的四位弟子的一次十分融洽的谈话。四位弟子陪孔子坐着,孔子问他们各人的志向和抱负。最后一个回答的是曾点,他说:"莫春者,春服既成,冠者五六人,童子六七人,浴乎沂,风乎舞雩,咏而归。"暮春三月,穿着刚做好的夹衣,五六个成年人、六七个儿童,呼朋引类,在沂水沐浴,在祭风求雨的舞雩台上乘凉,然后一路唱着歌回来。一群青少年在春光明媚的日子结伴春游。这里对自然美景的欣赏,经过对景物的选择,以及感情的渲染,变得极雅致极深远。这是孔子对山东城郊山水林木的自然美景的肯定,表现了孔子超然的、蔼然的、爱自然的生活态度。另一方面,孔子又以这种诗情画意的美景来比附、象征他的社会理想和政治抱负,胸次悠然、物我同流的春游境界,仿佛是举止从容、各有所安的大同世界。这正是比德的自然美欣赏过程。难怪孔子喟然叹曰:"吾与点也。"他对曾点的志向深表赞许。

比德说的缺点是不能引导人们专注于自然景物本身的欣赏,而是用它们来比附人的德行。然而,"比德"表明人对自然景物的欣赏,已经同它们的功利相脱离,与"致用"相比,这是一种历史的进步。春秋时代,人们已经能够很自然地把山水审美与音乐艺术相联系。俞伯牙、钟

---

[1] 朱熹:《四书章句集注》,中华书局1983年版,第90页。

子期是春秋时代的音乐家。《吕氏春秋·本味》篇记载，俞伯牙把巍巍泰山和汤汤流水所唤起的情操，诉诸琴弦，钟子期心领神会，感受到高山流水的韵味。钟子期死后，俞伯牙痛失知音，"破琴绝弦，终身不复鼓琴"。

比德说无论对自然美的欣赏还是对艺术创作，都发生了重大影响。中国传统上以松柏喻坚贞，以兰竹喻清高。屈原在《离骚》中，以香草喻君子，以萧艾喻小人。"扈江离与辟芷兮，纫秋兰以为佩。"披上芳香的江离、辟芷啊，佩上秋兰这美洁的徽号。"杂申椒与菌桂兮，岂惟纫夫蕙茝！"申椒、菌桂争现风采啊，何止是串起温馨的蕙茝！这里的江离、辟芷、申椒、菌桂、蕙、茝都是有名的芳草香木。"何昔日之芳草兮，今直为此萧艾也？"[1]萧是蒿草，艾是小草，比喻小人和草包。《离骚》是中国文学史上最杰出的抒情长诗，它开了古典浪漫主义的先河。"《离骚》把最为生动鲜艳、只有在原始神话中才能出现的那种无羁而多义的浪漫想象，与最为炽热深沉、只有在理性觉醒时刻才能有的个体人格和情操，最完满地溶化成了有机整体。由是，它开创了中国抒情诗的真正光辉的起点和无可比拟的典范。"[2]在中国美学史中，形成了不同于儒家理性精神的屈骚传统。

不过，屈原创作中的"比德"特点说明他也接受了儒家教义。他的《橘颂》同样是著名的比德篇章。《橘颂》由于郭沫若先生严整而铿锵的今译和在剧本《屈原》中的借用（在剧本中郭沫若先生把《橘颂》赠给了屈原的女弟子、美丽的婵娟）而享有盛名。"深固难徙，更壹志兮；绿叶素荣，纷其可喜兮。"根深本固不受迁徙，你的生存始终如一啊；

---

[1] 屈原诗句今译见萧兵：《楚辞全译》，江苏古籍出版社1998年版，第2—15页。
[2] 李泽厚：《美学三书》，第73页。

白白的小花绿绿的叶子，枝干茂盛缤纷可喜啊。"闭心自慎，不终失过兮；秉德无私，参天地兮。"小心谨慎你自我悚惕，到底无赦过失啊；秉承大德不谋私利，此身此志顶天立地啊。[1]《橘颂》是中国文人写的第一首咏物诗，屈原以橘比喻志向的独立不迁。

（三）畅神

魏晋南北朝时期，对自然景物的"畅神"审美观盛行起来。所谓"畅神"，指自然景物本身的美可以使欣赏者心旷神怡，精神为之一畅。正是"望秋云，神飞扬，临春风，思浩荡"。"畅神"和"比德"不同，它专注于对审美对象本身的欣赏，不要求用自然景物来比附道德情操。与"比德"相比，"畅神"又前进了一步。

畅神说出现在魏晋南北朝时期，确切地说，出现在晋宋时期，有着深刻的社会历史原因。公元317年东晋建都建康（今南京），汉族的统治政权偏安江左。门阀世族也被迫南渡。人口大规模流动，黄河流域的汉族向长江流域特别是长江三角洲地区迁移。汉末战乱期间，世家大族建立的自给自足的庄园经济迅速发展。南渡以后，门阀世族在南方获得了比在北方更为优裕的发展庄园经济的条件，并为南方的更为清丽的自然风景所吸引。由于社会动荡，加上统治阶级内部也经常互相倾轧，很多人抱着浓厚的"出世"思想。"这时候佛教刚传到中国不久，就盛行起来，士大夫阶级整天地清谈佛老，把这看作一件风雅事。他们认为尘世是腐浊，'出世'才是'清高'。出世的途径有两条：一条是清谈佛老，另一条是'纵情山水'（这多少也还是受到佛老二家的影响，佛老都讲清静无为，名山都由他们占住）。"[2] 庄园经济也为士大夫阶层纵情山水

---

[1] 屈原诗句今译见萧兵：《楚辞全译》，第140—141页。
[2] 《朱光潜全集》第10卷，第229—230页。

提供了充分的物质条件。

文人逃避市朝而作山林隐逸,促进了畅神的自然审美观的形成。这时候欣赏山水自然,不是以社会人事去比赋山水,而是让山水的本来状貌触动空明的心境。欣赏自然美所获得的快乐,不是因为心中预存的思想方式仿佛在山水景物上有某种映射,而是因为山水自然的存在方式与欣赏者澄明的心境有莫大的契合。

(四)《兰亭集序》和《画山水序》

徜徉山水成为晋宋名士的一种时尚。南朝宋代刘义庆编的《世说新语》说:"过江诸人,每至美日,辄相邀新亭,藉卉饮宴。"南渡的文人雅士们每逢良辰佳日,就相互邀约,聚会新亭(又称中兴亭,靠近江边),在优美的自然山水之间饮酒赋诗,欣赏风景。东晋大书法家王羲之脍炙人口的散文《兰亭集序》就记述了这种活动。公元353年农历三月三日,他和孙统、孙绰、谢安、支遁等41人,宴集于会稽山阴的兰亭。与会者诗兴大发,当场作了许多诗,王羲之为这些诗作了这篇序,描绘了宴集的盛况。

孙统、孙绰、谢安、支遁都是当时的名士,《世说新语》以大量篇幅记载了他们的言行,我们且举两例。谢安是当时最负盛名的政治家,他极有雅量,在清谈上也有领袖人群的气度。淝水之战对于东晋来说,是存亡继绝的一件大事。捷报送来时,谢安正在和客人下棋。他看完捷报后,压抑着强烈的激动和喜悦,默默无言,仍然从容下棋。客人问及战况,他淡淡地回答说:"小儿辈大破贼。"意色举止,不异于常。

支遁喜欢鹤。有人送他两只小鹤,小鹤羽翼丰满后想飞走。支遁怕它们飞走,就剪掉它们的翅膀。鹤飞不起来,有垂头懊丧之意。支遁见了说:"既有凌霄之姿,何肯为人作耳目近玩!"于是把它们的翅膀养好了,放飞而去。晋人将这种超脱的、自由的精神推己及物,所以能把

"胸襟像一朵花似地展开,接受宇宙和人生的全景,了解它的意义,体会它的深沉的境地"[1]。他们酷爱"清露晨流,新桐初引"的大自然。孙统"每至一处,赏玩累日","名阜盛川,靡不历览"。王羲之经常和这些友人优游山林,兰亭宴集就是其中的一例。《兰亭集序》写道:

> 群贤毕至,少长咸集。此地有崇山峻岭,茂林修竹;又有清流激湍,映带左右。引以为流觞曲水,列坐其次,虽无丝竹管弦之盛,一觞一咏,亦足以畅叙幽情。是日也,天朗气清,惠风和畅。仰观宇宙之大,俯察品类之盛,所以游目骋怀,足以极视听之娱,信可乐也。

王羲之《兰亭集序》

把盛酒的杯子放在流水的上游,任其漂流而下,酒杯停在谁的面前,谁就取而饮之。这就是"引以为流觞曲水,列坐其次"。"仰观宇宙之大,俯察品类之盛","游目骋怀"成为美学著作广为援引的名言。举目四顾,胸怀舒展。宴集参与者极尽视听之娱,感到极大的审美享受。这正是畅神的特点。王羲之在《兰亭》诗中说:"群

---

[1] 《宗白华全集》第2卷,第276页。

籁虽参差,适我无非新。"天下万物,五彩缤纷,杂然并陈,似乎没有什么新鲜之处。然而,如果我们"以新鲜活泼自由自在的心灵领悟这世界",那么,我们接触的一切就"显露出新的灵魂,新的生命",这最能代表晋人"纯净的胸襟和深厚的感觉所启示的宇宙观"。晋人对自然有深切的体验,用孙绰的话来说,是"游览既周,体静心闲","凝思幽岩,朗咏长川"。"他们对于自然有那一股新鲜发现时身入化境浓酣忘我的趣味。"[1] 王羲之的《兰亭集序》不仅文章写得极美,而且书法堪称永世的楷模。唐太宗珍重他所书写的《兰亭集序》,临死都不能割舍,叮嘱儿子把它放进棺材里。

晋宋人对自然的欣赏,《世说新语》有许多记载。

> 顾长康从会稽还,人问山川之美,顾云:"千岩竞秀,万壑争流,草木蒙笼其上,若云兴霞蔚。"(《言语》)

寥寥数语,极尽状物写景之能事。宗白华先生指出,顾恺之的这段话是后来五代北宋期间荆浩、关仝、董源、巨然等画家的山水画境的绝妙写照,顾恺之对自然美的发现中包含了中国伟大的山水画的意境。王子敬云:"从山阴道上行,山川自相映发,使人应接不暇。若秋冬之际,尤难为怀。"(《言语》)王子敬就是王羲之的儿子、书法家王献之,他所写的曹植《洛神赋》的美,也如洛神一样"翩若惊鸿,婉若游龙"。王献之的书法也许受到自然美景的浸润。王羲之也曾经说过:"从山阴道上行,如在镜中游!"这真是表里澄澈、晶莹空明的世界。"心情的朗澄,

---

[1] 《宗白华全集》第 2 卷,第 276 页。

王献之《洛神赋》

使山川影映在光明净体中!"[1]

"畅神"这个术语最早出现于晋宋画家和美学家宗炳的《画山水序》。宗炳是比顾恺之稍晚的同时代人,他的《画山水序》是中国美学史上最早讨论山水画的一篇文章,其中包含了对自然美的理解。据《宋书·隐逸传》记载,宗炳"好山水,爱远游"。晚年他曾叹曰:"老疾俱至,名山恐难遍睹,唯当澄怀观道,卧以游之。"即使老和病使他不能亲历山水之胜,他躺卧在家,也要在想象中遍睹名山大川。他是我国提出神游山水的第一人。所谓"澄怀观道",就是澄清心中一切已有之见,在心无旁骛的状态下,观照"宇宙里最幽深最玄远却又弥沦万物的生命本体"[2]。宗炳还是一位知名的佛学家,他的原意是希望通过欣赏自然山水,领会到栖身自然中的佛的"神理"。如果对"澄怀观道"做世俗的解释,就是以澄清、空明的胸怀,在自然山水中见出宇宙的生命。所谓宇宙的生命,就是"中国人在天地的动静,四时的节律,昼夜的来复,

---

[1] 《宗白华全集》第2卷,第272页。
[2] 同上书,第280页。

生长老死的绵延，感到宇宙是生生而具条理的"[1]。这"生生而具条理"就是"道"，天地运行的大道。关于这一点，我们在第十四讲中将比较详细地讲到。根据这样的精神，我们也可以把宗炳所说的"神理"解释为"活泼的宇宙生机中所含至深的理"，这是一种"玄远幽深的哲学意味"（宗白华先生语）。

除了"澄怀观道"外，宗炳还提出"澄怀味象"的概念。《画山水序》写道："圣人含道应物，贤者澄怀味象。至于山水，质有而趣灵。"对于这段话，研究者们的理解很不相同。它大意是说，圣人心中有了道（宇宙的生命本体），再用这种眼光来看万物，他的所见高下取决于他的"道"的高下。低于圣者的贤者，以纯净之心来体味自然界中的各种景象，他的心达到的境界取决于澄怀的程度，即心中杂念清除的程度。圣者与贤者虽然看待自然的方法不同，但是对于山水，却有共同的评价：质有而趣灵。山水既有可见的形质，又有灵妙的意趣。因此，既要欣赏山水的形象，又要体味它们的灵趣。"澄怀味象"和"澄味观道"是一个意思。"澄怀"是对审美主体的要求，"味象"和"观道"是对审美客体的欣赏，合起来就是一个完整的审美过程。"象"是"道"的具体体现，自然山水的形象中隐含着宇宙生命。只有在自然山水的形象中见出宇宙生命，才是真正的审美欣赏，才是"味象"。这样，"味象"也就是"观道"。如果只看到自然山水的形象而看不到其中体现的宇宙生命，也就是说不能"观道"，那么，这还不是审美欣赏，不是"味象"。对于这样的欣赏者，山水只是"质有"，而无"趣灵"。

宗炳是在谈到山水画的作用时提到畅神的。面对山水画，"余复何为哉？畅神而已"。宗炳说的是山水画的欣赏，但是也适用于山水

---

[1] 《宗白华全集》第 2 卷，第 413 页。

本身的欣赏。宗炳的佛学思想也体现在畅神上。他的所谓畅神，本意为在山水画的欣赏中，追求山水的神理，从而得到精神的超越与解脱。然而在美学上，畅神说仍有重要意义，因为"它强调了艺术的重要作用在于给人以一种精神上的解脱和怡娱，突出了艺术所具有的审美的特征。这是魏晋以来强调艺术的独立价值的思想的进一步发展"[1]。东晋末年佚名作者的《庐山诸道人游石门诗序》提到自然山水的欣赏使人"神以之畅"，宗炳的畅神说由此发展而来。

《宋书·隐逸传》记载：(宗炳)"凡所游履，皆图之于室，谓人曰：'抚琴动操，欲令众山皆响！'"宗炳把所游历的山川美景画下来，挂在室内。他和山水有了很深的默契，在自然山水里意识到音乐的境界，赞颂山水的妩媚时群山仿佛有灵性，皆做回应。真是境与神会，真气扑人。这是自然美欣赏中的胜境。可惜的是，宗炳的画作已经失传。

二 "美不自美，因人而彰"

唐代文学家柳宗元在《邕州柳中丞作马退山茅亭记》中说："夫美不自美，因人而彰。兰亭也，不遭右军，则清湍修竹，芜没于空山矣。"美的东西不是因为自己而美，而是因为人的发现才得以彰显。也就是说，自然美的欣赏只有客体是不够的，必须有审美主体的存在才能构成审美关系。比如兰亭这个地方，如果没有王羲之的到来，那么此处的翠竹清泉，只能在寂静的空山中自长自流，历经千载而不为人知。而他写了《兰亭集序》后，人们纵然不亲到兰亭，也能感受到那里的清雅宜人。

---

[1] 李泽厚、刘纲纪：《中国美学史（魏晋南北朝编下）》，安徽文艺出版社1999年版，第495页。

古人还说:"赤壁,断岸也,苏子再赋而秀发江山。岘首,瘴岭也,羊公一登而名重宇宙。"

"美不自美,因人而彰。"叶朗先生盛赞这八个字,认为这是涉及审美活动本质的极其重

苏轼《赤壁赋》墨迹

要的命题,这个命题"含意丰富而深刻,胜过了厚厚一大本美学著作"。这个命题和我们前面援引的王羲之的两句诗"群籁虽参差,适我无非新"说的是一个意思。根据我们对澄怀味象的理解,我们可以把自然美的欣赏归结为两个基本问题:第一,怎样做到"澄怀"?第二,怎样做到"味象"?第一个问题说的是主体具有怎样的条件才能成为审美主体;第二个问题说的是怎样从自然中见出美,也就是说自然怎样由感性实体成为审美对象,即自然怎样"以其感性存在的特有形式呼唤并在某种程度上引导了主体的审美体验"[1]。在实际的审美过程中,这两个问题是密切联系而不可分割的。

(一)"鸟兽禽鱼自来亲人"

亲近自然,投入大自然的怀抱,是欣赏自然美的前提。在西文中,"自然"(nature)一词也有"本性"的意思。亲近自然容易使人进入本真的状态,优美幽深的自然山水能够荡涤我们胸中的尘滓。在大自然的熏陶

---

[1] 叶朗:《胸中之竹》,安徽教育出版社1998年版,第102页。

下人可以变得清明平和、悦适宽快。宋代文学家范仲淹在《岳阳楼记》中说，遭到谪迁的人在春和景明的日子登上岳阳楼，看到上下天光，一碧万顷，沙鸥翔集，锦鳞游泳，会感到"心旷神怡，宠辱偕忘"。我们虽然没有到过滕王阁，然而读到王勃在《滕王阁序》中的句子"落霞与孤鹜齐飞，秋水共长天一色"，做一番神游，会生出一种天人合一的苍茫感，心胸也会像秋水长天一样清朗开阔。这正是"澄怀"的表现。

《世说新语》记载：

> 简文入华林园，顾谓左右曰："会心处不必在远，翳然林水，便自有濠、濮间想也，觉鸟兽禽鱼自来亲人。"（《言语》）

简文指东晋简文帝，他丰姿华润。西晋灭亡，东晋从洛阳迁都建康。朝廷对建康台城内三国时东吴宫苑，仿照洛阳华林园进行修葺，这就是文中的华林园。濠、濮是两条河流的名字，庄子和他的弟子曾游濠梁水上，庄子也曾在濮水垂钓。华林园的林木泉水，当然比不上濠濮壮阔，然而也绿荫遮蔽，鸟兽禽鱼与人相依相亲，令人作濠濮之想。所以，只要能与身边的自然景物心会神合，就不必到远处另行寻觅。正是"饱受月色雨声，何异万壑千山"。

朱光潜先生把对自然美的欣赏分为三个层次。一是"爱微风以其凉爽，爱花以其气香色美，爱鸟声泉水声以其对于听官愉快，爱青天碧水以其对于视官愉快"。二是"起于情趣的默契忻合"，如"相看两不厌，惟有敬亭山"（李白）。三是"泛神主义，把大自然全体看作神灵的表现，在其中看出不可思议的妙谛"。[1] 对于中国文人来说，多数属于第二层

---

[1] 《朱光潜全集》第3卷，安徽教育出版社1987年版，第77页。

次。与自然默契忻合,就是与自然相亲相依。晋宋时代的陶渊明和谢灵运(谢玄的孙子)是中国最早的山水诗人。西方的自然诗起于18世纪浪漫主义运动初期,中国的自然诗比西方的要早1300年。从陶渊明和谢灵运的山水诗中,我们可以看到他们对自然的由衷眷恋。陶渊明传诵最广的一首诗:

> 结庐在人境,而无车马喧。问君何能尔,心远地自偏。采菊东篱下,悠然见南山。山气日夕佳,飞鸟相与还。此中有真意,欲辨已忘言。

采菊见山,景与意会,人与自然相遇相待。与自然"欣然有会意",然而不"欲辨",只求与自然默契相安,而不求对自然的沉思和彻悟。[1]

陶渊明历来受到盛赞的名句还有:"平畴交远风,良苗亦怀新。"谢灵运的名句"明月照积雪""池塘生春草""野旷沙岸净"等也包含着他对自然仔细的观察和深切的体验。

中国文人与自然山水"默契忻合",他们在自然山水中"托身得所"。自然山水不仅是他们欣赏的对象,而且成为他们的慰藉和精神生活的一部分。因此,"可使食无肉,不可使居无竹"。《世说新语》记载:

> 王子猷尝暂寄人空宅住,便令种竹。或问:"暂住何烦尔?"王啸咏良久,直指竹曰:"何可一日无此君!"(《任诞》)

王子猷就是王羲之的儿子、王献之的哥哥王徽之。他借住空宅,令人种

---

[1] 《朱光潜全集》第3卷,第78页。

竹,这是"把玩'现在',在刹那的现量的生活里求极量的丰富和充实,不为着将来或过去而放弃现在的价值的体味和创造"[1]。

中国文人亲近自然的传统一直保留了下来。清代画家郑板桥对自己的居室的设计是:"十笏茅斋,一方天井,修竹数竿,石笋数尺。"所取得的效果是:"风中雨中有声,日中月中有影,诗中酒中有情,闲中闷中有伴。"郑板桥把竹石当作他的生活伴侣,"非唯我爱竹石,即竹石亦爱我也"。他与竹石物我同一,达到心灵和自然景色融为一体的愉悦境界。

(二)《瓦尔登湖》

《瓦尔登湖》是19世纪美国作家梭罗的一本名著。梭罗从哈佛大学毕业多年后,单身只影,拿着借来的一把斧头,跑到自己家乡马萨诸塞州康科德城无人居住的瓦尔登湖畔,砍树伐枝,为自己盖了一座木屋。在没有工业污染的大自然怀抱中,他上午耕作,中午在树荫下休息,下午读书。他在瓦尔登湖畔过了两年自耕自食的生活,并写下了《瓦尔登湖》一书。这是西方人厌倦城市生活、皈依大自然的一个值得重视的例子。

《瓦尔登湖》描绘了纯洁透明的湖水和茂密翠绿的山林。在这澄净的环境中,梭罗以一颗纯净的心思索人生的价值和意义。"一个湖是风景中最美、最有表情的姿容。它是大地的眼睛;望着它的人可以测出他自己的天性的深浅。湖所产生的湖边的树林是睫毛一样的镶边,而四周森林翁郁的群山和山崖是它的浓密突出的眉毛。"[2] "湖的现象是何等的和平啊!人类的工作又像在春天里一样的发光了。是啊,每一树叶、桠枝、石子和蜘蛛网在下午茶时又在发光,跟它们在春天的早晨承露以

---

[1] 《宗白华全集》第2卷,第281页。
[2] 梭罗:《瓦尔登湖》,徐迟译,上海译文出版社1997年版,第172页。

后一样。每一支划桨的或每一只虫子的动作都能发出一道闪光来，而一声桨响，又能引起何等甜蜜的回音来啊！"[1] 与城市生活相比，梭罗在瓦尔登湖畔的生活完全算不上富裕，然而他感到自己非常富有，因为他"富有阳光照耀的时辰以及夏令日月"。夏天的时候，瓦尔登湖四周被浓密而高大的松树和橡树围起，有些山凹中，葡萄藤爬过了湖边的树，梭罗常常乘船从葡萄藤下通过。他偷闲地过了许多这样的时刻，一点也不后悔，相反，感到人生的意义和价值。

梭罗不仅热爱自然，而且他以"真正自然中的家"开创了超前的生态研究。他从城市皈依自然不是一时的心血来潮，而是反思迅速发展的美国经济对生态环境的剧烈改变的结果。这里有着对人的生活方式、生存环境、人和自然的和谐关系的深入思考。梭罗的意义和瓦尔登湖的价值就在于此。梭罗发现，一个人一年中工作六周就能满足自己的生活需要，剩下的时间他要从事自己的研究。他的简朴生活中有着更高的精神追求。他在1859年就提出，每个城市应该保留一部分森林和荒野，以便城里人能从中得到"精神的营养"。在这种意义上，梭罗可以说是生态美学的先行者。

不过，西方对自然美的欣赏比中国要晚得多。据统计，古希腊诗人荷马的史诗《伊利亚特》中，对事物的审美评价有493次，对人和神的审美评价有374次，而对植物的审美评价只有9次。19世纪瑞士文化史家布克哈特说："准确无误地证明自然对人类精神有深刻的影响的还是开始于但丁。……但是，充分而明确地表明自然对一个能感受的人的重要意义是佩脱拉克——一个最早的真正现代人。这已是14世纪了。在那个时代，为登山而登山是没有听说过的，但佩脱拉克不顾一切地登上

---

[1]　梭罗：《瓦尔登湖》，第174页。

了阿维尼翁附近的高图克斯山峰。当白云出现在脚下时,从峰顶所看到的景象使他感动得无法形容。"[1]但丁是西方站在中世纪和近代交界线的人物。他在《神曲·炼狱》篇的第四歌中有描绘一座山顶的文字,布克哈特据此认为他是自古以来"只是为了远眺景色而攀登高峰"的第一人。佩脱拉克一般译为"彼特拉克",他是14世纪意大利的诗人和文艺复兴的先驱。他曾在山林中隐居,不顾危险,攀登高峰,对自然美有切身的感受。

当然,并不是说在14世纪以前西方没有对自然美的欣赏和描绘。鲍桑葵在他的名著《美学史》中就援引过4世纪基督教神学家尼斯的格列高利的散文:"当我看到每一座山头、每一座山谷、每一座绿草丛生的平原,再看到一排排各种各样的树木以及脚下那些既被自然赋予美妙的香气、又被自然赋予美丽的颜色的百合花的时候,当我们看到流云飞向远方海洋的时候,我的心中就产生了一种揉合着幸福感觉的忧郁之感。"[2]然而,这种对自然美的沉醉,在漫长的中世纪中,是不为基督教所提倡的。在一个时期内,基督教强迫人们把山、泉、湖沼、树木、森林看成恶魔所造。14世纪开始的文艺复兴运动否定了基督教的神权中心以及由此带来的禁欲主义,强调人性和世俗性。艺术家们重视自然,达·芬奇把画家说成"自然的儿子",强调直接向自然学习。对自然美的感受在人们的意识中得到苏醒。这就是西方对自然美的兴趣到14世纪才开始盛行起来的社会历史原因。

(三)"雪后寻梅,霜前访菊"

人在自然中见出美,是由于人和自然默契忻合。一种自然对象越是

---

[1] 布克哈特:《意大利文艺复兴时期的文化》,何新译,商务印书馆1979年版,第204页。
[2] 鲍桑葵:《美学史》,张今译,商务印书馆1997年版,第170页。

和人默契忻合，它就越显得美。平时我们也可以欣赏梅花和菊花，然而雪后梅和霜前菊使得梅和菊外在高洁的状貌、内在耐霜寒的性质充分地彰显出来，更加投合人的情趣，更加能够呼唤和引导人的审美体验，因此，中国古人说要"雪后寻梅，霜前访菊"，还说要"与竹同清，与燕同语，与桃李同笑"。

自然美起于人和自然的契合，不仅中国人持有这种观点，西方人也持有这种观点。18—19世纪德国美学家黑格尔在《美学》里设专章讨论了自然美。虽然黑格尔轻视自然美，认为它远远低于艺术美，然而他关于自然美的一些论述仍然值得重视。黑格尔说："自然美只是为其他对象而美，这就是说，为我们，为审美的意识而美。"[1] 这段话不免使我们想起柳宗元所说的"美不自美，因人而彰"。朱光潜先生也明确指出："单靠自然不能产生美，要使自然产生美，人的意识一定要起作用。"[2] 在研究自然美时，黑格尔所要解决的问题是：自然的感性存在以什么方式并且通过什么途径才能对于我们显现为美的？这也就是我们前面提出的问题：怎样做到"味象"？所不同的是，黑格尔从客体角度提出问题，我们从主体角度提出问题。朱光潜先生在翻译黑格尔的《美学》时，为"自然美"一章加了一个注释，这个注释就是对黑格尔的问题的回答。朱先生的注释指出："黑格尔所见到的自然美主要不外两种：一种是整齐一律、平衡对称、和谐之类抽象形式美；另一种是自然有某些方面能契合审美者的主体心情，因而引起共鸣。"[3]

对于人和自然或者自然和人的契合，黑格尔做出了说明。他认为，

---

[1] 黑格尔：《美学》第1卷，朱光潜译，商务印书馆1979年版，第160页。
[2] 《朱光潜全集》第10卷，第223页。
[3] 黑格尔：《美学》第1卷，第196页。

山岳、树木、原谷、河流、草地、日光、月光以及群星灿烂的天空,单就它们直接呈现的样子来看,都不过作为山岳、溪流、日光等。也就是说,它们只是具有某种形式的感性存在,还不是具有审美价值的客体,还不是审美对象。它们能够成为审美对象有两个原因:第一,它们上面显现出自然的自由生命,这和同样具有生命的主体产生一种契合。我们不妨把黑格尔所说的"自然的自由生命"理解为"澄怀观道"中的"道",即宇宙生命。第二,自然事物的某些特殊情境可以在人心中唤起一种情调,而这种情调和自然的情调是对应的。例如自然的温和爽朗,芬芳的寂静,明媚的春光,冬天的严寒,早晨的苏醒,夜晚的宁静之类,就契合人的某些心境。于是,人在自然里感到很亲切。

下面,我们以这两种契合分析一下对自然美的欣赏。先看第一种契合,即人和宇宙生命的契合。中国山水诗由陶渊明、谢灵运开启先河,到了唐朝达到成熟期。由唐宋到明清,重要的诗人几乎都作过山水诗。王维中年以后曾居辋川别墅,辋川在今陕西蓝田西南,是一个山清水秀的地方。《辋川集》中第4首《鹿柴》写道:

空山不见人,但闻人语响。
返景入深林,复照青苔上。

这首诗描绘了鹿柴(辋川的一个地方)空山深林傍晚时的幽静景色:一抹余晖射入深林,斑驳的树影映在青苔上。《辋川集》的第18首《辛夷坞》写道:

木末芙蓉花,山中发红萼。
涧户寂无人,纷纷开且落。

在这两组景色中，什么和王维相契合呢？是王维通过自然景色对人生哲理和宇宙生命的直接感受。空山深林，花开花落，"运动着的时空景象都似乎只是为了呈现那不朽者——凝冻着的永恒。那不朽、那永恒似乎就在这自然风景之中，然而似乎又在这自然风景之外"。"心灵与自然合为一体，在自然中得到了停歇，心似乎消失了，只有大自然的纷烂美丽，景色如画。"[1]

宋代山水画大师郭熙把山水直接比作人体，然而这是不朽的、永恒的生命本体。他在《林泉高致》中写道："山以水为血脉，以草木为毛发，以云烟为神采。故山得水而活，得草木而华，得云烟而秀媚。水以山为面，以亭榭为眉，以渔樵为精神。故水得山而媚，得亭榭而明快，得渔樵而旷落。"这是郭熙和山水契合的原因，他从这种契合中见出山水的美。

我们再看第二种契合，即自然现象和人的情调的契合。郭熙在"饱游饫看"天下名山大川后，提出人与环境的感应关系："春山烟云连绵，人欣欣；夏山嘉木繁阴，人坦坦；秋山明净摇落，人肃肃；冬山昏霾翳塞，人寂寂。"这里说的就是自然现象和人的情调契合。然而在很多情况下，这种契合不是直接的、简单的，有的人能发现它，有的人却不能发现它。对于契合的感受，不同的人也有深浅的不同。这一切取决于审美主体的修养和条件。"澄怀"是审美欣赏的前提，而要做到"味象"，主体还必须具有一定的能力。

18世纪法国美学家狄德罗在《绘画论》中把欣赏自然美的这种能力概括为想象、敏感和知识。他认为，在自然中，愚钝和冷心肠的人看不出什么东西，无知的人只看出很有限的东西。后来，黑格尔在《美学》

---

[1] 李泽厚：《美学三书》，第376页。

中论述自然美的欣赏时也谈到"敏感"这个概念，他写道："对象一般呈现于敏感，在自然界我们要借一种对自然形象的充满敏感的观照，来维持真正的审美态度。"[1]

黄山优美的自然风光获得游人们的高度评价，"五岳归来不看山，黄山归来不看岳"。李白《赠汪伦》中的桃花潭就在黄山附近。黄山以奇松、怪石、云海、温泉著称，它们被誉为"黄山四绝"。黄山有座炼玉亭，其名根据李白的诗句"仙人炼玉处"而来。关于黄山的这些知识，无疑有助于我们对黄山的审美欣赏。没有这些知识，我们的审美欣赏可能会有很大的缺漏。

不过，对黄山的审美欣赏要远远超出这些知识的范围。同一个人多次登临黄山，每次都会获得不同的情趣。对黄山具有类似知识背景的人，从黄山那里获得的情趣也不可能相同。这种不同是由每个人审美过程中的创造性想象造成的，欣赏者通过创造性想象发现、照亮、彰显了自然美。在这种意义上，对自然美的欣赏也是一种创造，每次创造都会有新鲜的体验。所以，同一片风景能够常看常新。我们在第五讲中将专门讲到想象问题，这里仅仅简单提及。黄山有鸣弦泉，清冽的泉从山上流淌下来，潺潺有声。欣赏鸣弦泉，你或许会想起李白"清溪清我心"的诗句，整个身心仿佛受到音乐的陶冶；你或许会想起我国古代音乐家俞伯牙和钟子期高山流水觅知音的故事，这时候你就是鸣弦泉的知音。这些都是审美欣赏中的创造性想象。对自然形象的审美观照也必须是敏感的，否则你就不会注意到黄山的云海或者汹涌如惊涛，或者弥山皆缤纷；也不会注意到黄山的奇松或者崖落翠涛，或者松石不辨。

---

[1] 黑格尔：《美学》第 1 卷，第 166 页。

谢灵运说过:"夫衣食,生之所资;山水,性之所适。"人要生存,离不开衣食;要怡养性情,离不开山水。谢灵运把山水和衣食相提并论,把它们看作人的精神生活和物质生活不可或缺的部分。"人事有代谢,往来成古今。江山留胜迹,我辈复登临。"我们在看柳浪、闻莺声、赏荷花、观池鱼的时候,愿朱光潜先生《谈美》一书扉页上的题诗"群籁虽参差,适我无非新"常常在我们心中回响。

思考题

1. 比较比德和畅神的自然审美观。
2. 怎样理解"澄怀味象"和"澄怀观道"?
3. 分析"美不自美,因人而彰"的命题。
4. 怎样欣赏自然美?

阅读书目

叶朗:《胸中之竹》,安徽教育出版社1998年版。

梭罗:《瓦尔登湖》,徐迟译,上海译文出版社1997年版。

第三讲
人物的品藻

> 晋人的美
> 《体相学》
> 人体美学

《世说新语》以生动精练、简约玄澹的文笔，记载了魏晋时代士大夫对人物的品藻，即对人的风采、风姿和风韵的审美评价。

美学上的人物品藻发生在魏晋时代不是偶然的。宗白华先生指出："汉末魏晋六朝是中国政治上最混乱、社会上最苦痛的时代，然而却是精神史上极自由、极解放，最富于智慧、最浓于热情的一个时代。因此也就是最富有艺术精神的一个时代。""这是中国人生活史里点缀着最多的悲剧，富于命运的罗曼司的一个时期，八王之乱、五胡乱华、南北朝分裂，酿成社会秩序的大解体、旧礼教的总崩溃、思想和信仰的自由、艺术创造精神的勃发，使我们联想到西欧16世纪的'文艺复兴'。这是强烈、矛盾、热情、浓于生命色彩的一个时代。"[1] 魏晋时代是人的觉醒的时代。在魏晋以前，思想上定于一尊，受儒教统治。魏晋时代对旧有的传统标准和价值规范表示怀疑和否定，人重新发现、思索、把握和追求自己的生命、生活、意义、命运。人自身的才情、风神、性貌、品格取代外在的功业、节操受到尊重。[2] 魏晋时代还是文学的自觉时代。鲁迅先生在《魏晋风度及文章与药及酒之关系》中论述过这一点。鲁迅先生认为，用近代的文学眼光看来，曹丕的时代可说是"文学的自觉时代"。因为曹丕主张诗赋不必寄寓教训，反对文学成为伦理道德的工具。在魏晋时代，不仅文学，而且艺术都开始追求自身的审美价值，重视创作的审美规律。

魏晋时代的人物品藻是在人的觉醒和文的自觉的大背景中形成的，"一般知识分子多半超越礼法观点直接欣赏人格个性之美，尊重个性价值"[3]。同时，人物品藻又对中国美学产生了重要影响。宗白华先生感慨地说："中国美学竟是出发于'人物品藻'之美学。美的概念、范畴、形容词，发源于人格美的评赏。"[4] 一些美学概念如"形神""气韵""风骨""骨法"等的形成，都和魏晋时代的人物品藻有关。

一　晋人的美

晋人的美是魏晋时代美的高峰。不过，中国人欣赏人格美的渊源要

---

[1]　《宗白华全集》第2卷，第269—270页。
[2]　李泽厚：《美学三书》，第94—95页。
[3]　《宗白华全集》第2卷，第270页。
[4]　同上书，第271页。

远远早于晋代。《论语·述而》记载："子温而厉，威而不猛，恭而安。"孔子温和而严厉，威武而不凶猛，谦恭安详。这是对孔子的仪容风度的一种评价。我国第一部诗歌总集《诗经》，总共收了305首诗，其中就有三十多首是歌颂人的形体美的。

如果再往前追溯，那么，人物品评和春秋战国之前早就存在的相术也有联系。相术是面相之术，通过人物的体貌特征判断人的祸福贫富、荣辱盛衰。古人认为，人命承受于天，它必然通过某些特征在体貌中反映出来。察看这些特征，能够评论人的命运。东汉王充在《论衡》的《骨相》篇中写到，传言"尧眉八采，舜目重瞳，禹耳三漏"。据说，尧的眉毛有八种色彩，舜的眼睛有两个瞳孔，禹的耳朵有三个耳朵眼，他们在体貌上有异常特征，后来都成就了帝王之业。

相术当然是一种迷信，然而其中也有合理的因素，它注意到人的外在状貌和内在精神的联系。与魏晋人物品藻直接有联系的是汉代的人物品藻。所不同的是，汉代的人物品藻是政治学的人物品藻，而不是美学的人物品藻。汉高祖刘邦下过"求贤诏"，汉代许多皇帝也下过类似的诏书。汉代统治阶级在选拔人才做官时，注重"乡评里选"，即由地方上对候选人进行考察品议。主要方法是考察人的形和神，也就是考察人的生理特点和心理特点，从而确定人才的类型。例如，根据精神的明暗、骨骼的强弱、仪表的衰正、气度的静躁、言谈的缓急等，确定人的性格、气质和长短优劣。在这种政治学的人物品藻中，士人之间也产生了"品评标榜，相扇成风"的恶习，即相互吹嘘和标榜。然而，人物品藻在东汉末年同宦官势力的斗争中仍有积极意义，政府任用官吏常常要听取名士的品评。

在品藻人物时，品藻人会给被品藻人一个品题。所谓品题，就是以生动形象、隽永凝练的语言说明一个人最本质的特点。例如，说一个人

"清蔚简令"（清雅明朗，简淡美好），或者"温润恬和"（温存柔润，恬淡平和），或者"高爽迈出"（高尚爽直，旷迈洒脱）。这样的品题本身就具有审美性质。品题对一个人的成名很重要。"一经品题，身价十倍，世俗流传，以为美谈。"看过《三国演义》的人，都知道世人对曹操有一个评价："治世之能臣，乱世之奸雄。"这句话就是刘劭给曹操的一个品题。曹操在未得势之前，为了提高自己的知名度，请当时的人物品藻专家刘劭给自己一个品题。有了这个品题后，曹操的名声大振。

刘劭系统地总结了人物品评的经验和理论，写成了《人物志》一书。《人物志》探讨的是和政治上用人相关的人物品藻问题。从《人物志》到《世说新语》，反映了"从政治需要出发的对人物个性才能的评论转变为对人物才情风貌的审美品评"[1]。魏晋之前对人的美的评价是伦理道德评价的一部分，从属于伦理道德评价。魏晋时代对人物的审美品藻开始从伦理道德评价中分化出来，在某种程度上具有独立的价值。魏晋时代对人的美的欣赏成为普遍的、自觉的社会风尚，这在中国审美意识发展史上具有划时代的意义。

下面我们看一下《世说新语》中人物品藻的一些实例。

> 嵇康身长七尺八寸，风姿特秀。见者叹曰："萧萧肃肃，爽朗清举。"或云："肃肃如松下风，高而徐引。"山公曰："嵇叔夜之为人也，岩岩若孤松之独立；其醉也，巍峨若玉山之将崩。"（《容止》）

《世说新语》共有36篇，如《雅量》《识鉴》《赏誉》《品藻》《豪爽》

---

[1] 李泽厚、刘纲纪：《中国美学史（魏晋南北朝编上）》，第75页。

《贤媛》等，上述文字引自《容止》。"容止"即人的容貌举止。嵇康字叔夜，他崇尚老庄，反对礼教，"非汤武而薄周孔"，"见礼俗之士，以白眼对之"，开罪了窃取魏国军政大权的司马氏集团，后被司马懿的儿子司马昭所杀。他在洛阳临刑前，还索琴要弹奏一曲《广陵散》，并沉痛地说："《广陵散》于今绝矣！"他的就义也是那样从容、美丽，这是历史上著名的悲剧事件。嵇康和阮籍、阮咸、山涛、向秀、王戎、刘伶被称为"竹林七贤"，他们常常集于竹林，饮酒抚琴。嵇康魁梧俊美，天质自然。古人常用"玉""璧"形容人的美貌，人就像玉那样细腻温润，光洁照人。山公（即山涛）说，嵇康为人刚烈，像孤松一样傲然独立，他喝醉酒时，则像玉山要崩坍一样。

西晋文学家潘岳是著名的美男子，他的文章清绮绝世，官做到黄门侍郎。他喜欢和美貌的夏侯湛一起出行，当时的人称他们为"连璧"。据说，每当他乘车出外时，妇女们向他的车上扔水果，表示赞叹，就像我们现在献花一样。结果，潘岳回家时，车里已经装满了水果。

> 潘岳妙有姿容，好神情。少时挟弹出洛阳道，妇人遇者，莫不连手共萦之。（《容止》）

《世说新语》里的这则记载和我们上面援引的传说不一样，但它同样表明了潘岳姿容的美妙、风仪的闲畅。

"晋人的美的理想，很可以注意的，是显著的追慕着光明鲜洁，晶莹发亮的意象。"[1] 魏晋时代对人的眼睛、手、肌肤等的欣赏都体现了这种特点。

---

[1] 《宗白华全集》第2卷，第272—273页。

> 裴令公目王安丰："眼烂烂如岩下电。"(《容止》)

这里的"目"就是"品题"的意思。王戎被封为安丰侯，所以又被称为王安丰。他的目光清澈明亮，"视日不眩"，看太阳也不晕眩。裴令公给他的品题把他光灿的目光比作闪电。

> 王右军见杜弘治，叹曰："面如凝脂，眼如点漆，此神仙中人。"(《容止》)

王羲之把"眼如点漆"的杜弘治称为"神仙中人"。

魏晋时代玄学盛行，玄学是关于玄远哲理的学问，老、庄、易(《易经》)并称三玄。玄学家崇尚老庄哲学，贬斥注释儒家经典的烦琐经学。名士们高谈老庄，辨言析理，称为玄谈或清谈。清谈的内容从讥评时事、臧否人物到抽象的哲理。清谈的方式犹如现在的辩论比赛，分主客两方。主方首先提出论题，阐述见解。客方随即进行驳难，于是双方展开辩论。清谈的结果可能互有胜负，也可以由第三者(犹如现在的辩论比赛的评委)进行裁决。在清谈时名士们必定手持麈尾，挥动麈尾，以助谈兴。有时辩论激烈，双方互相挥动麈尾，以致麈尾的毛都脱落下来。相习成俗，麈尾就成为名士的雅器。

> 王夷甫容貌整丽，妙于谈玄，恒捉白玉柄麈尾，与手都无分别。(《容止》)

玄谈名士王夷甫纤细白皙的手和麈尾难以区别。

> 何平叔美姿仪，面至白。魏明帝疑其傅粉，正夏月，与热汤面。既啖，大汗出，以朱衣自拭，色转皎然。(《容止》)

可见何晏的天生丽质，并非搽粉。

《世说新说》还记载了因美丧命和因美保命的故事。卫玠是善通老庄的风流名士，他很有学问，连心高气傲、很少服人的荆州刺史王澄也为他的玄谈所绝倒。卫玠不仅有学问，而且长得很美，冰清璧润。我们上面提到的"神仙中人"杜弘治也远不如他美，杜弘治是"肤清"，卫玠是"神清"。卫玠的舅舅骠骑王济很有风姿，然而他见到卫玠就叹息说："珠玉在侧，觉我形秽。"不过，卫玠体质较弱，由于苦苦思索玄理，竟至成病，身体到了"不堪罗绮"的地步。他从豫州（武昌）来到洛阳，洛阳人士早就听说过他的姿容，前来观看的人络绎不绝，"观者如堵墙"。卫玠不胜劳累，一个半月后就死去了，当时人称"看杀卫玠"。一个人长得美，招惹很多人前来观看，竟然被"看杀"，这足见对人的美的欣赏达到何等热烈的程度。

宗白华先生在《论〈世说新语〉和晋人的美》一文中，援引了发生于晋代的美的力量不可抵抗的故事：

> 桓宣武平蜀，以李势妹为妾，甚有宠，尝着斋后。主（温尚明帝女南康长公主）始不知，既闻，与数十婢拔白刃袭之。正值李梳头，发委藉地，肤色玉曜，不为动容，徐徐结发，敛手向主，神色闲正，辞甚凄惋，曰："国破家亡，无心至此，今日若能见杀，乃是本怀！"主于是掷刀前抱之："阿子，我见汝亦怜，何况老奴！"遂善之。[1]

---

[1] 《宗白华全集》第2卷，第280页。

桓温是东晋著名的将军。他受朝廷之命，平定西蜀。当时蜀为李势割据，攻克成都后桓温娶李势的妹妹为妾，宠幸有加。桓温的妻子南康长公主想除掉她。这时候李势的妹妹正在梳头，她长发拖地，肤色如玉。见到有人要来杀她，她神定气静，抱着必死的决心，因为国破家亡，死已不足惜。桓温的妻子见她姿貌端丽、宛若仙子，就扔掉刀，抱住她亲昵地说："丫头，我见了你也觉得可爱，更何况那个老东西（桓温）呢！"

李势妹妹的故事使我们想起古希腊美女芙丽涅的遭遇。希腊雕刻家普拉克西特最著名的作品——裸体雕像《尼多斯的阿芙洛狄忒》（《尼多斯的维纳斯》）以芙丽涅为模特。虽然在希腊运动会上裸体已经成为习惯，可是人们还是不能容忍用女裸体模特做雕像。因此，芙丽涅受到法庭的传讯。在法庭上，为她辩护的律师突然扯下她的衣服，她美丽丰腴的胴体裸露在众人面前。法官们为她的美所震慑，一致宣布她无罪。19世纪法国画家席罗姆根据这个题材作了一幅精美的油画《法庭上的芙丽涅》。油画中裸体的芙丽涅头微微右侧，光洁的手臂遮住面部，因为她被出其不意地扯去衣服而感到羞涩和无奈。处在画家背影部位的法官们对芙丽涅胴体优美的曲线、柔软白嫩的肌肤和局促不安的姿态惊叹不已。

人物品藻要形神结合，人外表的姿容、品貌、体态、举止和内在的才情、智慧、精神、心灵相结合。魏晋的人物品藻特别重视人的神韵。我们上面提到的杜弘治和卫玠在美上的差距就是"肤清"和"神清"的差距。宗白华先生屡次谈到，晋人风神潇洒，他们的心灵萧散超脱，因为魏晋玄学使得晋人的精神得到空前绝后的大解放。和晋人这种优美自由的心灵最为契合的艺术是以王羲之、王献之父子为代表的书法。晋人独特的书法是从晋人的风韵中产生出来的。"行草艺术纯系一片神机，无法而有法，全在于下笔时点画自如，一点一拂皆有情趣，从头至尾，一气呵成，如天马行空，游行自在。"[1] 洗尽尘滓的胸臆、乘云御风的情怀使晋人生机活泼、超然绝俗。他们不是"汉代经学的拘拘章注小儒，也不是后世理学的谦谦忠厚君子，而是风度翩翩、情理并茂的精神贵族"[2]。对人物神韵的赞赏，在《世说新语》中比比皆是。

> 海西时，诸公每朝，朝堂犹暗，唯会稽王来，轩轩如朝霞举。（《容止》）

会稽王指晋简文帝，晋废帝当政时，他以会稽王的身份辅佐朝政。简文风姿美好，举止端详，并且很有雅量。有一次，桓温和简文、太宰王晞一起乘车。桓温暗中派人在车前后鸣鼓大叫，太宰王晞惶恐不安，请求下车。桓温暗中看了一下简文，只见他穆然清恬，举止自若，不觉为他的德量所折服。海西公主持朝政的时候，大臣们很早上朝，朝堂还很昏暗，然而简文来到以后，如朝霞升起，朝堂顿时明亮。这种朝霞满堂的神韵和人格魅力虽然看不到，但是可以感觉到。

道学家们重视"气象"，"气象"就是人格魅力、人格感召力。冯友兰先生在北京大学哲学门（哲学系的前身）做学生时，蔡元培先生任校长。冯友兰先生在晚年的《三松堂自序》中回忆道："我在北京大学的时候，没有听过蔡元培的讲话，也没有看见他和哪个学生有私人接触。他所以得到学生们的爱戴，完全是人格的感召。道学家们讲究'气象'，譬如说周敦颐的气象如'光风霁月'。又如程颐为程颢写的《行状》，说程颢'纯粹如精金，温润如良玉，宽而有制，和而不流。……视其色，

---

[1]　《宗白华全集》第 2 卷，第 273 页。
[2]　李泽厚：《美学三书》，第 348 页。

其接物也如春阳之温；听其言，其入人也如时雨之润。胸怀洞然，彻视无间，测其蕴，则浩乎若沧溟之无际；极其德，美言盖不足以形容'。（《河南程氏文集》卷十一）这几句话，对于蔡元培完全适用。这绝不是夸张。我在第一次进到北大校长室的时候，觉得满屋子都是这种气象。"[1] 冯友兰先生说的"满屋子气象"类似于"轩轩如朝霞举"。北宋著名理学家周敦颐写过千古流传的《爱莲说》，他喜爱"莲之出淤泥而不染，濯清涟而不妖"。莲的"香远益清，亭亭净植"符合他的气象。时人目王右军"飘如游云，矫若惊龙"（《容止》）。王羲之风骨清举，当时的人给他的这个品题使人想起他的书法。他的书法字势雄逸，如浮云飘游，如龙跳天门。

魏晋人对外发现了自然美，对内发现了人情美，并且常常用自然美来形容人情美。

> 有人叹王恭形茂者，云："濯濯如春月柳。"（《容止》）
> 时人目夏侯太初"朗朗如日月之入怀"。（《容止》）

魏晋人物品藻是在玄谈中进行的，是玄谈的一部分。玄谈是对老庄哲学的探讨，通过相互驳难辨析形而上的道理。在玄谈中魏晋知识分子表现出活泼的思辨精神、缜密的逻辑思维能力和探求真理的热忱。有的人在玄谈中"自叙其意，作万余言"。玄谈辩难不仅"理致甚微"，而且"辞条丰蔚"。《世说新语》常常用"才峰秀逸""才藻奇拔"来形容。宗白华先生慨叹当时没有一位文学天才把重要的玄谈辩难详细记录下来，否则我国就会有可以和柏拉图的对话集媲美的作品。由于魏晋的人物品

---

[1] 冯友兰：《三松堂全集》第1卷，第299页。

藻是玄谈的一部分，所以，它浸润着晋人空灵的精神、幽深的哲学意味和宇宙的深情。人物品藻以审美的语言，对人物的外貌和内心进行审美评价，这种评价与当时的一般美感和艺术中的精神是相通的。

二 《体相学》

和魏晋人物品藻相近的西方美学著作是亚里士多德的《体相学》。体相学研究身体与灵魂之间的相互作用。有什么样的灵魂，就有什么样的外貌；反之亦然，灵魂、心性也随身体状况的变化而变化。虽然《体相学》被学术界怀疑为后人伪托，然而正如《亚里士多德全集》第6卷译者所指出的那样，《体相学》和收入该卷的其他著作，"如果撇开作者问题不谈（事实上，它们到底系何人所作，已无法确知），仅从内容上看，它们确实是值得我们认真清理的一笔精神财富"。从这些著作中，"我们不能不强烈地感受到亚里士多德爱智慧、尚思辨、重探索的思想遗风，不能不被古人热忱、真诚的求知欲望和踏实、细致的求知作风所折服"。[1]

内容和形式的关系是美学的基本问题之一。体相学正是研究灵魂和身体、内部心性和外部面貌的相互关系。如果我们在体相学中通过外部表征认识到内在灵魂，那么，我们对对象就有一个完整的认识。这里的"表征"亚里士多德用希腊语 semion 表示，即表示事物特征的标志或符号，它是"符号学"一词的来源。这使得亚里士多德的美学具有符号学意义。

亚里士多德通过人的运动、外形、肤色、面部的习惯、毛发、皮肤

---

[1] 《亚里士多德全集》第6卷，中国人民大学出版社1995年版，第577页。

古希腊雕塑《持矛者》

该雕塑被称为古希腊雕塑的典范,人体的各处比例严格符合理想的人体。

秦陵兵马俑

中国雕塑不追求完全的写实,为了传神甚至会刻意夸张。

柯罗的风景画

西方近代以来的绘画普遍采用焦点透视,强调一种"真实"的空间。

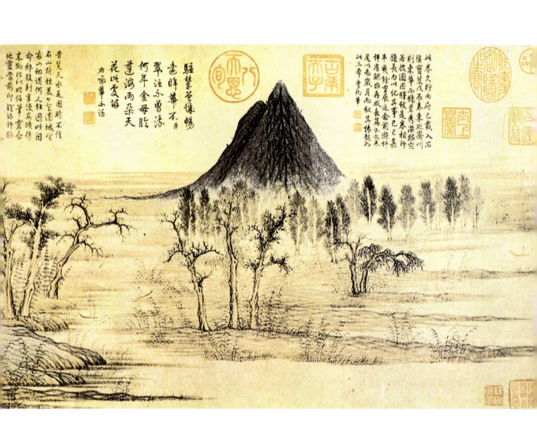

赵孟頫《鹊华秋色图》

中国山水画采取散点透视,强调的是山水与留白共同象征的元气的流动。

黄山

自然虽然不是艺术品,但也被人们赋予至少和艺术同样重要的审美价值。

金农 《山水人物册》

中国画中的山水不是非人的自然,而是可以和
人的情绪"通感"的自然。

古希腊斗士雕塑

古希腊雕塑是西方最为推崇的人体典范。

金农 《梅花三绝册》之五

中国画中的动植物的姿态往往含有画家的浓烈情绪,可说是一种情绪的内摹仿。

的光滑度、声音、肌肉以及身体的各个部位和总体特征,来分析人的性情。例如,动作缓慢表示性情温顺,动作快速表示性情热烈。声音低沉浑厚标示着勇猛,尖细乏力意味着怯懦。身体扭捏作态者是媚俗的,短步幅与慢步态者是软弱的。眼睛下面生有垂突物者嗜酒,因为眼睛下面的垂突物是滥饮的结果;眼睛上面生有垂突物者嗜睡,因为人从睡梦中醒来时,上眼睑总是下垂的。

亚里士多德对人的体相的分析,包含着对人体美的欣赏:"那些脚掌生得宽大结实,关节灵活肌腱强壮者,性情也刚烈,是雄性的表征;而那些脚掌窄小,关节不强健,外貌虽不雄壮,但比较富有魅力者,性情也柔弱,是雌性的表征。"[1] 出于对妇女的轻视,亚里士多德认为女性不如男性勇猛和诚实,甚至女性比较邪恶,"身材不匀称者是邪恶的,雌性就带有这种特性"[2]。然而另一方面,亚里士多德又主张女性的身体比男性美,女性和雌性动物"整个身体的外貌,与其说是高贵,勿宁说是更富有魅力"[3]。这里就产生了一个矛盾:亚里士多德把秩序、匀称(对称)和确定性看作美的性质,然而不匀称的女性身体却富有魅力、显得美。实际上,亚里士多德说的是两种美的概念。女性身体美是一种外在的形式美、感性美,而秩序、对称和确定性指与宇宙和谐一致的、内在的有序的结构。

在人体的各个部位中,眼睛是最重要的表征之一。亚里士多德描绘了眼睛的顾盼生姿和脉脉含情:"眼睛不停地向四周环视者,眼珠处在眼睛中央,眼睑低垂,眼睛自下而上地温柔凝视者,眼睛向上转动者,

---

[1] 《亚里士多德全集》第 6 卷,第 49 页。
[2] 同上书,第 56 页。
[3] 同上书,第 48 页。

以及一般而言，凡眼眶蓄泪，目光温柔者，都富有青春活力。这在女子方面是显而易见的。"[1]

体相表征和内存性情的对应关系不是绝对的。亚里士多德认为，腰腹强健者性情刚烈。但是，腰腹强健者也有性情不刚烈的，性情刚烈者也有腰腹柔软的。亚里士多德完全懂得，体相特征只说明一种可能性，并不说明必然性，使用哲学方法得出的结论有时会和体相观察所得出的结论相反。

三　人体美学

按照存在领域划分，美可以分为自然美、社会美和艺术美。自然美是自然事物的美（见第二讲），社会美是社会领域的美，包括人的心灵和行为的美，社会事件、社会关系、社会实践和社会生活的美。社会美的核心是科学美（见第十一讲）和技术美（见第十讲）。艺术美是艺术作品所蕴含的美（见第六、十二、十三讲）。人体美是人的美的一部分，它作为人体美学专门的研究对象，属于自然美的范畴。

自20世纪80年代起，我国出版了很多有关人体美学和人体艺术的著作。这些著作的作者主要分两类：一类是美学和艺术工作者，另一类是医学工作者，包括美容整形外科医生。20世纪90年代，中华医学会成立了医学美学和美容学分会。分会组织有关人员既从事人体美学的理论研究，又从事人体美学的实际应用。

在从猿到人的漫长的历史过程中，人体的发展有两个显著特征：一是越来越符合目的性，即适用于某些功能；另一是越来越美。古希腊有

---

[1]　《亚里士多德全集》第6卷，第55页。

"人是小宇宙，摹仿大宇宙"的说法。美学史表明，人们早就发现人体和宇宙一样，是按照美的规律构成的。我们都见过希腊雕像断臂的维纳斯，即《米洛的维纳斯》。这座雕像和其他希腊雕像一样，符合黄金分割的比例。黄金分割指这样的比例：把一条线分成两段，长的一段和整条线之比等于短的一段和长的一段之比。就维纳斯雕像的整个身高而言，从肚脐眼到脚底是下段，从肚脐眼到头顶是上段。下段与身高之比，等于上段与下段之比。就上段而言，从肚脐眼到颈是长段，

《米洛的维纳斯》

从颈到头顶是短段。长段与上段之比，等于短段与长段之比。仅就下段而言，膝盖是黄金分割的一个点。黄金分割的理论据说是毕达哥拉斯学派提出来的，然后在柏拉图那里得到运用。文艺复兴时期这种"神的比例"正是以毕达哥拉斯学派和柏拉图的面貌出现的。

4—5世纪的奥古斯丁是中世纪最著名的基督教哲学家和美学家。在皈依基督教以前，他过着完全世俗的生活。在迦太基求学期间，他受情欲的驱使，和一女子同居，生有一个私生子。皈依基督教后，奥古斯丁弃绝一切情欲、物质欲望和俗念，力图达到从"肉体"向"精神"的过渡和升华。他曾细腻地描述了灵与肉的斗争的痛苦和艰难。他具有非凡的内省力，他的名著《忏悔录》几乎完全是内心经历的记录。针对自

己生活中的种种污点，他做了严厉的自责。基督教美学普遍推崇理智美和精神美，贬低物质美和肉体美。然而奥古斯丁却为人体美做辩护。尽管他认识到迷恋女性肉体美会燃起欲望，导致罪孽，因此女性美是危险的，不过他在《上帝之城》等著作中仍然赞颂人体美。女性肉体是美的，如果她不成为肉体享受和种系繁殖的对象时，她会更加美，这时候她仅仅具有新的、非功利的美。人体和四肢五官为了完成某些功利功能，必须要有完善和合理的组织结构。然而，人体中的许多东西仅仅是为了美，而不是为了效用。例如，男性的乳头和胡须具有装饰作用。以此为理由，奥古斯丁得出有关人体的纯审美结论，认为人体中不涉及利害的美要高于效用：没有一种人体器官只具有功利作用而不具有美，然而存在着只服务于美而不服务于效用的人体器官。

我们在前面提到，宗白华先生由魏晋时代联想到16世纪欧洲的文艺复兴运动。在历史发展过程上，文艺复兴是中世纪的直接继承者。然而在社会理想和价值取向上，文艺复兴却越过中世纪，以复兴古希腊罗马为己任。"文艺复兴"的术语来源于《圣经》。《约翰福音》写道："人若不重生，就不能见上帝的国。"西文中的文艺复兴（Renaissance）就借用了这里的"重生"（renasci）。文艺复兴的本义就是"重生""再生"。当然，它有专门的含义，那就是古希腊罗马科学和艺术的再生。文艺复兴运动的活动家倡导和信奉人文主义理想，竭力反对上千年的中世纪神权的桎梏。西文"人文主义"（Humanism）又可以译为"人本主义"和"人道主义"，指与基督教的神权说相对立的以人为中心的精神。个性自由、理性至上、人性的全面发展是文艺复兴活动家的理想。文艺复兴运动最有成就的作家之一莎士比亚在《哈姆雷特》中对人发出了由衷的赞叹："人是多么了不起的一件作品！理性是多么高贵！力量是多么无穷！行动多么像天使！了解多么像天神！宇宙的精华！万物的灵长！"

对个性的尊重也影响到人体美的研究。文艺复兴时代对人体美的研究特别表现在对人体比例的研究上。文艺复兴艺术家孜孜不倦地研究人体比例，出现这种倾向不是偶然的。一方面，他们受到希腊罗马美学的深刻影响，主张比例是美的一种因素。另一方面，他们中很多人同时是科学家，把人体美摆在自然科学的基础上，主张对人体美的认识要有自然科学的理论基础。在这方面现代医学美学工作者的观点和做法与他们相类似。例如，医学美学工作者认为，如果女性的两个乳头与胸骨切迹成一个等边三角形，那么，两个乳头之间的距离是正常而美观的。这成为乳房美容的科学依据之一。文艺复兴艺术家达·芬奇、米开朗琪罗、阿尔伯蒂等都有研究比例的专著。当时的德国画家丢勒专门跑到意大利学习人体比例，他甚至说，如果能看到意大利画家按照比例规律来画男女人像，他宁愿放弃看一个新国王的机会。丢勒还是一位数学家，1523年他完成了《比例论》，后来，他又把这本书改写成通俗易懂的《测量论》，并于1525年出版。这是第一本用德语写的数学书。达·芬奇根据人体解剖实验和统计数据，提出一系列的人体比例关系，其中包括：人的头长是身高的八分之一；肩宽为身高的四分之一；平伸双臂等于身高的长度；叉开双腿使身高降低十四分之一，分举两手使中指指端与头顶齐平，这时候肚脐眼是伸展四肢端点的外接圆的圆心，而两腿当中的空间恰好构成一个等边三角形。人平伸双臂，可以沿人体做一个正方形，人伸展四肢，可以沿人体做一个圆形。这两张图叠合在一起，就是达·芬奇著名的人体比例图。它常常被用作美学和艺术著作的封面或插图。

文艺复兴以后，欧洲很多艺术家都是人体美的热烈崇拜者。法国雕塑家罗丹对女性美的激赏常为人援引："人体或以其力或以其妩媚，幻出多变的形象。有时，像一朵花，曲折的背脊，好比花梗，丰满的乳房,巍峨的头颅,蓬松的头发,恰似盛开的花瓣。有时,令人想到是婀娜的蔓藤,如一枝细长的蔷薇。""喔,这一个肩膀真是醉人啊!这条曲线是十全的美,我的素描太呆滞了……""再看这一个颈脖,可爱的凹凸,真有飘渺出尘之致。""这是另外一个的臀部,又是如何美妙的波褶!包裹着筋肉的皮肤的温柔之感,真是令人拜倒!"[1]罗丹是欧洲雕塑史上的第三座高峰,前两座高峰分别是古希腊的菲狄阿斯和文艺复兴时代的米开朗琪罗。艺术家克洛岱尔小姐是罗丹的学生、秘书兼模特儿,她伴随罗丹15年,对克洛岱尔身体美的欣赏和对她的炽烈爱情,使罗丹的创作进入黄金时期,在罗丹手下诞生了一件件惊世杰作,如《吻》《手》《永恒的偶像》《拥抱》《罪》《亚当与夏娃》《逃逸的爱情》等。

1900年,美国著名舞蹈家邓肯到巴黎演出,她为罗丹的雕塑作品所倾倒,拜访了罗丹。随后罗丹和邓肯一起来到邓肯的工作室。罗丹请邓肯单独为他表演舞蹈,邓肯欣然从命,换了舞衣,翩翩起舞。罗丹被她美妙的舞姿和婀娜的身体所醉迷,伸手抚摸她的脖子和胸部,捏了她的胳膊,又滑过她的臀部与她赤着的腿和脚。罗丹把邓肯当作精美的雕塑作品来品味玩赏,对邓肯的羞涩竟浑然不觉。

人体美虽然有一些共同的标准,然而它也有明显的时代性、民族性和阶级性。例如,女子束腰在17世纪欧洲就很流行,束腰服装成为一种时髦。束腰可以使女性形体特征放大、突出,因为腰细会使臀部更宽而增强女性的曲线美。很多女性为了追求细腰,请求医生取下最后一根肋骨以缩小腰围。18世纪英国医学解剖图谱里的女性图像逼真地描绘了当时束腰的情况。据记载,正常高度的成年女性最小腰围是33厘米。

---

[1] 罗丹述、葛赛尔著:《罗丹艺术论》,傅雷译,中国社会科学出版社2001年版,第128、118页。

33厘米是一个什么概念呢？我们上面提到的雕像《米洛的维纳斯》是许多世纪以来女性美的楷模，它的胸围、腰围和臀围是女性理想的三围标准。它的腰围为66厘米，束腰女子的腰围只有它的一半。一只塑料壳的热水瓶的腰围还有42厘米，33厘米的女子腰围不过是盈盈一握。束腰会使肋骨变形、内脏移位，阻碍呼吸和血液循环，导致肠胃蠕动频率降低和消化功能衰退。这是对人体的极大摧残。

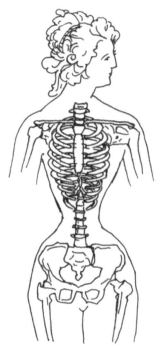

18世纪英国医学解剖图里的女性形象

缠足也对人体造成极大的负面影响。在我国宋代以后的封建社会里，女子从四五岁开始，用一条长布将脚紧紧地裹扎，结果脚不能自由生长，脚拇指外翻，其他四指内翻于足底造成尖足畸形，这就是所谓"三寸金莲"。李煜在位时贪图享受，宫女窅娘纤丽善舞，李煜为她造了金莲花台，又令她用帛缠足，窅娘以三寸金莲回旋于莲花台上，有凌空蹈虚、飘飘欲仙之感。有人把缠足看作中华文化中最丑陋的一页。

为了充分地展示人体美，古希腊艺术家以人体为模特儿进行创作。中国古代有没有人体模特儿？据有的研究者推测，人体模特儿在我国古已有之。秦代的兵马俑出土八千多个，经研究发现，在这八千多个陶俑中，很难找到两个相似的面孔。这些陶俑既有共同性，又有个别性。塑造如此众多共性和个性相统一的人物，单凭记忆是无法办到的，因此可以推断当时使用了大量的模特儿。不过，这种模特儿不会是裸体模特儿。中国对裸体模特儿进行写生，最早大概是李叔同先生。李叔同先生是画家丰子恺先生的老师，"长城外，古道边，芳草碧连天……"这首《送别》的作者。他在日本东京学习西方绘画和音乐，画过一幅极大的裸女油画。

谈到艺术创作中的人体模特儿，我们不觉想起20世纪一二十年代我国关于人体模特儿的一场轩然大波。1914年刘海粟的上海美术专门学校（当时称"上海图画美术院"）在我国艺术教学史上第一次提倡使用人体模特儿进行写生实习。1917年该校展览会第一次公开陈列人体写生素描时，刘海粟先生就遭到卫道士的攻击，被骂为离经叛道的艺术叛徒。当时报章竞载，函电交驰，成为轰动的新闻。1920年刘海粟先生首次雇用女子做裸体模特儿，激起卫道士更强烈的反对。上海县知事危道丰以"维持礼教"为名，发布禁令，严禁上海美专画模特儿。孙传芳发出通缉刘海粟、封闭上海美专的密令。然而，从1917年持续到1927年的模特儿案，刘海粟先生经过10年反复斗争，终于赢得了胜利。在刘海粟先生的斗争中，蔡元培先生等曾对他施以援手。柳亚子先生评价模特儿案说："这是艺术和礼教的冲突，也就是在东方后进国家作为新兴底资产意识和已经没落而未铲除净尽的封建制度的斗争。"[1]

在现代生活中，人们追求身体美、展示身体美的途径大大拓宽了。除了美术院校画人体模特儿外，时装模特儿、健美比赛、选美活动等都是展示人体美的一种方式。人们利用医疗、运动、舞蹈等方式塑造人体美，其热情大大超过美学工作者的认识。例如医疗美容，它以美学理论为指导，通过医学技术方法，对人体各个部位进行修整，以达到人体美。

---

[1] 《海粟艺术集评》，福建人民出版社1984年版，第39页。

有一则希腊神话说，美男子纳克索斯坐在水边，观赏自己美好的影子映在水里。他对自己的影像一见钟情，跳下水去寻他，因此就淹死了，变为水仙花。罗马美学家普洛丁《论美》第 8 节援引了这则神话。在上千年的希腊罗马美学中，普洛丁是仅次于柏拉图和亚里士多德的最重要的美学家。他生活的年代正好是我国的魏晋时期。然而，和魏晋的人物品藻相反，普洛丁极端鄙视肉体美，他要求人们追寻原初的、绝对的美，即神的美。他援引纳克索斯是想表明，沉迷于肉体美会有灭顶之灾。我们当然不必像纳克索斯那样迷恋身体美，不过也不必像普洛丁那样鄙视身体美，让我们就像关心健康那样关心身体美吧。

思考题

1. 什么是晋人的人物品藻？
2. 怎样看待人体美学问题？

阅读书目

亚里士多德：《体相学》，《亚里士多德全集》第 6 卷，中国人民大学出版社 1995 年版。

罗丹述，葛赛尔著：《罗丹艺术论》，傅雷译，中国社会科学出版社 2001 年版。

第四讲
审美距离和移情

距离说

移情说

朱光潜先生《文艺心理学》的第一句话说:"近代美学所侧重的问题是:'在美感经验中我们的心理活动是什么样?'至于一般人所喜欢问的'什么样的事物才能算是美'的问题还在其次。"[1] 朱先生的这句话准确地说明了近代美学发展的新趋势。

我们在第一讲中谈到,各派美学家从他们的哲学体系推演美、规定美、探求美的本质,就是要回答一般人所喜欢问的"什么样的事物才能算是美"的问题。在这种情况下,美学研究的中心是美的哲

---

[1] 《朱光潜全集》第1卷,安徽教育出版社1987年版,第205页。

学。到了近代,确切地说,从 19 世纪以来,随着自然科学特别是心理学的发展,美学研究出现了新趋势:对美的本质的探求日益让位于美感经验的研究,美学作为美的哲学日益让位于审美心理学,美学从重点研究美转为重点研究美感。

什么叫作美感或美感经验呢?"这就是我们在欣赏自然美或艺术美时的心理活动。比如在风和日暖的时节,眼前尽是娇红嫩绿,你对着这灿烂浓郁的世界,心旷神怡,忘怀一切,时而觉得某一株花在向阳带笑,时而注意到某一个鸟的歌声特别清脆,心中恍然如有所悟。有时夕阳还未西下,你躺在海滨一个崖石上,看着海面上金黄色的落晖被微风荡漾成无数细鳞,在那里悠悠蠕动。对面的青山在蜿蜒起伏,仿佛也和你一样在领略晚兴。一阵凉风掠过,才把你猛然从梦境惊醒。'万物静观皆自得,四时佳兴与人同。'你只要有闲功夫,竹韵、松涛、虫声、鸟语、无垠的沙漠、飘忽的雷电风雨,甚至断垣破屋,本来呆板的静物,都能变成赏心悦目的对象。"[1]

朱先生从具体的审美事实出发,以美感为中心来构建自己的美学体系,这大不同于以美为中心的美学研究思路。朱先生明确指出,"美学的最大任务就在分析这种美感经验"。从这点看,朱先生的美学研究和近代美学的发展是合拍的,他早就站在西方现代美学的主航道上。为了研究美感经验,朱先生批判地吸收了西方的格式塔心理学、精神分析心理学、策动心理学、行为主义心理学、进化论心理学、实验心理学等理论,而审美心理理论距离说和移情说经过朱先生淋漓尽致的阐述,产生了广泛的影响。有的研究者指出,"可以毫不夸张地说,在现当代中国美学中,心理学运用之精当成熟,极具创造性,心理学含量之丰富,极

---

[1] 《朱光潜全集》第 1 卷,第 205 页。

具科学性,当首推朱光潜美学。朱光潜美学在选择和利用心理学方面,给当代中国美学的建设提供了宝贵的经验,为当代中国美学走向科学开创了一条道路"[1]。

一 距离说

距离说是瑞士心理学家和美学家布洛提出来的,他所说的距离指的是事物和人的实际利害关系之间的分离。美的事物往往有一点"遥远",只有当事物脱离与日常实际生活的联系时,人对它的审美态度才会产生。朱先生所阐述的距离概念大体上还是布洛的观点,然而却已经扩展到布洛所不可能预见的程度。朱先生的距离理论极大地拓宽了艺术心理学的范围。

(一)距离产生美

距离是形成审美态度的必要条件。人对事物的审美态度不同于实用态度,它不由满足实际需要的欲望所推动,也不导向达到功利目的的活动。朱先生在谈到距离理论时,举了一个例子说明审美态度的这种特点。

假设一位商人、一位植物学家和一位诗人同时在看一朵樱花。商人想着赚钱,于是计算这些花在市场上的售价。植物学家会数一数花瓣和花柱,给花分类,并研究花繁叶茂的原因。诗人则全神贯注在这朵花上而忘记了一切,对于他来说,这朵小花就是整个世界,对花的美感享受使他极度狂喜。我们在这里见到的,就分别是实用的、科学的和审美的态度。

---

[1] 杨思寰:《朱光潜美学与现代心理学》,《美学与艺术学研究》第2辑,江苏美术出版社1997年版,第82页。

第四讲
审美距离和移情

适当的距离能够使人对事物的实用态度转变为审美态度,从而使实用的人转变为审美的人。对于事物来说,距离意味着"孤立",即事物"孤立"于实用关系之外,事物的形象和它的其他方面相分离。对于人来说,距离意味着"超脱",即"超脱"于对事物的实用态度和科学态度。

诗人和商人同看一朵花时,他们所处的空间距离并没有什么不同,这里所说的距离是一种心理距离,即诗人在花和自己的利害关系之间插入一段距离。不过,除心理距离以外,空间距离和时间距离也有利于审美态度的产生。

朱先生留学欧洲时,他的住所后面有一条小河通莱茵河。他在晚上散步,总是沿东岸去,过桥沿西岸回来。走东岸时觉得西岸的景色比东岸的美,走西岸时又觉得东岸的景色比西岸的美。对岸的景色固然比这边的美,但是它们又不如河里的倒影。"同是一棵树,看它的正身本极平凡,看它的倒影却带有几分另一世界的色彩。我平时又欢喜看烟雾朦胧的远树,大雪笼盖的世界和更深夜静的月景。本来是习见不为奇的东西,让雾、雪、月盖上一层白纱,便见得很美丽。"[1]

为什么树的倒影比它的正身美呢?因为树的正身是实用世界中的一个片段,它容易使人想起实用上的意义,比如避风息凉或者盖房烧火。而树的倒影是幻境的,与实际人生没有直接关联。我们一看到它,就立即注意到它的轮廓、线纹和颜色,好比看一幅画一样。

古代女诗人郭六芳有一首诗《舟还长沙》:

> 侬家家住雨湖东,十二珠帘夕照红。
> 今日忽从江上望,始知家在画图中。

---

[1] 《朱光潜全集》第2卷,安徽教育出版社1987年版,第14页。

游春的古代仕女

诗人平时生活在家里，没有能够感受到家的美。因为家里的环境她太熟悉了，习见的东西都变成实用的工具。这间房子是卧室，那张桌子是餐桌，注意力不能专心致志地去看房子、桌子是什么样子，而迁到旁的意义上去。一旦和实用意义拉开了距离，从远处看，才发现在红色的夕照下，十二珠帘光辉闪灼，原来家在图画中，融在自然的一片美的形象里。

烟云、细雨、帘幕、疏篱、薄雾、月色总有一种美的意味。拿帘来说，它在中国古代建筑中具有独特的审美作用，能营造出一种距离感。中国古典诗词有不少涉及帘的佳句，如"帘卷西风，人比黄花瘦""重帘不卷留香久""珠帘暮卷西山雨"等。这些都赋予帘以超凡绝俗的诗情画意，帘的形象和由帘引起的遐想令人销魂。"帘后美人，帘底纤足，帘掩美人，帘卷西风，隔帘双燕，掀帘出台，等等，没有一件不叫人遐思，引人入画。"[1]

朱先生还提到，居住在西湖或峨嵋的人除了以居近名胜自豪外，往

---

[1] 陈从周：《惟有园林》，百花文艺出版社1997年版，第133—134页。

往觉得西湖或峨嵋也不过如此，然而外地人初来西湖或峨嵋，即使审美力很薄弱，也会惊讶了它的美景。一种境遇中的人往往羡慕另一种境遇中的人。在高楼大厦中吃惯山珍海味的人，对竹篱瓜架旁的黄粱浊酒也有兴趣。

上面说的是空间距离产生美，此外，时间距离也能产生美。朱先生小时候在乡下，早晨看到的是那几座茅屋、几畦田、几排青山，晚上看到的还是那几座茅屋、几畦田、几排青山，觉得它们真是单调无味。然而几十年后回忆起来，却不免有些留恋。很多人都有这样的体会，"本来是很酸辛的遭遇到后来往往变成很甜美的回忆"。

朱先生在《谈美》中举了一系列的例子，说明时间距离产生美。卓文君不守寡，私奔司马相如，在当时人看来，卓文君失节是一件秽行丑迹，我们现在却把这段情史传为佳话。唐朝诗人李贺在《咏怀》诗中写道："长卿怀茂陵，绿草垂石井。弹琴看文君，春风吹鬓影。"在春风吹拂下，卓文君美丽的鬓影轻轻晃动。这是多么幽美的一幅画！

清朝著名文学家、《随园诗话》的作者袁枚是浙江钱塘（今杭州）人，他曾刻了一方"钱塘苏小是乡亲"的印，看他的口吻颇为自豪。苏小究竟是怎样一个人呢？她原来不过是南朝的一个妓女。和这个妓女同时代的人谁肯攀她做"乡亲"呢？因为当时的人不能把这些人物的行为从社会信仰和利害观念的羁绊中解脱出来。我们在时过境迁后，就可以把它们当作有趣的故事来谈。"它们在当时和实际人生的距离太近，到现在则和实际人生距离较远了，好比经过一些年代的老酒，已失去它的原来的辣性，只留下纯淡的滋味。"[1]

有些人只看重实际功利的需要，不能站在适当的距离之外看人生，

---

[1] 《朱光潜全集》第2卷，第17页。

不能聚精会神地观赏事物本身的形象，于是这丰富的世界，除了饮食男女的实用目的外，便了无生趣。所以朱先生的结论是："美和实际人生有一个距离，要见出事物本身的美，须把它摆在适当的距离之外去看。"[1] "一个普通物体之所以变得美，都是由于插入一段距离而使人的眼光发生了变化，使某一现象或事件得以超出我们的个人需求和目的的范围，使我们能够客观而超然地看待它。"[2]

从西方美学史上看，距离说起源于审美不涉利害的理论。所谓审美不涉利害，就是说审美与功利、欲念无关。18世纪英国美学家博克在《论崇高与美两种观念的根源》中指出，崇高的对象如暴风雨，和我们的生命遭遇危险时一样令人产生恐怖，但在情感上显得不同。暴风雨如果危及生命，只能产生痛苦。而暴风雨成为崇高对象的条件是它有危险性，但这危险又不太紧迫或者得到缓和："如果危险或苦痛太紧迫，它们就不能产生任何愉快，而只是可恐怖。但是如果外在某种距离以外，或是受到了某种缓和，危险和苦痛也可以变成愉快的。"[3] 在这里，博克使用了"距离"这个术语。暴风雨如果处在某种距离以外，我们可以对它持审美欣赏的态度，它虽然产生恐怖，却使人感到某种程度的愉快。博克还提到，美只涉及爱而不涉及欲念：爱指的是"在观照任何一个美的事物时心里所感觉到的那种喜悦"，欲念"却只是迫使我们占有某些对象的心理力量"。[4]

在主张审美不涉功利的美学家中，18世纪德国美学家康德对这一理论的阐述最为著名。《判断力批判》是康德最重要的美学著作。在这

---

[1] 《朱光潜全集》第2卷，第15页。
[2] 同上书，第235页。
[3] 转引自朱光潜：《西方美学史》上卷，人民文学出版社1979年版，第237页。
[4] 同上书，第244页。

部著作中，康德区分了美感和快感。一般快感都要涉及利害计较，都只是欲念的满足，如渴了饮水，饿了吃饭等。这时候主体只关心对象的存在而不关心它的形式。而美感不涉及利害计较，不是欲念的满足，这时候主体只关心对象的形式而不关心它的存在。按照康德的说法，美感是"唯一的独特的一种不计较利害的自由的快感"。20世纪初期，王国维就接受了康德关于审美不涉利害的观点，反对艺术"以惩劝为旨"和"为道德政治之手段"，主张艺术应该具有纯粹审美的目的。王国维在《红楼梦评论》中写道："美之对象，非特别之物，而此物之种类之形式；又观之我，非特别之我，而纯粹无欲之我也。"这句话的意思是说，对象以它的形式而不以它的存在产生美感，主体要成为审美观照的主体，必须摒弃一切欲念。由此可见，王国维的观点和康德是相通的。

康德把美感说成是"不计较利害的自由的快感"，在这里，康德提出了"自由"的概念。18世纪启蒙运动在同封建势力的斗争中，不仅提出了自由、平等和博爱的原则，而且认识到这些原则在具体表现中的审美价值。对自由中的美的探索，开辟了理解美中的自由的途径。康德成为最早实现这种可能性的美学家之一。朱光潜先生在《西方美学史》中分析康德的美学思想时写道："康德把自由看作艺术的精髓，正是在自由这一点上，艺术与游戏是相通的。"[1] 艺术和游戏都是自由的活动。

18世纪德国美学家席勒和19世纪英国美学家斯宾塞发展了康德关于审美自由的观点，进一步研究了艺术和游戏的密切联系问题。他们认为游戏产生于精力的过剩，他们的观点获得"席勒—斯宾塞说"的称号。席勒在《审美教育书简》中举例说："狮子到了不为饥饿所迫，无须和其他野兽搏斗时，它的闲着不用的精力就替自己开辟了一个对象，它使

---

[1] 朱光潜：《西方美学史》下卷，第383页。

雄壮的吼声响彻沙漠,它的旺盛的精力就在这无目的的显示中得到了享受。"[1] 19 世纪德国美学家谷鲁斯对席勒和斯宾塞的观点有所修正,认为游戏不仅可能产生于精力过剩,它还有很大的生物学意义,即通过摹仿培养年幼的动物获得某种技能,以适应未来的生活活动。谷鲁斯的这种观点和本讲第二节移情说有联系,我们在下面会谈到。我们现在重新回到距离说上来。

审美主体和审美客体要保持距离,这种距离不能不及,也不能太过,这是一种适当的距离,即不即不离。距离不及,容易和实用功利相联系;距离太过,又使人不能欣赏和理解对象。距离使主体和客体在实用方面相分离,然而另一方面,在审美活动中客体最能打动主体的感情,主体往往和客体融为一体,两者在情感上距离又最近。这种情况被称作"距离的矛盾"。

(二)距离说和艺术活动

距离说可以运用于审美活动,也可以运用于艺术活动。朱先生用距离说分析了艺术欣赏和艺术创作的若干问题。

16—17 世纪英国戏剧家莎士比亚的悲剧《奥赛罗》描写了夫妻之间的猜疑。假如一位怀疑妻子不忠的观众看这部戏,戏中的情节很容易使他想起自己和妻子处在类似的境遇,于是产生强烈的情感。不过,他的这种情感不是起源于欣赏戏的美,而是起源于实际上的猜忌。他和《奥赛罗》的距离太近了,他未能进入戏的美感世界,重新回到实用世界里去了。《奥赛罗》没有能使他产生美感,反而成为撩拨他猜忌的导火线。艺术欣赏有时需要距离,艺术创作有时也需要距离。王实甫的《西厢记》对张生和莺莺性爱的描写就是善于制造距离的好例子。

---

[1] 转引自朱光潜:《西方美学史》下卷,第 454 页。

王实甫把性爱的事放在很幽美的意象里面,再以音调和谐的词句表现出来,于是我们的意识被这种美妙的形象和声音吸引住,不再想到其他的事。不过,距离只是艺术欣赏和艺术创作中的一种情况,艺术欣赏和艺术创作中还会有其他情况。距离说在艺术活动中的运用有时会引起激烈的争议,我们且从18世纪法国启蒙运动的领袖之一狄德罗的《谈演员的矛盾》说起。

所谓演员的矛盾,是指演员一方面要淋漓尽致地表现所扮演的人物的感情,另一方面又要保持清醒、冷静的理智。狄德罗把演员分为两种:一种听任情感驱遣,另一种保持清醒头脑。前者可以称作"分享派",即分享剧中人物的感情;后者可以称作"旁观派",即旁观自己的表演。狄德罗竭力主张演员要成为旁观派。在狄德罗时代距离说还没有产生,然而,狄德罗的观点实质上就是要求演员在艺术创作中和剧中人物保持一定的距离。

在与狄德罗同时代的法国名演员中,克勒雍是所谓"旁观派"的代表,她因此最受狄德罗的推崇。克勒雍扮演过法国剧作家拉辛的剧本《布里塔尼居斯》中骄傲的罗马皇后阿格里庇娜。狄德罗这样描绘她的表演:"毫无疑问,她自己事先已塑造出一个范本,一开始表演她就设法按照这个范本。毫无疑问,她心中事先塑造这个范本时是尽可能地使它最崇高,最伟大,最完美。但是这个范本她是从剧本故事中取来的,或是她凭想象把它作为一个伟大的形象创造出来的,并不代表她本人,假使这个范本只达到她本人的高度,她的动作就会软弱而纤小了!……一旦提升到她所塑造的形象的高度,她就控制得住自己,不动情感地复演自己。……她随意躺在一张长椅上,双手叉在胸前,眼睛闭着,屹然不动,在回想她的梦境的同时,她在听着自己,看着自己,判断自己,判断她在观众中所生的印象。在这个时刻,她是双重人格:她是纤小的克勒雍，也是伟大的阿格里庇娜。"[1]

狄德罗提出演员要按照范本来演出。所谓范本，就是准确地表现人物情感的"外表标志"，如"头高耸到云端""双手准备伸出去探南北极"。演员只要把这些"外表标志"揣摩透，练习好，就能做到多次扮演同一个角色时前后一致，而不像"分享派"演员那样在表演中忽强忽弱、忽冷忽热。

狄德罗的观点遭到一些人的反对。从戏剧表演的实践看，"旁观派"演员固然取得辉煌的成就，"分享派"演员也同样达到很高的造诣。19世纪后半期法国最著名的"分享派"代表，莎拉·邦娜在她的《回忆录》里叙述她在伦敦表演拉辛的《费德尔》悲剧的经验说："我痛苦，我流泪，我哀求，我痛哭，这一切都是真实的；我痛苦得难堪，我淌的眼泪是烫人的，辛酸的。"安探万谈他演易卜生的《群鬼》的经验说："从第二幕起，我就忘掉了一切，忘掉了观众以及对观众的效果，等到闭幕后还有好一阵时候我仍在发抖，颓唐，镇定不下来。"这些演员在演出中没有和所扮演的人物保持某种距离，而是充分地体验到这些人物的感情，完全融入自己的角色中。"旁观派"演员和"分享派"演员各有所长，他们在某种程度上可以互补。一个演员采用哪种演技，要顺应自己的性情和才能，而不必勉强归入哪一派。

艺术创作中有"旁观派"和"分享派"之分，艺术欣赏中也有这两派之分。"旁观派"和对象保持某种距离，静观形象而觉其美；"分享派"则和对象融为一体。朱光潜先生在《文艺心理学》中指出，艺术欣赏中"旁观派"和"分享派"的区分，同尼采的意见暗合。尼采在《悲剧的诞生》中，借用希腊神话中的酒神狄奥尼索斯和日神阿波罗来象征人

---

[1] 狄德罗：《谈演员的矛盾》，转引自《朱光潜全集》第10卷，第262页。

类两种基本的心理经验。酒神精神偏于主观，在酒神的影响下，人们激情高涨，狂歌欢舞。日神精神偏于客观，它在情感调性上是有节制的宁静，大智大慧的静穆。"具有日神精神的人是一位好静的哲学家，在静观梦幻世界的美丽外表之中寻求一种强烈而又平静的乐趣。"[1]

酒神精神和日神精神产生两种不同的艺术。酒神精神在音乐、舞蹈和抒情诗中得到体现，这些艺术偏重主观，是主观意志的直接客观化，它们在自身的活动中领略世界的美。日神精神在绘画、雕塑和史诗中得到体现，这些艺术偏重客观，它们在旁观的地位以冷静的态度去欣赏世界的美。

由此可见，距离原则在艺术活动中起着重要作用，但是，不能把这种作用绝对化。

二 移情说

所谓移情，就是我们把自己的情感移置到外物身上，于是觉得外物也有同样的情感。为了从感性上理解移情，我们不妨先看两个例子。

《庄子·秋水篇》讲了一个故事：

> 庄子与惠子游于濠梁之上。庄子曰："儵鱼出游从容，是鱼乐也！"惠子曰："子非鱼，安知鱼之乐？"庄子曰："子非我，安知我不知鱼之乐？"

庄子不是鱼，但是他根据自己"出游从容"的经验，推己及物、设身处

---

[1] 《朱光潜全集》第2卷，第355页。

地地认为鲦鱼（白条鱼）很快乐。鱼是否能像人一样快乐，这没人能给出答案，庄子拿"乐"形容鱼的心境，其实不过是把自己"乐"的心境外射到鱼身上。这种心理活动就是移情。

福楼拜在谈到他创作《包法利夫人》的经历时说，"写这部书时把自己忘去，创造什么人物就过什么人物的生活"。例如写到包法利夫人和情人在树林里骑马游玩时，"我就同时是她和她的情人……我觉得自己就是马，就是风，就是他们的甜言蜜语，就是使他们填满情波的双眼眯着的太阳"[1]。这种"自我"和"非自我"的统一，就是移情现象。

（一）移情和物我同一

在西方美学史上，移情说最著名的代表是19世纪德国心理学家立普斯。不过，古代美学家早就注意到移情现象。亚里士多德在《修辞学》中指出，荷马常常用隐喻把无生命的东西说成是有生命的东西，例如"那些无耻的石头又滚回平原""矛头兴高采烈地闯进他的胸膛"。石头、矛头这些没有生命的死物，在荷马的笔下成为有生命、有感情的活物，这是因为它们被移入了感情。

比立普斯稍早的德国哲学家洛兹虽然没有使用过移情的术语，但是他用非常清晰的语言说明了移情的两个主要特征，即把人的生命移置到物和把物的生命移置到人。他说："我们的想象每逢到一个可以眼见的形状，不管那形状多么难驾驭，它都会把我们移置到它里面去分享它的生命。""我们还不仅和鸟儿一起快活地飞翔，和羚羊一起欢跃，并且还能进到蚌壳里面分享它在一开一合时那种单调生活的滋味。我们不仅把自己外射到树的形状里去，享受幼芽发青伸展和柔条临风荡漾的那种快乐，而且还能把这类情感外射到无生命的事物里去，使它们具有意义。

---

[1] 转引自朱光潜：《西方美学史》下卷，第627页。

我们还用这类情感把本是一堆死物的建筑物变成一种活的物体,其中各部分俨然成为身体的四肢和躯干,使它现出一种内在的骨力,而且我们还把这种骨力移置到自己身上来。"[1]

在说明移情作用时,立普斯本人举的例子是希腊建筑中的多立克石柱。希腊神庙按照立柱加横梁的原则构成,垂直的柱子支撑着水平柱顶盘或天花板。多立克石柱是希腊三种主要的建筑柱式之一。圆柱下粗上细,柱身刻有凹凸相间的纵向槽纹,直立于基座之上,柱身顶端由圆形垫石和正方形顶板形成,以承载建筑物的重量。多立克石柱的线、面和形体构成的空间意象,使它显得有生气、能活动。如果从纵向看,下粗上细的柱身和柱身上凹凸的纵直槽纹,使人感到石柱耸立上腾。这是为什么呢?因为我们在看线直立着和横排着的时候,会想起自己站着和躺着时的区别。我们以己测物,想象线在直立时和我们站着时一样紧张,想象线在横排时和我们躺着时一样弛懈安闲。看到多立克石柱上纵直的槽纹,我们就产生了耸立上腾的感觉,并把这种感觉移到石柱上去了。如果从横向看多立克石柱,它抵抗着建筑物顶部的重量压力,仿佛凝成整体。这又是为什么呢?因为我们都有过撑持重压的经验,这时候浑身的力量凝成一气,以抵抗重压。看到多立克石柱遭受压力时,我们根据记忆也就产生了凝成整体的感觉,并把这种感觉移到石柱上去。因此,无论"耸立上腾"还是"凝成整体",都是观察者设身处地的体验,是一种错觉。

根据以上的事例,我们就容易理解朱先生给移情作用下的定义:"用简单的话说,它就是人在观察外界事物时,设身处在事物的境地,把原来没有生命的东西看成有生命的东西,仿佛它也有感觉、思想、情感、

---

[1] 朱光潜:《西方美学史》下卷,第600页。

意志和活动，同时，人自己也受到对事物的这种错觉的影响，多少和事物发生同情和共鸣。"[1]

移情现象普遍地存在于自然美的欣赏中。"大地山河以及风云星斗原来都是死板的东西，我们往往觉得它们有情感，有生命，有动作，这都是移情作用的结果。比如云何尝能飞？泉何尝能跃？我们却常说云飞泉跃。山何尝能鸣？谷何尝能应？我们却常说山鸣谷应。"[2] "自己在欢喜时，大地山河都在扬眉带笑；自己在悲伤时，风云花鸟都在叹气凝愁。惜别时蜡烛可以垂泪，兴到时青山亦觉点头。柳絮有时'轻狂'，晚峰有时'清苦'。陶渊明何以爱菊呢？因为他在傲霜残枝中见出孤臣的劲节；林和靖何以爱梅呢？因为他在暗香疏影中见出隐者的高标。"[3] 移情现象也大量存在于艺术创作和艺术欣赏中。我们讲到的福楼拜创作《包法利夫人》的经验和对希腊神庙多立克石柱的欣赏，就是这方面的例子。

立普斯所说的移情作用是审美的移情作用，而不是实用的移情作用。我们看见一个人笑，自己也喜悦，也有笑的倾向，这是实用的移情作用。而审美的移情作用的特征表现在三个方面：首先，审美的对象不是对象的实体，而是对象的形象，以多立克柱为例，使我们产生审美移情作用的不是造成石柱的那块大石头，而是由石柱的线、面和体构成的空间形象。由于我们的移情作用，这种形象成为有生命的、能活动的。其次，审美的主体不是实用的自我，而是观照的自我。最后，主体和对象的关系不是对立的关系，而是统一的关系。主体就生活在对象里，主

---

[1] 朱光潜：《西方美学史》下卷，第 597 页。
[2] 《朱光潜全集》第 1 卷，第 236—237 页。
[3] 《朱光潜全集》第 2 卷，第 22 页。

体对对象的欣赏也就是对客观化的自我的欣赏。

移情是主客融合，是物我同一。它不仅由我及物，把我的情感移注于物，而且由物及我，把物的姿态吸收于我。比如欣赏古松，我把高风亮节的气概移置到古松身上，同时我又受到古松这种性格的影响，不知不觉地模仿它那苍老劲拔的姿态。从移情说出发，朱光潜先生得出一个对于美学来说非常重要的结论：所谓美感，其实不过是我的情趣和物的情趣往复回流而已。由此推论，美不是事物本身所固有的，美之中要有人情也要有物理，两者缺一不可。就古松来说，它的苍翠劲直是物理，它的清风亮节是人情。"美不完全在外物，也不完全在人心，它是心物婚媾后所产生的婴儿。"[1]

反对者认为，美是事物本身所固有的，由美产生了美感。美感中的所谓移情现象并不是把人的感情移入外物身上，而是事物的运动和形状与人的心理结构有某种同形同构关系，从而引起人相应的情感运动。这种同形同构说，是格式塔学派提出来的。

（二）格式塔同形同构说

格式塔是德语 Gestalt 的音译，它相当于英文 Configuration，含有"完形""整体""全境"的意义，所以格式塔心理学又称完形心理学。这派心理学于 20 世纪初期发源于德国，创始人有韦特墨、考夫卡和库洛等。格式塔审美心理学最主要的代表，是 20 世纪美国美学家阿恩海姆。20 世纪 80 年代以来，随着阿恩海姆《艺术与视知觉》的翻译出版（中国社会科学出版社 1984 年版），格式塔同形同构说引起我国美学界高度重视。

阿恩海姆认为，自然事物的运动、形状和色彩是支配它们或创造它

---

[1] 《朱光潜全集》第 2 卷，第 44 页。

们的力的作用的结果，他说："这些自然物的形状，往往是物理力作用之后留下的痕迹；正是物理力的运动、扩张、收缩或成长等活动，才把自然物的形状创造出来。大海波浪所具有的那种富有运动感的曲线，是由于海水的上涨力受到海水本身的重力的反作用之后才弯曲过来的……在树干、树枝、树叶和花朵的形式中所包含的那些弯曲的、盘旋的或隆起的形状，同样也是保持和复现了一种生长力的运动。"[1]

人内在的感情活动也受到力的支配。例如，"一个心情十分悲哀的人，其心理过程也是十分缓慢的……他的一切思想和追求都是软弱无力的，既缺乏能量，又缺乏决心，他的一切活动看上去也都好像是由外力控制着"[2]。如果外部事物中展示的力的式样，和人的心理中展示的力的式样相类似，也就是说，外部事物的运动和形状同人的心理生理同形同构，那么，外部事物就能引起人的相应的感情活动。人并不是把自己的感情移置到外物身上，而是外物的运动和形状本身就是一种表现，它们表现了某种人类感情。舞蹈演员在用动作表现悲哀的感情时，几乎都是一致的，这些动作"看上去都是缓慢的，每一种动作的幅度都很小，每一个舞蹈动作的造型也大都是呈曲线形式，呈现出来的张力也都比较小。动作的方向看上去时时变化、很不确定，身体看上去似乎是在自身重力支配下活动着，而不是在一种内在的主动力量的支配下活动着"[3]。这样的舞蹈动作恰恰和悲哀的心理活动同形同构，因此，我们能在这些舞蹈动作中见到悲哀。不仅舞蹈动作，而且落日的余晖、飘零的落叶、微泛涟漪的清泉都可以由于同形同构而引起人的某种

---

[1] 阿恩海姆：《艺术与视知觉》，滕守尧、朱疆源译，中国社会科学出版社1984年版，第596页。

[2] 同上书，第615页。

[3] 同上。

第四讲
审美距离和移情

感情活动。

移情说和同形同构说的根本区别在于：在主体和客体的关系中，移情说更重视主体，而同形同构说更重视客体。移情说认为，在移情活动中，外物并不是无关紧要的，移情不是随意的、盲目的，它是有选择的。对于挺拔劲直的苍松，可以移入清风亮节的感情；对于柔弱纤细的柳条，就无法移入这种感情。外物必须要有形成美的可能，它才能成为移情的对象。然而，外物也仅仅是形成美的一种可能，要使可能成为现实，必须依赖主体感情的移入。同形同构说与此不同。它认为外物的运动和形状本身就能够表现某种感情，如果外物和人的悲哀的心理活动同形同构，它就能够引起人的悲哀感情；如果外物和人的欢乐的心理活动同形同构，它就能够引起人的欢乐感情。柔弱的柳条之所以显得悲哀，并不是人的感情移入的结果，而是它随风摇摆的身姿在结构上和人的悲哀情感相类似，所以人才立即感觉到它是悲哀的。对于移情说，美不在于外物本身，它是外物和人心相融合的结果。对于同形同构说，美在于外物本身，外物本身的美使我们产生美感。

有人认为同形同构说比移情说更科学地解释了美感中的感情问题。外部世界的力和内心世界的力在形式结构上同形同构，所以形成主客协调、物我同一，从而产生审美愉快。不仅自然事物，而且各种艺术手法，如线条、色彩、旋律、音响等，由于它们和人的感情存在着对应关系，所以能够引起共鸣。"欢快愉悦的心情与宽厚柔和的兰叶，激愤强劲的意绪与直硬折角的竹节；树木葱茏一片生意的春山与你欣快的情绪，木叶飘零的秋山与你萧瑟的心境；你站在一泻千丈的瀑布前的那种痛快感，你停在潺潺小溪旁的闲适温情；你观赏暴风雨时的气势，你在柳条迎风中感到的轻盈；你在挑选春装时喜爱的活泼生意，你在布置会场时要求的严肃端庄……这里面不都有对象与情感对应的形式感吗？梵高火似的热情不正是通过那炽热的色彩、色触传达出来？八大山人的枯枝秃笔，使你感染的不也正是那满腔悲怆激愤？你看那画面上纵横交错的色彩、线条，你听那激荡或轻柔的音响、旋律，它们之所以使你愉快，使你得到审美享受，不正由于它们恰好与你的情感结构相一致？"[1]

（三）内摹仿和美感的生理基础

移情说有多种派别。内摹仿理论是移情理论的一种。我们已经讲过，移情作用包括两个方面：一是由我及物，"比如注视一座高山，我们仿佛觉得它从平地耸立起，挺着一个雄伟峭拔的身躯，在那里很镇静地庄严地俯视一切"。另一是由物及我，"我们也不知不觉地肃然起敬，竖起头脑，挺起腰杆，仿佛在摹仿山的那副雄伟峭拔的神气"[2]。这是从总的方面说的，如果要具体区分移情作用和内摹仿作用的话，那么，移情作用侧重由我及物的方面，内摹仿作用则侧重由物及我的方面。

内摹仿说的主要代表是19世纪德国的心理学家和美学家谷鲁斯。我们在本讲第一节中曾谈到，谷鲁斯修正了席勒、斯宾塞的游戏理论，他用练习说来替代席勒、斯宾塞的精力过剩说。游戏是为将来的实用活动做准备，例如男孩做打仗的游戏是练习战斗本领，女孩做喂木偶的游戏是练习做母亲，小猫戏抓纸团是练习捕鼠。谷鲁斯把游戏和摹仿看作本能，在审美活动中游戏和摹仿联系在一起，摹仿是审美活动的主要内容。不过，审美的摹仿不同于一般知觉的摹仿，一般知觉的摹仿大多在外部筋肉动作中体现出来，例如看见圆形物体时，眼睛就

---

[1] 李泽厚：《走我自己的路》，安徽文艺出版社1994年版，第93—94页。
[2] 《朱光潜全集》第3卷，第53页。

摹仿它做一个圆形的运动。而审美的摹仿是内在的，不外现，所以是一种内摹仿。谷鲁斯举例说："例如一个人看跑马，这时真正的摹仿当然不能实现，他不愿放弃座位，而且还有许多其他理由不能去跟着马跑，所以他只心领神会地摹仿马的跑动，享受这种内摹仿的快感。这就是一种最简单、最基本也最纯粹的审美欣赏了。"[1]

当然，并不是每个人的审美活动中都有内摹仿作用，然而这种作用确实存在于某些人的审美活动中。移情说在英国的代表汤姆生在审美欣赏时就有强烈的器官感觉，例如她观照花瓶时"双眼盯着瓶底，双足就压在地上。接着随着瓶体向上提起，她自己的身体也向上提起，随着瓶体上端展宽的瓶口的向下压力，自己也微微感觉到头部的向下压力……有一套完整的平均分布的身体适应活动伴随着对瓶的观照"[2]。她在观赏花瓶时仿佛把自身变成一只花瓶。

颜真卿的书法

内摹仿说对于美学的意义在于，它指出了美感的生理基础，有人把它称为审美筋肉论或艺术生理学。

中国书法是线的艺术，横直钩点笔画原本是墨涂的痕迹，然而我们

---

[1] 转引自朱光潜：《西方美学史》下卷，第616页。

[2] 同上书，第621页。

却在中国书法中见出"骨力""气势"和"神韵",原因在于中国书法表现了作者的性格和情趣。"颜鲁公的字就像颜鲁公,赵孟頫的字就像赵孟頫。不但如此,同是一个书家,在正襟危坐时写的字是一种意态,在酒酣耳热时写的字又是一种意态。在风日清和时写的字是一种意态,在风号雨啸时写的字又是一种意态。某境界的某种心情都由腕传到笔端上去,所以一点一画变成性格和情趣的象征,使观者觉得生气蓬勃。"[1]我们欣赏书法时,也就会无意摹仿它所体现的这种性格和情趣。唐代颜真卿(颜鲁公)的书法、杜甫的诗和韩愈的文常常被后人相提并论,因为它们都体现了内容和形式的完美统一,是法度、规范的代表,成为后世的书法、诗、文的典范和楷模。颜鲁公的字齐整大度,浑厚刚健。元初著名书画家赵孟頫的字秀媚圆润,袅娜轻盈。由于内摹仿的作用,"我在看颜鲁公的字时,仿佛对着巍峨的高峰,不知不觉地耸肩聚眉,全身的筋肉都紧张起来,模仿它的严肃;我在看赵孟頫的字时,仿佛对着临风荡漾的柳条,不知不觉地展颐摆腰,全身的筋肉都松懈起来,模仿它的

赵孟頫的书法

---

[1] 《朱光潜全集》第1卷,第241页。

第四讲
审美距离和移情

秀媚"[1]。

在上述例子中，筋肉运动起于摹仿。乐音的高低、长短、轻重、徐疾等也会引起我们筋肉类似的运动。筋肉运动有时为了摹仿，有时为了适应。当外物没有动作可摹仿时，我们的感官就适应外物，这样也会产生种种生理变化，从而加深对外物的理解，提高对外物的欣赏水平。筋肉运动起于适应，这种情况在欣赏中国古典诗词中常常会发生。

我们在读不同内容和风格的诗词的时候，会有不同的筋肉运动和生理变化。"读'西风残照，汉家陵阙'，我们觉得气象伟大，似乎要抬起头，耸起肩膀，张开胸膛，暂时停止呼吸去领略它。读'一川烟草，满城风絮，梅子黄时雨'，我们觉得情景凄迷，似乎要眯着眼睛用手撑着下腮，打一点寒颤去领略它。读'疏影横斜水清浅，暗香浮动月黄昏'，我们觉得神韵清幽，似乎要轻步徘徊，仰视俯瞩，处处都觉得很闲适。这都是适应动作的分别。这几例诗句读法也不能一致。读第一例李白句须有豪士气概，须放高长而沉着的声音去朗诵，微吟不得。读第二例贺铸句须有名士风流的情致，须用不高不低的声音去慢吟。读第三例诗须有隐逸闺秀的风度，须若有意若无意地用似听得见似听不见的声音去微吟，高歌不得，这些不同的声调和语气也影响到生理变化。"[2]

距离说和移情说是研究美感中情感因素的有影响的两种理论。情感指人们对客观事物是否符合自己的需要而产生的体验。强烈的情感体验是美感的重要特点。除情感外，美感还包括一系列其他心理因素，这是我们下一讲的内容。

---

[1] 《朱光潜全集》第 2 卷，第 24 页。

[2] 《朱光潜全集》第 3 卷，第 372—373 页。

思考题

1. 适当的距离为什么能够产生美?
2. 距离原则在艺术活动中起什么作用?
3. 谈谈你对移情说的理解。
4. 什么是格式塔同形同构说?

阅读书目

朱光潜:《谈美》,载《朱光潜全集》第 2 卷,安徽教育出版社 1987 年版。

朱光潜:《谈美书简》,上海文艺出版社 1980 年版。

第五讲
目送归鸿，手挥五弦

> 美感的心理因素
> 美感的本质和特征

"目送归鸿，手挥五弦"是嵇康赠他的堂兄嵇喜从军的诗里的名句。我们在第三讲中已经提到过嵇康。

嵇康的诗和散文都达在很高的成就。他的诗多为四言体，以清峻警峭著称。赠嵇喜从军的诗共18首，"目送归鸿，手挥五弦"出自第14首。紧接这两句诗的是"俯仰自得，游心太玄"。嵇康以想象的方式，描写嵇喜在征途中息驾休憩、寄情山水的闲适神态。眼望远去的飞鸿，这是"仰"；手里弹着琴弦，这是"俯"。用俯仰自得的眼光来欣赏空间万象，心灵跃入大自然的节奏里去探索宇宙的秘密。实际上，从军的生活不可能这样悠闲。

嵇康虽然写的是嵇喜，然而诗中的人物风貌和生活趣味完全是嵇康本人的。在中国文学史、艺术史和美学史中，"目送归鸿，手挥五弦"这两句诗都很有名。顾恺之说过，画"手挥五弦"易，画"目送归鸿"难。画"手挥五弦"是画形，画"目送归鸿"是画神，神似难于形似。在美学上，这两句诗说明了表象转化的美感现象。"目送归鸿"和"手挥五弦"是两回事，不过，归鸿翱翔天空的形象和意趣可以转化成弦上之音，同时也能够表达作者旷达高远的胸襟和情致。这种情景交融、触类旁通的现象是美感的心理因素之一。这一讲我们继续谈美感问题。

一　美感的心理因素

美感作为审美主体对审美客体的感受，是一系列因素相互渗透、相互作用的综合运动。它们包括知觉、表象、情感、想象、通感、理解等。研究美感的这些心理因素，已经成为19世纪中叶以来西方美学研究的主潮。我们在第四讲中谈到的距离说、移情说和格式塔同形同构说是研究美感中情感因素有影响的几种理论。下面我们谈美感的其他几种心理因素。

（一）知觉和表象

人生活在世界中，时时刻刻接触到周围的事物。人的感官对外部事物个别属性的反映，就是感觉。例如，我们看到一朵红玫瑰，就会产生红的感觉。知觉在感觉的基础上形成，但又不同于感觉，它是对外部事物各种属性综合的、完整的反映。例如，我们看到一朵红玫瑰，不仅看到它的颜色，而且看到它的形状、花瓣的排列等，从而形成对红玫瑰整体的印象，这就是知觉。知觉是一切认识活动的心理基础，也是美感的心理基础。美的事物都具有形象可感性，如果没有对美的对象的知觉，就不可能产生审美感受。在这种意义上,美感是通过知觉来实现的。

"表象"在实际语言的运用中,往往是"事物表面现象"的简称。我们在这里使用的"表象",不是这种含义,它是从外文翻译过来的心理学术语,指保存在记忆中的外在事物的形象。也就是说,我们曾经知觉过这个事物,现在它不在我们知觉的范围之内,然而它的形象仍然留存在我们的记忆中。没有知觉,就没有表象。有了表象和表象的运动,才有更加复杂的心理活动。表象和知觉有相同点,也有相异点。[1]表象和知觉一样,都具有形象性。这一特点使表象根本有别于概念,概念是对客观事物概括而抽象的反映,没有形象性。表象通过知觉产生,在反映外在事物的直接性和形象性上,它们是相同的,不过表象的形象性在稳定性和鲜明性上不如知觉,我们头脑中对黄山的记忆表象,当然不如我们直接知觉黄山时来得鲜明和稳定。但是,只有当外部事物在我们的感官所能触及的范围内,知觉才会产生。外部事物一旦超出这种范围,知觉就随之消失。而表象却可以长久地保留在我们的记忆中。知觉和表象的这种区别,使它们在美感中的作用很不一样。表象可以作为审美经验不断积累起来,而知觉只有当我们直接和外部事物接触时才可以发挥作用。

表象有概括性,知觉没有概括性。知觉按照外部事物的外貌来反映它,表象的情况要复杂得多。它可以是对同类事物的反映,例如,关于"花"的表象,它就概括了许多花的普遍的形象特征。如果是"牡丹花"的表象,它就比"花"的表象更加具体些,不过仍然有概括性,它概括了牡丹花普遍的形象特征。至于某种独一无二的事物的表象,那么,与其他事物相比,它没有概括性;然而就它自身而言,也有一定程度的概

---

[1] 金开诚:《文艺心理学概论》,人民文学出版社 1987 年版,第 45—56 页。

括性。例如，关于天安门的表象，与其他建筑物相比，没有什么概括性。但是，沐浴着晨曦的天安门和华灯初上的天安门，春风轻拂中的天安门和皑皑雪景中的天安门，会给人们留下不同的印象。所以，我们对天安门的表象也就有了一定的概括性。表象的概括和概念的概括有根本区别，概念的概括是抽象的概括，而表象的概括是具象的概括，即伴有形象的概括。表象具有一定的形象性又具有一定的概括性的特点，使它在美感活动中起到重要作用。根据事物的主要特征，我们就可以通过表象进行认知，从而充分发挥审美活动中的主观能动性。艺术创作中的"画龙点睛"，就是突出事物的主要特征，而表象的具象概括使我们根据事物的主要特征去欣赏它。

　　知觉只产生于对外部事物的直接感受，而表象可以通过间接途径获得。例如，根据小说的描绘，我们可以通过想象，形成古今中外各种人物、事件和生活情景的表象。此外，表象还具有可塑性和变异性。记忆中的表象随着时间的推移，有些会变得模糊，甚至发生扭曲和变化。表象还可以经过不断的分解和综合，重新组成新的表象。这对审美欣赏和艺术创作都具有重要意义。正如鲁迅所说："人物的模特儿也一样，没有专用一个人，往往嘴在浙江，脸在北京，衣服在山西，是一个拼凑起来的脚色。"[1]

(二) 想象和联想

　　想象是在原有的表象和经验的基础上，通过表象的分化、重组和运动，创造新形象的心理活动。文艺欣赏中有一种说法："有一千个读者，就有一千个哈姆雷特。"如果我们仅仅阅读剧本的话，那么，我们关于哈姆雷特的表象不是来自对他的直接知觉，而是根据莎士比亚的描绘，

---

[1] 《鲁迅全集》第 4 卷，人民文学出版社 1981 年版，第 394 页。

通过我们已有的表象的运动，创造出新的形象。莎士比亚为我们的想象提供的材料是一样的，然而由于我们每个人的想象不同，所以产生众多的哈姆雷特形象。

杜甫诗云："天上浮云如白衣，斯须改变如苍狗。"诗人观看浮云，先想起白衣的形象，后想起苍狗的形象，这是联想。联想是由知觉的一种事物想起另一种事物，或者由想起的另一种事物再想起第三种事物的心理活动。想象和联想有区别，也有联系。想象在已有表象的基础上创造出新的形象，联想则把知觉的对象或表象同另一种表象联结起来。朱光潜先生认为，联想是一种创造的想象。他在《谈美》中以唐朝诗人王昌龄的《长信怨》诗，说明联想在美感和艺术中的重要作用：

> 奉帚平明金殿开，
> 暂将团扇共徘徊。
> 玉颜不及寒鸦色，
> 犹带昭阳日影来。

这首诗被有的人称为唐人七绝的压卷之作。它是拟托汉代班婕妤某一个秋天在长信宫中的事情而写的。班婕妤失宠于汉成帝以后，谪居长信宫奉侍太后。天色方晓，长信宫门已开，她拿起扫帚，从事打扫。每天的生活刻板而单调，打扫之余，别无他事，唯有袖中团扇相伴，自己的命运与秋天被弃的扇子相似，孤寂中唯有与它徘徊与共。班婕妤在她作的乐府歌辞《怨歌行》中，就由自己的色衰失宠联想到秋天的弃扇："新裂齐纨素，皎洁如霜雪。裁为合欢扇，团团似明月。出入君怀袖，动摇微风发。常恐秋节至，凉飙夺炎热。弃捐箧笥中，恩情中道绝。"班婕妤以秋扇之见弃，比喻君恩之中断。王昌龄对班婕妤深表同情，写下了

班婕妤

《长信怨》,由班婕妤联想到团扇。"玉颜"指班婕妤洁白如玉的容颜。"玉颜"现在已经成为滥调,然而第一次使用时却费了一番想象。"玉"和"颜"本来风马牛不相及,由于它们在色泽肤理上相类似,就把它们联在一起。"寒鸦"指秋天的乌鸦,这里指班婕妤羡慕又妒忌的受恩承宠者,也许隐喻赵飞燕。昭阳是汉殿,汉成帝宠爱的赵飞燕居住在那里。"日影"指君恩,因为古代以日喻帝王。班婕妤幽怨的是,自己如玉容颜,君王从不一顾,而丑陋的乌鸦还能从昭阳殿上飞过,身上带有昭阳日影。《长信怨》的主题是"怨","怨"是一个抽象的概念,诗中用具体的情境来表现。"君恩"也是一个空泛的抽象概念,诗中用"昭阳日影"这个具体的意象来替代它。这中间离不开想象和联想。美感和艺术的微妙往往在联想的微妙。

联想按照它所反映的事物间的关系不同,可以分为接近联想、类似联想和对比联想。接近联想,指两个事物在时间上、空间上和经验上相接近,由一个事物的知觉和回忆,会引起对另一个事物的联想,从而产生相应的情绪反应。宋朝诗人陆游的一首诗《沈园》就是接近联想的例证:

> 城上斜阳画角哀,
>
> 沈园非复旧池台。
>
> 伤心桥下春波绿,
>
> 曾是惊鸿照影来。

陆游20岁时和唐琬结婚,婚后感情很好。可是陆母不喜欢儿媳,迫使两人在婚后3年离异。后来唐琬改嫁,陆游另娶。陆游31岁时与唐琬夫妇邂逅沈园。陆游哀伤地写下了著名的《钗头凤》一词。不久,唐琬抱恨而亡。陆游75岁重游沈园,写下了《沈园》一诗。斜阳惨淡,彩绘的管乐器(画角)高亢凄厉。由于年代久远,沈园已经面目全非,唯有桥下春波依旧。沈园是陆游与唐琬离异后唯一相见之处,也是诀别之所。他由桥下春波联想到唐琬,44年前唐琬如同翩若惊鸿的仙子,飘然降临于春波之上,凄楚欲绝。在日常生活中,睹物思人、爱屋及乌、憎恶和尚恨及袈裟,都是接近联想。在中国戏剧艺术中,演员手中的马鞭暗示马的存在,旦角上马简直像在骑一只狗,演员一抬腿、一转身就是上马了,没有必要一定得高抬腿,跃起身上马。可是观众都能看懂,这是接近联想的作用。在京剧《三岔口》中,舞台上灯光耀眼,然而搏斗的双方只能感觉到自己的动作,不能感觉到对方的动作。他们表演暗中摸索,由于经验上的接近,给观众造成黑夜的感觉。观众不仅看清楚夜斗的双方在战斗过程中的一切表现,而且能清楚地看出演员通过细微的面部表情所传达出来的瞬间心理活动,从而取得非凡的艺术效果。[1]

类似联想是两种事物在性质上或形态上相类似,由一种事物的知觉和回忆而引起对另一种事物的联想。看到春光,想起青年;看到暴风

---

[1] 参见张赣生:《中国戏曲艺术》,百花文艺出版社1982年版,第79页。

雨，想起革命，这些都是类似联想。类似联想的"类似"，只是两种事物在某些特征和状貌上的近似，并非完全一致。"两者不合，不能相比；两者不分，无须相比。"（钱锺书先生语）因为类似联想的结果，物可以变成人，人也可以变成物。物变成人叫作"拟人"，《长信怨》的"寒鸦"就是拟人。人变成物叫作"托物"，班婕妤自比团扇就是托物。京剧《阳平关》中曹操站在山上观看曹将和黄忠、赵云在山下恶战，这山就是一张桌子。桌子和山有一点相似，它们都高出地面，于是用桌子代替山。《天河配》中织女驾云，观众通过演员细碎的台步、飘舞的水袖和腰身的摆动，联想到织女凌空蹈虚、冉冉而去。[1]

　　类似联想比接近联想有着更为广阔的天地，外部事物微妙的类似都可以成为联想的基础。许多人对颜色有所偏好，这与联想有关。例如，红是火、太阳和朝霞的颜色，因此它使人感到温暖和热烈；青是田园草木的颜色，因此它使人感到安静和闲适；白是雪和玉的颜色，因此它使人感到纯和净。我们在知觉外部事物时，不仅知觉它们的形状、颜色和声音，而且通过它们感受到更多的意义和价值。接近联想和类似联想有时混在一起。唐朝牛希济词曰："记得绿罗裙，处处怜芳草。""词中主人何以'记得绿罗裙'呢？因为罗裙和他的欢爱者相接近；他何以'处处怜芳草'呢？因为芳草和罗裙的颜色相类似。"[2]

　　对比联想是指由一种事物的知觉引起和它的特点相反的事物的联想。例如，由赤日炎炎想起天寒地冻。艺术中的对比手法往往和对比联想有联系。

---

[1]　张赣生：《中国戏曲艺术》，第71页。
[2]　《朱光潜全集》第2卷，第31页。

(三) 通感

通感又称联觉，指美感活动中视觉、听觉和其他各种感觉，如触觉、嗅觉、味觉可以相互沟通。它是美的对象所引起的一种感觉能够和其他感觉相联系，从而产生感觉的转移、转化和渗透的一种心理现象。我们在这一讲开头谈到的"目送归鸿，手挥五弦"就是通感。

通感在日常生活经验中大量存在。"在日常经验里，视觉、听觉、触觉、嗅觉、味觉往往可以彼此打通或交通，眼、耳、舌、鼻、身各个官能的领域可以不分界限。颜色似乎会有温度，声音似乎会有形象，冷暖似乎会有重量，气味似乎会有体质。诸如此类，在普通语言里经常出现。譬如我们说'光亮'，也说'响亮'，把形容光辉的'亮'字转移到声响上去……又譬如'热闹'和'冷静'那两个成语也表示'热'和'闹'、'冷'和'静'在感觉上有通同一气之处，结成配偶……"[1]

通感在美感活动中具有重要作用。各种审美对象由于物质构成的不同，有的主要作用于欣赏者的视觉，有的主要作用于听觉。通感可以使各种感官共同参与对审美对象的知觉，克服审美对象因为物质构成所造成的知觉感官的局限，从而使美感更加丰富和强烈。钱锺书先生在《通感》一文中列举了大量例证，证明艺术中的通感现象。

宋朝诗人宋祁的《玉楼春》诗中有名句"红杏枝头春意闹"。"闹"字用得很妙，它使春意盎然的境界充分显现出来。然而这句诗却受到清朝学者李渔的嘲笑。李渔认为："闹"指争斗有声，桃李可以"争春"，红杏不可"闹"春。这表明李渔未能读懂这句诗的意义。"闹"字把无声的景色说成有声的波动，仿佛在视觉里获得了听觉的感受。视觉和听觉相通，这正是一种通感。凭借通感，"闹"字尽现杏花之繁盛。宋

---

[1] 《钱锺书论学文选》第6卷，花城出版社1991年版，第92页。

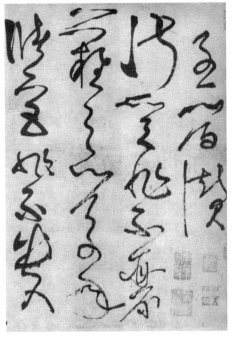

张旭的草书

朝诗人陈与义的"三更萤火闹,万里天河横",也用"闹"字形容萤火虫在夜间飞翔的无声景色。往前推溯,唐朝诗人王维的"色静深松里",就曾用听觉上的"静"字来描写深与净的水色。唐朝诗人韦应物的"绿荫生昼静",使视觉形象产生了听觉效果。

无声的景色能够使人产生有声的感觉,而声音也能使人产生视觉形象。所谓"听声类形",就是"想"声音的形状。唐朝诗人白居易的《琵琶行》写道:"大弦嘈嘈如急雨,小弦切切如私语。嘈嘈切切错杂弹,大珠小珠落玉盘。间关莺语花底滑,幽咽泉流冰下难。"诗用各种声音——雨声、私语声、珠落玉盘声、莺声、泉声来比拟琵琶声,比喻得很确切。不过,这里并没有把听觉和视觉相联系。而他的《小童薛阳陶吹觱篥[1]歌》写道:"有时婉软无筋骨,有时顿挫生棱节。急声圆转促不断,轹轹辚辚似珠贯。"在这里,听觉向视觉转移,声音使人想起柔若无骨或者清而圆的珠子的形状。我们平常用"珠圆玉润"形容好听的声音,就是听觉和视觉沟通的实例。

---

[1] 觱篥:音 bìlì,古代管乐器,用竹做管,用苇做嘴,汉代从西域传入。

听觉不仅能和视觉沟通,而且能和触觉沟通。人类早就注意到触觉向听觉的挪移。亚里士多德在《论灵魂》一书里,指出声音有"尖锐"和"钝重"之分,那是由触觉转移而来,因为听觉和触觉有类似之处。唐朝诗人杜牧的"促织声尖尖似针",表明在听觉里仿佛获得触觉的感受。杜牧《阿房宫赋》中的"歌台暖响",用触觉上的"暖"字来描写喧繁的乐声。美感以某种感官为传导,引起人的所有感官参与对审美对象的感受。

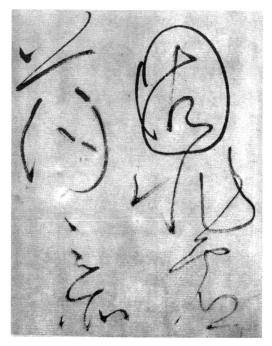

怀素的草书

通感中还有表象转化。王羲之的书法相传是从鹅掌拨水悟得的。唐朝画家吴道子生平得意的作品是洛阳天宫寺的神鬼,他在下笔之前要先看裴旻舞剑。唐朝草书大家张旭看到公孙大娘舞剑后,草书长进,豪荡雄放。杜甫观看公孙大娘的弟子李十二娘舞剑器,写了一首《观公孙大娘弟子舞剑器行》的诗。舞剑器是女子身穿军装舞剑的一种舞蹈,它姿势雄健,节奏顿挫。这首诗开头四句写道:"昔有佳人公孙氏,一舞剑器动四方。观者如山色沮丧,天地为之久低昂。"杜甫为这首诗加了一个序,序中说:"昔者吴人张旭,善草书书帖,数常于邺县见公孙大娘舞西河剑器,自此草书长进,豪荡感慨,即公孙可知矣。"唐朝另一位草书大家怀素"夜闻嘉陵江水",又"观夏云多奇峰辄尝师之"。当时人形容他的书法是"怪石奔秋涧,寒藤挂古松,若教临水畔,字字恐成龙"。鹅掌拨水和舞剑的表象、江水夏云的表象无法直接进入书画的创作中,然而这些表象经过转化,在书画家挥毫运斤时,它们的影响就会涌到书画家手腕上来。"书画家可以从剑的飞舞或鹅掌的拨动之中得到一种特殊的筋肉感觉来助笔力,可以得到一种特殊的胸襟来增进书画的神韵和气势。"[1]

除了知觉、表象、情感、想象、联想和通感外,理解也是美感的心理要素之一。理解是对事物的理性认识,只有理解了的东西,才能更深刻地知觉它。作为美感心理要素的理解,指对审美对象的文化背景、象征意义、隐喻、表现手法等的理解。"对题材、人物、故事、情节以及技法、技巧的理知认识,经常构成欣赏的前提条件。如果你不懂十字架的含义,'桃园三结义'的故事,天鹅湖、魔笛的情节背景,你就没法'看懂''听懂'那些绘画、戏曲、舞蹈、歌唱。在西方的画中,十字架、蛇、羊都是有一定含义的,十字架是耶稣受难象征,蛇引诱人把禁果吃了,羊象征着迷途的羊羔。你不了解它们的含义,就不能欣赏它们。"[2]

在美感活动中,美感的各种心理要素不是彼此孤立的,它们相互协调,相互融合,共同发生作用。例如,情感中必然包含着更多理解,因为人的情感是在理解的基础上产生的,总是伴随认识活动而出现。美感以知觉为起点,知觉不能脱离具体形象,美感中的理解也以具体可感的形象呈现出来,所以,美感中感性和理性相统一。想象和联想在知觉和

---

[1] 《朱光潜全集》第 2 卷,第 89 页。
[2] 李泽厚:《美学三书》,第 525 页。

表象的基础上产生，但它与理解关系密切，想象和联想的方向受到理解的规范。总之，美感的各种心理要素积极地调整和组合，形成和谐的、愉悦的美感活动。

二 美感的本质和特征

美学史上关于美感的本质有很多说法。我们认为，美感的根源在于社会实践，美感的本质要在人的感官和欲望的社会性中去寻求。美感的这种本质决定了美感的产生和发展，以及美感的特征等问题。

（一）美感的产生和发展

在人的各种感官中，视觉和听觉是最重要的审美感官。人的眼睛不如鹰的眼睛犀利，然而鹰不能观赏造型艺术，人的眼睛却能够感受形式美。人的耳朵不如狗的耳朵敏锐，然而狗不能欣赏音乐，人的耳朵却能够感受音乐的美。人的感官和动物的感官的根本区别在于，人的感官不仅是生理性的，而且是社会性的。

李泽厚先生把内在自然的人化作为关于美感的总观点。"内在自然"指人的感官以及情感、需要、欲望等。所谓"内在自然的人化"，是说在社会实践过程中，生理性的、动物性的内在自然变成社会性的、人的内在自然。假如一个小孩，生下来就被狼叼走，他一直和狼生活在一起，那么，这个狼孩的眼睛就没有得到人化，只是动物的眼睛，而不是"人的"眼睛。内在自然的人化是相对于外在自然的人化而言的。外在自然的人化，指人在长期的实践活动中改造了生糙的自然，创造出新的第二自然，并在对象世界中打下了人的烙印，展示了人的本质力量。外在自然的人化和内在自然的人化是双向进展的过程，前者产生了美的形式，后者产生了审美的形式感；前者是美的本质，后者是美感的本质。

我们说外在自然的人化产生了美的形式，是指外在自然的人化使自然性质如节奏、对称、比例、和谐等成为审美性质，使客观世界成为审美对象。节奏、对称、比例、和谐等自然性质怎样成为审美性质的呢？我们以节奏为例加以说明。

节奏作为运动过程中有秩序的连续，在自然界普遍存在。寒来暑往，四季更迭，日升日没，潮涨潮落，陵谷相间，岭脉蜿蜒，都有一种节奏。这种节奏在人类出现以前还只是一种自然性质和自然规律，而不是审美性质和审美规律。人类出现以后，为了使自己的活动达到某种目的，必须遵循客观规律。正如普列汉诺夫所说："对于一切原始民族，节奏具有真正巨大的意义。"例如，"划桨人配合桨的运动歌唱，挑夫一面走一面唱，主妇一面舂米一面唱"。但是，原始社会的生产者为什么恰好遵循这种而非另一种节奏呢？"这决定于一定生产过程的技术操作性质，决定于一定生产的技术。"[1]认识对象的规律是人的有目的的劳动的前提。通过这种劳动，人在现实中体现了自身的潜力、创造能力和运用自然规律所获得的自由感。人的本质力量在现实中的体现，人对自己的潜能和创造力的愉悦感受，使节奏从自然性质变成审美性质，节奏具有了审美意义。

外在自然人化的过程，不仅仅归结为在劳动活动中对自然现象的直接改变。有些自然现象，如星星、极光、虹等，人的劳动活动是涉及不到的，然而它们仍然被引入社会历史实践的背景中。早在纪元之前很久，远离我们的天体就被引入生产实践的范围，例如，人们根据它们辨别旅途的方向；根据它们计算时间，建立农历，确定季节，决定播种和收割的日期。彩虹是美的，它不仅因为形式而美，通常也具有一定的社

---

[1] 《普列汉诺夫美学论文集》Ⅰ，曹葆华译，人民出版社1983年版，第338—339页。

会历史内容,例如它展现了田园牧歌式的幽静风景。由此看来,节奏、比例、对称的内容归根到底不仅是自然的,而且是某些社会性质的积淀。美是客观自然规律和主体的实践目的相统一的结果,或者说是合规律性和合目的性相统一的结果。

在外在自然的人化的过程中,内在自然也逐步得到人化,这导致美感的产生和发展。人类最初的审美活动是和实用活动,主要是劳动结合在一起的。从天然的"木石"工具转为制造生产工具,开启了人类真正的劳动史,把人和动物区分开来。"从我国远古居民所制造的工具造型的演化,可以窥见他们取得初步形式感的历程:旧石器时代北京人的打制石器,一器多用,尚无定型;丁村人已有尖状刮削器、橄榄形砍斫器和圆球状投掷器,工具已略具规范;山顶洞人的石器,进一步均匀规整。"[1] 在早期智人阶段,工具有一个明显的特征,就是定型化、标准化。这表明人类开始掌握自然规律,向自觉的、有目的的劳动迈出了一大步,从而为生产工具向形式美过渡开辟了坦途。另一方面,早期智人的语言、思维和感官的发展从主体上为美感的产生准备了条件。在早期智人阶段,手势语言过渡到初步的口语,而语言是和思维密不可分的。早期智人思维的发展又以思维器官的进步为物质前提。早期智人的脑容量与现代人相接近。这些条件使早期智人能够在自己的劳动产品中看到合规律性和合目的性的统一,从而引起精神上的愉悦。这时候,美感就产生了。

美感一旦产生,就不断随着社会历史实践的发展而发展。人类的审美领域、审美视野逐渐扩大。在自然美领域,人类首先欣赏动物的美,然后才能欣赏植物的美。关于这一点,我们在第二讲中已经谈到。我国

---

[1] 刘叔成等:《美学基本原理》,上海人民出版社1988年版,第236页。

对山川景物的欣赏由"比德"转变到"畅神",也是美感发展的实例。

李泽厚先生把内在自然的人化分为两个方面:一是感官的人化,二是情欲的人化。人的感官是世界历史和社会实践的成果。感官人化的特点就是感性的功利性的消失。"动物的感官完全是功利性的,只是为了自己的生理性的生存。人的感官虽然是个体的,受生理欲望支配,但经过长期的'人化',逐渐失去了非常狭窄的维持生理生存的功利性质,再也不仅仅是为了个体的生理生存的器官,而成为一种社会性的东西,这也就是感性的社会性。"[1] "感性的社会性"比较难理解。我们可以举个例子来说明。中国成语说饥不择食的人吃东西是"狼吞虎咽"。从美学的角度看,这句成语很巧妙。它表明饥饿的人吃东西和动物没有什么区别,食物对于他不具有"人"的形态。在很多情况下,食物对于我们具有"人"的形态,我们吃东西不只是纯功利性地填饱肚子,也是一种快乐享受,因此对餐具和菜肴的形式都有一定的讲究,进而形成"食文化"。这就是感性的社会性。由于感性的社会性,眼睛才成为"人"的眼睛,耳朵才成为"人"的耳朵。我们在前面讲过,视觉和听觉是最重要的审美感官。味觉、嗅觉、触觉之所以不能担当此任,是因为它们和直接功利性联系太紧。

情欲的人化指感性的、个性的感情,渗透了理性的东西和社会历史内容。总之,对于美感来说,理性积淀在感性中,社会性积淀在个性中,历史性积淀在心理中。

(二) 美感的特征

鲁迅先生在评述普列汉诺夫的审美观时曾指出:"……社会人之看事物和现象,最初是从功利底观点的,到后来才移到审美底观点去。在

---

[1] 李泽厚:《美学三书》,第513页。

第五讲
目送归鸿，手挥五弦

一切人类所以为美的东西，就是于他有用——于为了生存而和自然以及别的社会人生的斗争上有着意义的东西。功用由理性而被认识，但美则凭直感底能力而被认识。享乐着美的时候，虽然几乎并不想到功用，但可由科学底分析而被发见。所以美底享乐的特殊性，即在那直接性，然而美的愉乐的根柢里，倘不伏着功用，那事物也就不见得美了。"[1]鲁迅先生的这段话，非常精确地说明了美感的直觉性（直接性）和社会功利性的关系。有人把美感的个人直觉性和社会功利性这种二重矛盾视为美感的主要特征。美感一方面是感性的、直观的、非功利的，另一方面又是超感性的、理性的、具有功利性的。

美感的个人直觉性的意思是，在对审美对象直观的、具体的感觉中，人们无须借助抽象思考和逻辑判断进行理性分析，就能迅即地、不假思索地感知到对象的美丑。我们在对自然美、社会美和艺术美的欣赏中，都会有这样的审美经验。

19世纪意大利美学家克罗齐是审美活动中直觉性的积极倡导者。然而，他否定直觉同一切理性内容和一切社会生活的联系，这是我们所不能同意的。我们认为，一瞬间发生的美感直觉，从整个人类讲，包含着漫长的社会实践活动所形成的文化积淀；从每个个体讲，它必然是长期的审美经验积累的结果。通过审美活动，人逐步在头脑中储存了审美信息，经过加工整理，即理性认识，这些信息形成某种审美习惯和思维定势。以后遇到类似的审美对象，马上形成审美的条件反射，美感就在一刹那间产生。所以，美感直觉包含着理性认识，只是这种理性认识在具体的审美活动中表现得不直接、不明显。

美感作为个人的直觉感受，具有非功利性。欣赏审美对象时，如果

---

[1] 《鲁迅全集》第4卷，第263页。

夹杂着实用目的，如果想占有对象，那么，美感就会受到破坏。不过，在美感的个人无功利中，却潜伏着社会功利性，即美感能够满足社会生活的一些需求。美感的社会功利性，在原始人的审美活动中表现得非常明显。普列汉诺夫在《没有地址的信》中的例证令人信服地说明了这一点。原始民族用虎的皮、爪、牙齿或野牛的皮和角来装饰自己，并不是由于这些东西特有的色彩和线条，而是因为它们是勇敢、灵巧和有力的标志。谁战胜了灵巧的东西，谁就是灵巧的人；谁战胜了力大的东西，谁就是有力的人。非洲许多部落的妇女在手上和脚上戴着铁环，因为戴着这些东西在自己和别人看来显得是美的。这些部落正经历着铁的世纪，在他们那里，铁是贵重的金属，铁环是富裕的象征。所以，他们认为，戴二十磅的铁环在身上比仅仅戴两磅重的铁环，显得美。

随着社会实践的发展，人类各种活动的区分更加细密，审美活动越来越脱离功利活动而独立，美感中的社会功利性逐渐隐退。瓜果蔬菜比梅兰荷菊更具有实用性，然而人们更多地欣赏后者而不是前者。人们对梅兰荷菊的欣赏，不再考虑它们的实用价值，而在它们的色彩、形状中见出独立的审美意义，这是美感的一大发展。然而，这并不意味着美感社会功利性的消失，只是它表现得更加曲折、隐蔽罢了。况且，梅兰荷菊能够使人感到精神愉悦，有益于身心健康，这本身也是一种社会功利性，即精神的社会功利性。它和物质的社会功利性并不矛盾，可以促进人们的物质生产活动。精神的社会功利性是社会功利性的另一种表现，其中隐匿着物质功利性。

除了个人直觉性和社会功利性外，美感还有一些其他特征，例如情感性。审美感受总是动情的，它使人赏心悦目，心旷神怡。"久病得苏，奇痒得搔，心融意畅，莫可名言。"清朝刘鹗的小说《老残游记》描绘了听众听了王小玉演唱后的感受，"五脏六腑，像熨斗熨过，无一处不伏贴，三万六千个毛孔，像吃了人参果，无一个毛孔不畅快"。这正是美感的特征。

（三）美感的差异性和共同性

某个人的美感的形成取决于他的气质、教养、性格和爱好，取决于他的审美经验、审美条件和审美教育。美感既有个体的差异性，又有时代、民族和阶级的差异性。

各个时代由于受到不同的物质生活和生产方式的制约，在社会生活、精神生活和审美实践活动中表现出固有的差异，从而形成了美感的时代性。普列汉诺夫在《没有地址的信》中援引了一个例子："马可洛洛部落的妇女在自己的上嘴唇钻一个孔，孔里穿上一个叫呸来来的金属或竹的大环子。有人问这个部落的一个首领，为什么妇女戴着这样的环子，他'看来对这样愚蠢的问题感到很惊讶'，回答道：'为了美呀！这是女人唯一的装饰。男人有胡子，女人没有。没有呸来来的女人还算个什么东西呢？'"[1] 随着社会的发展，非洲原始部落的这种美感在现代社会中早已不复存在了。

不同民族具有不同的语言、地域、文化传统、生活方式和心理特征，因而具有不同的美感。很多民族以皮肤白为美，然而，非洲摩尔族人看到白人的皮肤"便皱起眉来，好像不寒而栗"。西海岸的黑人"称赞皮肤越黑越美"。卡菲尔人中长得较白的男子，没有一个女子愿意嫁给他。他们之所以憎恶白色，因为他们视白色为魔鬼和幽灵，认为白色是不健康的征兆。西方民族以挺直鼻子为美，然而，"塔希提人把'高鼻子'视为侮辱的字眼，为了美观，他们把小孩子的鼻子和前额压平"。[2]

---

[1]《普列汉诺夫美学论文集》I，第 316 页。

[2] 刘叔成等：《美学基本原理》，第 275 页。

美感也具有明显的阶级性。"楚王好细腰，宫中多饿死。"楚灵王偏好腰细的女子，结果宫中女子为了争宠，拼命节食，竟有不少饿死的。李渔在《闲情偶寄》中记述了一位抱小姐。一位青年女子由于缠足，脚小得不能走路，她的行动要靠人抱，所以称为抱小姐。这种病态的、畸形的美感，显然是劳动人民所不取的。

美感虽有时代、民族、阶级的差异性，也有全人类的共同性。孟子说："口之于味也，有同耆（同"嗜"——引者）焉。"不同时代、民族和阶级的人对某些自然景物、社会现象、科技产品和文艺作品等会产生共同的美感，这是因为经过长期的社会实践，人类形成不同于动物的特有的审美心理结构。美感的共同性往往同它的时代性、民族性、阶级性相互渗透。不同时代、民族、阶级的人在欣赏相同的审美对象时，也会出现视角和侧重点的差异。

思考题

1. 美感有哪些心理因素？它们各有什么特点？
2. 美感是怎样产生和发展的？
3. 谈谈你对美感特征的理解。

阅读书目

朱光潜：《文艺心理学》，载《朱光潜美学文集》第 1 卷，上海文艺出版社 1982 年版。

阿恩海姆：《艺术与视知觉》，滕守尧、朱疆源译，中国社会科学出版社 1984 年版。

第六讲
美乡的醉梦者

"有音乐感的耳朵"

欣赏是一种创造

纯正的趣味

"美乡的醉梦者"是宗白华先生20世纪20年代在《看了罗丹雕刻以后》一文中说过的话。60年以后,他在为《艺术欣赏指要》一书(文化艺术出版社1986年版)作序时又重提了这句话。

宗先生在序言中写道:"在我看来,美学就是一种欣赏。美学,一方面讲创造,一方面讲欣赏。创造和欣赏是相通的。创造是为了给别人欣赏,起码是为了自己欣赏。欣赏也是一种创造,没有创造,就无法欣赏。60年前,我在《看了罗丹雕刻以后》里说过,创造者应当是真理的搜寻者,美乡的醉梦者,精神和肉体的劳动者。欣赏者又何尝不当如此？"[1]

"美学就是一种欣赏"是一种很少见的提法，这足见宗先生对欣赏的重视。"美乡的醉梦者"表明艺术欣赏需要炽爱和钟情，"情之所钟，正在我辈"。"美乡的醉梦者"这句话还使我们想起尼采的酒神精神说和日神精神说。酒神精神痛饮狂歌，放纵野性。日神精神面对梦幻世界获得心灵的恬静。酒神精神如醉，日神精神如梦。"美乡的醉梦者"同时拥有酒神精神和日神精神，与艺术世界忘情相交。

宗先生本人就是一个美乡的醉梦者。他一直对诗文、绘画、雕刻、建筑、书法、音乐、舞蹈、戏曲、园林等艺术充满兴趣，并有极高的欣赏水平。他对中国艺术，如绘画、书法等的精湛理解，至今无人能够逾越。他在《美学向导》一书（北京大学出版社 1983 年版）的寄语中也强调了艺术欣赏的重要性："美学研究不能脱离艺术，不能脱离艺术的创造和欣赏，不能脱离'看'和'听'。"[2]

"不通一艺莫谈艺，实践实感是真凭。"这是朱光潜先生 1980 年在全国高校教师美学进修班上做的《怎样学美学》的报告的开头两句话。朱先生强调学习美学的人要懂得艺术，学点音乐、绘画、雕刻，或者读小说、看电影、看戏。朱先生强调艺术欣赏对美学研究的重要作用，他本人对艺术，特别对诗和悲剧的研究有很深的造诣，他的《诗论》和《悲剧心理学》就是明证。

---

[1] 江溶编：《艺术欣赏指要》，文化艺术出版社 1986 年版，第 1 页。
[2] 《宗白华全集》第 3 卷，第 607 页。

一 "有音乐感的耳朵"

艺术活动作为一个系统，包括三个环节：艺术创作、艺术作品和艺术欣赏。艺术创作是一种艺术语言的创作，创作者把艺术语言凝定在艺术作品中，欣赏者通过体味、阐释艺术语言，和创作者的审美体验相沟通。艺术作品只有在艺术欣赏中才能实现它的价值。

艺术欣赏怎样形成呢？它必须有三个条件：客体，即艺术作品；主体，即欣赏者；主体和客体之间的审美关系。古今中外的艺术作品是客观存在的，因此，对于艺术欣赏的形成来说，关键在于欣赏主体。欣赏主体应当具有艺术修养。正如马克思在他的早期著作《1844年经济学—哲学手稿》中所说的那样："如果你想得到艺术的享受，那你就必须是一个有艺术修养的人。"[1] 对于艺术修养，马克思还有一个形象的说法："有音乐感的耳朵"。"对于没有音乐感的耳朵来说，最美的音乐也毫无意义。"[2] 在中国古代，钟子期是俞伯牙的知音。俞伯牙鼓琴，钟子期听出高山流水的清韵，"巍巍乎志在高山"，"洋洋乎志在流水"。钟子期凭借"有音乐感的耳朵"，欣赏到俞伯牙琴声的美。孔子在齐国闻《韶》乐三月不知肉味，《列子》说韩娥之歌余音绕梁三日不绝，这些都表明内行的欣赏者从艺术作品中获得多么巨大的审美享受。各种艺术，如文学、绘画、雕塑、建筑、音乐、舞蹈、戏剧等都有独特的艺术语言。我们对它们的艺术语言的理解，就决定了我们欣赏它们所能达到的深度。从符号学观点看，艺术家在创作时就是对各种艺术符号进行编码，并把他所要传达的信息凝定在艺术符号系统

---

[1] 《马克思恩格斯全集》第42卷，人民出版社1982年版，第155页。
[2] 同上书，第125页。

中。我们欣赏艺术作品，就是对艺术符号系统进行解码，并达到信息的重构。我们解码能力的大小与我们从艺术作品中获取信息的多少成正比。艺术世界像大海，欣赏者就像把自己的测深锤抛入海中的水手一样，每个人所能达到的深度，不超过测深锤的长度。下面我们举些例子来说明。

中国戏曲指中国传统的戏剧，它不同于外来的话剧、歌剧，有自己独特的体系。按照近代的解释，"戏"（繁体字"戲"）是虚中生戈，"曲"是音乐。"戏曲"的名称就说明了这门艺术的特征：在音乐氛围中虚拟地表现生活。我们都欣赏过戏曲，即使没有在剧院里观看过，也在银幕和电视上接触过，戏曲处处体现了虚的原则。舞台上四个龙套代表了千军万马，演员登上椅子表示上山。《天仙配》中，用细碎的台步和飘舞的水袖表现织女凌空驾云；《大闹天宫》中，用连续的筋斗表现孙悟空来去如电。《拾玉镯》中孙玉姣喂鸡没有鸡，做鞋没有针线；《碰碑》中用杨令公出场时几个畏寒的身段表现寒冷的天气。演员的这些表演我们都能看懂。然而，在更深层次的欣赏中，一般观众就不如戏迷和票友了。京剧唱腔讲究字正腔圆，演员掌握字的四呼、五音和四声。四呼指四种口型：开、齐、合、撮，这是针对韵母的发音说的。五音指喉、舌、齿、牙、唇，这是针对声母发音说的。在演员的做工中，仅步法程式就有碎步、搓步、云步、跺步、雀步、矮步、跑步、碾步、赶步、丁字步、弓箭步等。演员利用服装和道具来表情达意，例如耍帽翅、耍雉尾、耍髯口（胡须）、耍水发、耍扇子、耍笏板、耍手绢、耍腰带、耍旗（靠旗、令旗等）。内行的观众和演员精彩的表演会息息相通，同声相应。1963年春，著名京剧演员俞振飞、言慧珠进京演出，公演的头一场和最后一场都是《奇双会》，看最后一场演出的可以说都是知音。那场戏简直是长安大戏院全剧场一千四百多名观众与演员合演的。整个演出中，台上台下交流，掌声笑声不断。[1] 内行的观众比一般观众从欣赏戏曲中获得更大的乐趣。

舞蹈是一种最古老的艺术，被人称为"一切艺术之母"。作为人体动作的艺术，它包括"手舞"和"足蹈"。在传统舞蹈中，东方舞蹈以"手舞"为主，西方"舞蹈"以"足蹈"见长。我们在剧场里或者在电视和银幕上观看过芭蕾舞《天鹅湖》。演员轻盈飘逸的脚尖技术、诗情画意的舞台美术、圣洁高雅的天鹅短裙、优美动听的音乐曲调，这些都给我们带来很大的审美享受。然而，有些观众在看男女双人舞时，未必注意到第一次合舞是在慢板的音乐中缓缓地开始，第二次合舞是在快板的音乐中欢快地结束。对类似细节的忽视，势必影响到欣赏的深度。

宗白华先生在《介绍两本关于中国画学的书并论中国的绘画》一文中有两段论述，从中可以看到宗先生对中西绘画欣赏和理解的深刻和细腻。宗先生写道："古代希腊人心灵所反映的世界是一个Cosmos（宇宙）。这就是一个圆满的、完成的、和谐的、秩序井然的宇宙。这宇宙是有限而宁静。人体是这个大宇宙中的小宇宙。他的和谐、他的秩序，是这宇宙精神的反映。所以希腊大艺术家雕刻人体石像以为神的象征。他的哲学以'和谐'为美的原理。文艺复兴以来，近代人生则视宇宙为无限的空间与无限的活动。人生是向着这无尽的世界作无尽的努力。所以他们的艺术如'哥特式'的教堂高耸入太空，意向无尽。大画家伦勃朗所写画像皆是每一个心灵活跃的面貌，背负着苍茫无底的空间。歌德的《浮士德》是永不停息的前进追求。近代西洋文明心灵的符号可以说是'向着无尽的宇宙作无止境的奋勉'。"

"中国绘画里所表现的最深心灵究竟是什么？答曰，它既不是以世

---

[1] 江溶编：《艺术欣赏指要》，第241页。

界为有限的圆满的现实而崇拜模仿,也不是向一无尽的世界作无尽的追求,烦闷苦恼,彷徨不安。它所表现的精神是一种'深沉静默地与这无限的自然,无限的太空浑然融化,体合为一'。它所启示的境界是静的,因为顺着自然法则运行的宇宙是虽动而静的,与自然精神合一的人生也是虽动而静的。它所描写的对象,山川、人物、花鸟、虫鱼,都充满着生命的动——气韵生动。但因为自然是顺法则的(老、庄所谓道),画家是默契自然的,所以画幅中潜存着一层深深的静寂。就是尺幅里的花鸟、虫鱼,也都像是沉落遗忘于宇宙悠渺的太空中,意境旷邈幽深。"[1]

宗先生对中西绘画差异的把握十分准确,这与中西美学的区别有关。希腊美学是一种宇宙学美学,宇宙是希腊人最高的审美对象。在希腊美学中,宇宙是在时间和空间上有限的、形体明确的等级结构。最轻的物质以太组成天,天上排列着各种星体。最重的物质组成地。星体在宇宙中作永恒的、有规律的往复运动。宇宙不仅可以看到、可以触摸,而且可以听到,因为它像一把巨大的乐器,会发出宇宙谐音。希腊美学家醉心观照宇宙。在他们看来,人是小宇宙,应该摹仿大宇宙,有机体的有序性在宇宙中得到完满的表现。文艺复兴时的思想家主张拥抱整个人、整个生活、整个历史和整个世界,他们带着蓬勃的朝气向各方面去探索、去扩张。而中国美学以天人合一、主客体结合为基础。中国绘画体现了自然和心灵的同一。宋元山水画是最写实的,同时也是最空灵的精神表现。数点桃花代表一天春色,二三水鸟开启自然的无限生机。西方人追求着无限,中国人在一丘一壑、一花一鸟中发现了无限。所以,中国人超脱又不出世,空灵又极写实,悠然意远而又怡然自足。

---

[1] 《宗白华全集》第2卷,第44页。

宗先生的精彩论述是他欣赏中西绘画的经验结晶和理论概括。欣赏者对艺术语言的把握和对艺术的理解，有着深浅、疏密的不同。为了在艺术欣赏中从"看热闹"进入"看门道"，就要像宗先生所说的那样，多看和多听。南朝刘勰在《文心雕龙·知音》中说：操千曲而后晓声，观千剑而后识器。他强调对文艺作品要"博观"，这也是多看多听的意思。大量具体的艺术欣赏活动是培养有音乐感的耳朵、能观看形式美的眼睛的有效途径。有的戏迷和票友有这样的体会：把一出戏看得滚瓜烂熟，看到自己也能学着演的程度，才能真正欣赏戏的妙处。

宗先生指出："中国有句古话，叫作'万物静观皆自得'。静故了群动，空故纳万境。艺术欣赏也需澡雪精神，进入境界。庄子最早提倡虚静，颇懂个中三昧，他是中国有代表性的哲学家中的艺术家。"[1]宗先生把庄子说成哲学中的艺术家，闻一多先生也曾称赞庄子是一位充满天真、怅惘、憧憬、企慕和艳羡的诗人，庄子的哲学不是一种矜严的、峻刻的、料峭的东西，而是一首绝妙的诗。庄子把虚静的精神称为"心斋"或"坐忘"，意思是超越利害得失的考虑，保持一种如初升太阳那样的清明洞彻的心境。只有这样，才能获得精神上的自由。《庄子·达生》篇举了一个例子：比赛射箭，如果用瓦片做赌注，射起来就很灵巧轻快；如果用衣带钩做赌注，射起来就有些提心吊胆；如果用黄金做赌注，射起来就晕头转向了。同一个人，射箭的技巧并没有变化，但由于被利害得失的考虑所束缚，技艺就得不到自由的发挥。[2]庄子是老子思想的继承者。老子提出"涤除玄览"，意思是摒弃欲念，保持虚静的胸襟。老子所说的"涤除玄览"，庄子所说的"心斋""坐忘""虚静"，刘

---

[1]　江溶编：《艺术欣赏指要》，第1—2页。

[2]　叶朗：《中国美学史大纲》，上海人民出版社1987年版，第118页。

飕的"澡雪精神"以及程颢"万物静观皆自得"和苏轼"静故了群动，空故纳万境"，都说的是审美欣赏和艺术欣赏的主观条件。欣赏者应该保持空明自由的审美心胸，暂时摆脱实用的功利考虑。否则，就像贩卖珠宝的商人那样，只看到珠宝的商业价值，而看不到珠宝的美和特性。

渊博的知识和丰富的阅历也是提高艺术修养的重要条件。宗白华先生从中西美学、哲学和宇宙意识的层面上，比较了中西绘画。如果宗先生对中西哲学、美学和文学没有精湛的研究，他对中西绘画的理解就不可能达到这样的深度。

艺术欣赏离不开欣赏者的生活阅历。我国古代有位诗歌评论家，他原来读杜甫的"两边山木合，终日子规啼"的诗句，觉得平淡无奇。后来，他独自游历山谷。山谷里古木夹道，枝柯相连，浓荫蔽日，只有子规啼声在古木间此起彼伏。有了这种生活体验，他再读杜甫的那两句诗，不觉击节赞赏。对于陶渊明的诗，宋朝诗人黄庭坚说过，"血气方刚时"，"如嚼枯木"。然而，"阅历较深，对陶诗咀嚼较勤的人们会觉得陶诗不但不枯，而且不尽平淡"。有人说它"质而实绮"，也有人说它"似淡而实美"，还有人说它"散而庄，淡而腴"。总之，"陶诗的特点在平、淡、枯、质，又在奇、美、腴、绮"。[1] 这种特点有生活阅历的人才能看出。

朱光潜先生年轻时第一次读英国诗人济慈的《夜莺歌》，"仿佛自己坐在花荫月下，嗅着蔷薇的清芬，听夜莺的声音越过一个山谷又一个山谷，以至于逐渐沉寂下去，猛然间觉得自己被遗弃在荒凉世界中，想悄悄静静地死在夜半的蔷薇花香里"。随着年龄的增长，朱先生对这首诗有了不同的体验，"这种少年时的热情、幻想和痴念已算是烟消云散

---

[1] 《朱光潜全集》第3卷，第265页。

了"。[1]宗白华先生回忆说，他年轻时看王羲之的字，觉得很漂亮，但理解得很肤浅。年龄大了以后再看就不同了，觉得它很有骨力，幽深无限，而且体会到它表现了魏晋人潇洒的风度。李泽厚先生也有这方面的体会："我少年时喜欢读词，再大一些喜欢读陶渊明的诗，这也说明心意的成长，太年轻是很难欣赏陶诗的。读外国小说时，记得开始喜欢屠格涅夫，但后来读陀思妥耶夫斯基的《卡拉马佐夫兄弟》，看完后两三天睡不好觉，激动得不得了，好像灵魂受到了一次洗涤似的……"[2]

二 欣赏是一种创造

艺术作品的内容不能像从一个水罐倒进另一个水罐的水那样，从艺术作品转移到欣赏者的头脑中。它要由欣赏者本人再造和再现，这种再造和再现根据艺术作品本身所给予的方向进行，但是最终结果取决于读者精神的和智力的活动。这种活动就是创造。艺术欣赏的差异性，包括同一个人两次欣赏同一部艺术作品的差异性说明，不仅往往有取之不竭的作品，而且往往有在再现和理解上创造力量绵绵不绝的欣赏者。

艺术欣赏有客观性和主观性。它的客观性在于，艺术作品的章句段落或者乐曲总谱或者雕塑形式或者带有色彩和线条的画布，为所有欣赏者指出一种方向，以便他们的欣赏活动在这种方向中展开。艺术作品不仅提供这种方向、界限和框架，而且"以虚线的形式"提供"线路"，欣赏者的感知、想象、审美评价和道德评价按照"线路"得到调整。艺术作品这种客观的结构或组织，为欣赏和理解的主观性规定了极限。聆

---

[1] 《朱光潜全集》第3卷，第342页。
[2] 李泽厚：《美学三书》，第542页。

听贝多芬英雄交响乐送葬曲的两个人，可能非常不同地、独特地感觉和理解所聆听的音乐。但是，他们中任何一个，大概都不会想到，也不可能想到要把这段交响乐当作结婚舞曲或者战争进行曲。

另一方面，艺术欣赏的主观性在于，艺术作品结构中所标明的途径无论多么严格，欣赏者在自己的知觉中不是同作者的线路不爽毫厘地，而是按照自己的线路，最重要的是带着某些其他结果重新经历这种途径。艺术形象越是复杂、各种人物的性格在他们行动和状态的长镜头组合中展示得越是多样，读者的领会、理解和评价所发生的变化就越是不可避免，越是巨大繁复。[1]

我们观看达·芬奇的绘画和莎士比亚的戏剧、阅读曹雪芹的《红楼梦》时，会感到如入其境，如见其人，如闻其声。20世纪西方许多文学、造型艺术和戏剧领域中的大师，采用了不同于传统艺术的创作手法，他们的作品明显地倾向于极端程式化和概括化。"现代艺术作品理智成分是很重的。但这种理智不等于概念的认识，又不同于古典艺术中的那种理解和想象，而是直接呈现在感知中的某种哲理性的体会、领悟等。"[2]欣赏这样的作品的难度增加了，这时候欣赏者更需付出创造性的劳动。

歌德说过："谁想理解诗人，就应该去诗人的国度。"歌德的这句话有两层含义：直义和寓意。直义是说，要理解诗，就应该懂得诗人的国度，他的人民和传统。"诗人的国度"的寓意是指艺术世界。除了诗人的国度所使用的普通语言以外，还存在着诗人本人所使用的语言。每种

---

[1] 参见阿斯穆斯：《阅读作为一种劳动和创造》，载阿斯穆斯：《美学理论和美学史问题》，莫斯科1968年版。

[2] 李泽厚：《走我自己的路》，第366—367页。

艺术样式、每个艺术时代、每位艺术大师都创造了自己特殊的语言。而且，在艺术发展的过程中，这种语言呈现出复杂化趋势。《玻璃球游戏》是20世纪德国作家、诺贝尔文学奖获得者黑塞（Hermann Hesse）的最后一部长篇小说，也是他一生最重要和篇幅最长的作品。这部小说多处引用和评述《易经》《吕氏春秋》和老庄哲学。此外，小说以艺术形象体现了黑格尔哲学。如果不懂得黑格尔的《精神现象学》，就不能捕捉《玻璃球游戏》的最重要的思想。按照黑格尔的论述过程，要使人们的活动富有成果，必须有某种能动的联系，这种联系表现为统治和服从。勇敢的、能冒生命危险但不牺牲财产的人，成为主人。以劳动维持生活的人成为奴隶。接着出现了什么情况呢？奴隶劳动，为主人生产消费品，由此，主人陷入对奴隶的完全依赖。奴隶的意识水平有了提高，他开始懂得他的存在不仅为了主人，而且为了自己。从而，他们的关系改变了：主人成为奴隶的奴隶，而奴隶成为主人的主人。

　　黑塞在小说《玻璃球游戏》中体现了这个哲学寓意。小说主角克乃西特（德语意为"奴隶"，黑格尔使用的正是这个词）出身卑贱，由卡斯特利恩宗教团体抚养成人，他由于聪明、刻苦，最后成了这个团体的象征最高智慧的玻璃球游戏大师。他的朋友和对立面德辛奥利（在意大利语中有"主人"的意思）完全沉陷在实际事务中。在精神世界中，克乃西特是德辛奥利的主人。然而，克乃西特终于厌恶与世隔绝的精神王国的生活，弃绝高位，去当德辛奥利的仆从。这还不是终结，从小说结尾中可以看到"奴隶"摆脱劳动、抗争和苦难的三种途径。黑格尔和黑塞的思想是：奴隶和主人相互转变的锁链是无限的。

　　对于这种具有寓意性的小说要反复阅读，电影至少要看两遍。欣赏过程就是一种创作行为。欣赏的结果会长久而牢固地保留在记忆中。

　　除了寓意以外，多义性是20世纪艺术创作的又一个特点。这种类型的艺术作品往往没有"结尾",情节没有结局。作家指出道路,但不描述怎样通过它。作者有时候把主人公留在十字路口,有时候则把读者和观众留在阐释的十字路口。作家把读者视为合作者,激发他们的想象,为阐释和猜测开辟了各种可能性。

20世纪奥地利作家卡夫卡的长篇小说《城堡》突出体现了他的创作特点。主人公 K 踏雪去城堡(官府),要求批准在附近的村子里落户。城堡就在眼前,但 K 历尽艰辛始终不能进入。小说没有写完,据作者的朋友布罗德回忆,卡夫卡原定的结局是,K 将"奋斗至精疲力竭而死",他临终时,城堡才批准他的要求。

这部小说的含义是什么呢?评论家们展开了激烈的争论。一些人认为,卡夫卡作为布拉格的一个官吏,生活在奥匈帝国哈布斯堡王朝解体的氛围中,小说无疑再现了奥匈官僚阶层崩溃的图景。不过,另一些人在小说中看到了更多的东西——整个资产阶级社会的崩溃。也有的研究者坚决否定这部小说的社会性,认为它仅仅传达了作者内心的不安和惶恐。还有人列举了小说的某些细节,表明卡夫卡以宗教象征进行了思维。而弗洛伊德主义者在小说中读到心理分析的意义。上述每种解释都有一定的合理性。卡夫卡的小说仿佛是一张略图,每个读者应该根据自己的兴趣、知识、能力、经验填充作者所提出的示意图。善于思考的读者会在小说中发现越来越新的层面。

懂得欣赏是一种创造的原理以及黑塞的小说《玻璃球游戏》的寓意性和卡夫卡的《城堡》的多义性,我们就容易理解接受美学的理论。接受美学20世纪60年代诞生于德国,它的创始人是尧斯和伊瑟尔。在"艺术创作—艺术作品—艺术欣赏"的系统中,接受美学把艺术欣赏即读者或观众对艺术作品的接受提到中心地位。以往的美学和艺术理论重视艺术创作和艺术作品的研究,而忽视了读者问题。尧斯则把

林泉高士寄情山水,将"自然"作为一种最高的人生境界。

西方的酒神象征着森林和野性,将狂野作为创造力的源泉。

米芾《虹县诗帖》

中国书法兼有绘画和书法的美感，还能表达书者独特的内在人格。

傅山草书

傅山的草书追求一种险、怪的风格,观之如见落拓不羁之士。

拉斐尔《椅中圣母》

"文艺复兴三杰"中画风最具人间的甜美温情之风的大师。

古希腊雕塑《拉奥孔》

体现了温克尔曼所说的"静穆的伟大"。

米开朗琪罗《摩西》

米开朗琪罗的画风和雕塑风格体现了西方美学中的"崇高"风格。

米开朗琪罗《大卫》

文学史看成"读者的文学史",离开了读者,就没有文学,"文学作品从根本上讲是注定为这种接受者而创作的"。读者的接受并非消极被动的,而是体现读者能动性的"阐释性接受"。因此,有一千个观众,就有一千个哈姆雷特。尧斯指出:"在作家、作品和读者的三角关系中,后者并不是被动的因素,不是单纯作出反应的环节,他本身便是一种创造历史的力量。"[1]

怎样理解尧斯所说的读者是"创造历史的力量"呢?这表明文学史不仅是作家和作品的历史,而且是读者的历史。艺术作品生命的长短,在某种程度上也取决于读者的接受。尧斯举了法国同时问世的两部文学作品为例:一部是费陀的《芬妮》,刚出版时红极一时,一年中重印13次,可是很快无人问津;另一部是我们在第四讲中提到过的福楼拜的《包法利夫人》,开始只在很小的读者圈内流行,可是后来赢得越来越多的读者,最终成为世界文学名著。因此,艺术作品的价值和意义不仅是作者赋予的和作品本身所具有的,而且也是读者欣赏所增补的。

接受美学的另一位代表伊瑟尔认为,艺术作品只有在欣赏过程中才能成为真正的审美对象。在未被欣赏之前,艺术作品只是一种物质存在,如画布上的色彩和线条、书上的印刷符号。为此,伊瑟尔提出了艺术作品的新概念。艺术作品在被欣赏之前还不是艺术作品,而只是艺术本文。艺术本文和欣赏者的结合才形成艺术作品。艺术欣赏不仅挖掘艺术本文的客观意义,而且要调动欣赏者的能动性和创造性。

1970年伊瑟尔出版了著作《本文的召唤结构》。由于他把艺术作品看作艺术本文和欣赏者相互作用的结果,所以,艺术本文具有一系列重

---

[1] 转引自凌继尧、周文彬、朱立元:《现代外国美学教程》,南京大学出版社1991年版,第340页。

要特征，从而为欣赏者的参与提供广阔的空间。其中一个重要特征是，艺术本文具有结构上的"空白"，这种空白存在于艺术本文的各层结构中。在情节、对话、生活场景、人物性格、心理描写等方面都存在空白。也就是说，艺术本文只给欣赏者提供一个图式化的框架或轮廓，中间有许多不确定性，召唤欣赏者以创造性想象去填补。艺术本文结构的召唤性是艺术本文的特点和优点。

在强调艺术接受的重要性的同时，我们也反对把艺术接受绝对化，不能把艺术欣赏从"艺术创作—艺术作品—艺术欣赏"的动态系统中割裂出来，孤立地看待。艺术欣赏是一种创造，但不是不受艺术作品制约的、随心所欲的行为。

三　纯正的趣味

由于长期的经验，人逐渐地获得从感性上评价某种审美属性的能力。在艺术欣赏中，根据直接感情、根据是否喜欢某种艺术作品，从而确定它的艺术价值和区分美丑的能力叫作趣味。

趣味作为美学范畴形成于 17 世纪，在拉丁语中它由 gustus 表示。Gustus 的直接含义指味觉，如酸甜苦辣之类，相当于汉语的"味道"。"这是生理趣味，由此有机体从饮食中体验到愉快或不愉快，从而在饮食时判定方向。非生理涵义上的趣味概念有时说明人们对某些对象、生活方式和事业（'对科学的趣味'）不由自主的眷恋和爱好。"[1] 作为美学范畴的趣味，指艺术鉴赏力和审美能力。

宗白华先生在翻译康德的《判断力批判》时，把"趣味"译为"鉴

---

[1] 斯托洛维奇：《审美价值的本质》，中国社会科学出版社 1984 年版，第 146 页。

赏"。朱光潜先生在《西方美学史》中则一律把"趣味"译成"审美趣味",虽然原文中并没有"审美的"限定词。他把18世纪英国学者休谟的《论趣味的标准》、博克的《论趣味》、康德的"趣味判断"分别译成《论审美趣味的标准》、《论审美趣味》、"审美趣味判断"。朱先生的这种译法绝不是随意的,而是有他的精深考虑的。他在《谈读诗与趣味的培养》一文中通过欣赏唐朝贾岛的诗《寻隐者不遇》,给趣味下了一个定义:"松下问童子,言师采药去。只在此山中,云深不知处。"这首诗的高明之处,在于诗人抓住了一种简朴而隽永的情趣,并用同样简朴而隽永的语言表现出来。我们读这首诗,就要从这种看似容易而实在不容易做出的地方下功夫,就要学会了解这种地方的佳妙。"对于这种佳妙的了解和爱好就是所谓'趣味'。"[1]

艺术创作需要才能和技巧,艺术欣赏需要趣味和修养。才能和趣味、技艺和修养是一种相互对应的关系。最早把才能和趣味联系起来的是康德。在西方美学史上,趣味理论兴盛于18世纪。法国美学家夏尔·巴德在18世纪中叶把科学和艺术相比较,指出科学诉诸理智,艺术诉诸趣味。艺术中的趣味等于科学中的理智。理智是认清真与假并把它们区分开来的能力,趣味是知觉优、中、劣并把它们正确地区分开来的能力。巴德把理智比作光,它可以帮助人们如实地看清对象;而把趣味比作热,它诱使人们接近或远离对象。如果理智撇开对象和我们的关系,按照对象的本质和本相来研究它,那么,趣味虽然也和同样的对象打交道,但涉及的仅仅是它同我们的关系。用现代哲学语言说,趣味确定价值,而理智发现真理。

在趣味理论中,康德提出著名的趣味二律背反说。这两条原理是:

---

[1] 《朱光潜全集》第3卷,第351页。

"关于趣味，是不能让人辩论的"和"可以争辩趣味"。前一种原理说的是西方流行的一句谚语：趣味无可争辩。趣味之所以无可争辩，按照康德的解释，是因为"每个人有他自己的趣味"，按照一个一定的客观原理检查和证明某种趣味，是绝对不可能的。然而另一方面，趣味虽然是个人的、主观的，但根据人类具有共同感觉力的假定，我对这个对象产生这种感觉，就可以假定旁人也会产生同样的感觉。解决趣味二律背反的途径在于：趣味既是主观的，又具有普遍可传达性。

不管是否意识到，每个人都有自己的趣味。趣味存在着明显的个体差异。对于音乐，有人喜欢巴赫，有人喜欢贝多芬；对于诗词，有人喜欢苏轼，有人喜欢柳永；对于颜色，有人喜欢热烈的，有人喜欢幽静的；对于花卉，有人偏爱菊，有人嗜好梅。"趣味无可争辩"强调了趣味的个体性，因为它是个人审美发展的产物；也强调了趣味的主观性，因为它是对审美现实的主观关系的表现。然而，"趣味无可争辩"这句谚语忽视了趣味的社会性，因为它在一定的程度上是教育的产物；也忽视了趣味的客观性，因为它归根到底是客观存在的审美属性的反映，它具有客观内容。

我们认为，趣味不仅可以争论，而且需要争论。既然趣味是对现实审美属性进行情感评价的能力，那么，好的趣味就是从美那里获得享受的能力，它是对客观的审美属性的正确的反映。如果歪曲地反映审美属性的本质，对美漠不关心，甚至厌恶它，那么，这就是不好的趣味。趣味好坏之分、正确不正确之分的标准是趣味的真实性，即趣味是否正确地反映了审美属性客观的、具有历史意义的内容。不过，趣味的真实性不要求趣味的单一化。由于趣味的主观性和个体性，同样是良好的趣味，却可以有千姿百态的表现。趣味的真实性和趣味的多样化并不矛盾，多样化的趣味可以满足人们不同的审美需要。如果不同的趣味都是良好的,仅仅涉及一种美与另一种美的区别,那么,关于趣味无可争论。但是如果趣味有好坏之分,涉及美和丑的区别,那么,关于趣味的争论不仅是可能的,而且是必要的。

趣味作为重要的美学问题,引起很多争论。争论主要围绕趣味的本质、特征、根源、标准等问题进行。我们认为,趣味是根据快感或不快感评价艺术和其他审美对象的能力。趣味评价的特征是直觉性和直接性。所谓直觉性,指它发生于理性判断之前;所谓直接性,指它不借中介而瞬间在感情中形成。但是,趣味的直觉性并非直觉主义,因为趣味综合了以前类似的知觉和体验,在以前的经验中形成。趣味的客观标准在于艺术客观的审美价值。不过,趣味的客观标准并不使趣味同一化。古有古的趣味,今有今的趣味。"后人做不到'蒹葭苍苍'和'涉江采芙蓉'诸诗的境界,古人也做不到'空梁落燕泥'和'山山尽落晖'诸诗的境界。浑朴精妍原来是两种不同的趣味,我们不必强其同。"[1]

在趣味理论方面,朱光潜先生提出"纯正的趣味"问题。在艺术欣赏中牵强附会,一味寻求微言大义,这不是纯正的趣味。欧阳修的《蝶恋花》"庭院深深深几许,杨柳堆烟,帘幕无重数""雨横风狂三月暮,门掩黄昏,无计留春住。泪眼问花花不语,乱红飞过秋千去",描写了深居简出的孤独少妇的伤感。然而有人却比附政治,把它说成为受到朝廷斥逐的韩琦、范仲淹所作,"乱红飞去"表示被斥逐者不止一人。在艺术欣赏中看不到作品的审美意义,而专注于作品的其他内容,这也不是纯正的趣味。19世纪德国美学家和心理学家费希纳曾经叙述过,一个著名的医生在观看拉斐尔绘画《西斯廷圣母》时宣称:"婴儿瞳孔放大,他有肠虫病,应该给他开药丸。"这就不是纯正的趣味。虽然从审美角

---

[1] 《朱光潜全集》第3卷,第348页。

度欣赏艺术，然而拘执于一家一派，笃好浪漫派而止于浪漫派，寝馈于古典派而对于其他艺术格格不入，这同样不是纯正的趣味。纯正的趣味是广博的趣味，"是从极偏走到极不偏，能凭空俯视一切门户派别者的趣味"[1]。"趣味是对生命的澈悟和留恋，生命时时刻刻都在进展和创化，趣味也就要时时刻刻在进展和创化。"[2] 趣味必须有创造性，必须时刻开发新境界，而不能囿于一个狭小的圈套里。

"涉猎愈广博，偏见愈减少，趣味亦愈纯正。"朱光潜先生的这个观点和宗白华先生是一致的。宗先生主张欣赏的目光不可拘于一隅，因为艺术的天地是广漠阔大的。朱先生和宗先生都注意在欣赏多种艺术中，培养自己纯正的趣味。朱先生在研究18世纪德国美学家莱辛的名著《拉奥孔》时，结合拉奥孔雕像的欣赏，以中国古诗为例讨论了诗歌化静为动的三种手法，这给我们留下了深刻的印象。

朱光潜先生曾说，"《拉奥孔》可以说是德国最早的一部最富于吸引力和启发性的美学著作，莱辛善于就具体事例做具体分析，不是从抽象概念出发"[3]。《拉奥孔》一书所讨论的拉奥孔是16世纪在罗马出土的一座雕像。根据希腊传说，拉奥孔是特洛伊国阿波罗神庙的祭司。因为美女海伦，希腊人和特洛伊人爆发了战争，拉奥孔曾极力劝阻他的同胞把希腊人的木马移入城内，说木马是希腊人的诡计，因而触怒了偏爱希腊人的海神波塞冬。海神派两条大蛇在祭坛边把他和他的两个儿子绞死。拉奥孔雕像就描绘拉奥孔和他的两个儿子被两条大蛇绞住时痛苦挣扎的情景。

---

[1] 《朱光潜全集》第3卷，第348页。
[2] 同上书，第352页。
[3] 朱光潜：《西方美学史》上卷，第312页。

这个题材罗马诗人维吉尔在他的史诗里也使用过。拿雕刻和诗相比较，莱辛发现了一个基本的区别：拉奥孔的痛苦在诗中充分地表现出来，而在雕刻中大大减弱了。例如，在诗中拉奥孔发出撕心裂肺的叫喊，在雕刻中他只是深沉的叹息；在诗中两条长蛇绕腰三道，绕颈两道，在雕刻里只是绕在腿部。

为什么诗和雕刻在处理同样的题材时会有这么大的区别呢？18世纪德国启蒙主义者进行了激烈的争论。温克尔曼认为，拉奥孔雕像是希腊时代的作品，作品要表现希腊民族"静穆的伟大"。莱辛反驳道，问题不在于民族性，而在于造型艺术的特点。从媒介上看，绘画用颜色和线条，它们在空间上是并列的；诗用语言，它在时间上是先后承续的。从题材看，画适宜描绘在空间上并列的静止的物体，诗适宜描写在时间中承续的动作。从欣赏者的感官看，画通过视觉感受，视觉适宜把并列的事物摄入眼帘；诗通过听觉感受，听觉适宜感受动作的叙述。莱辛的结论是：诗适宜叙述动作，画适宜描绘物体。

然而，拉奥孔题材是在时间中承续的动作。莱辛并不否认绘画和雕刻在一定程度上也可以表现动作，但是要选择某种"有效时刻"，例如顶点前的时刻，从而让欣赏者有充分想象的余地。拉奥孔雕像正是采用了这个手法。

同样，莱辛也不否认诗在一定程度上也可以描绘物体，但是诗描绘物体时应该化静为动。朱光潜先生以中国诗歌为例，说明化静为动的三种手法。第一种是借动作暗示静态，如"红杏枝头春意闹""星影摇摇欲坠"。"闹""摇摇欲坠"都表示动作，然而实际上写的是静态。

第二种手法是借所产生的效果来暗示物体美。古诗《陌上桑》描写了一位叫罗敷的美貌女子："行者见罗敷，下担捋髭须。少年见罗敷，脱帽着帩头。耕者忘其犁，锄者忘其锄，来归相怨怒，但坐观罗敷。"

这段诗以效果来暗示罗敷的美,比它的上一段罗列罗敷的穿着打扮等静止现象要生动得多。

宗白华先生也翻译过《拉奥孔》论诗和造型艺术里的身体美的一段有代表性的文字。宗先生认为,在中国古代诗歌中有不少是纯粹的写景,描绘一个客观的境界,不写出主体的行动,甚至不直接说出主观的情感,然而却充满了诗的气氛和情调。例如唐朝诗人王昌龄的《初日》:"初日净金闺,先照床前暖。斜光入罗幕,稍稍亲丝管。云发不能梳,杨花更吹满。"诗里的境界很像一幅近代印象画派大师的画。一缕晨光射入少女的闺房,它从窗门跳进了罗帐,轻轻地抚摩一下榻上的乐器,这是少女所弄的琴瑟箫笙,上面留有少女的手泽。少女如云的美发在枕上散开着。杨花随着晨风春日偷进了闺房,亲昵地躲到那枕边的美发上。[1]除了"云发"二字,诗里并没有直接描绘金闺少女,然而通过所产生的效果,却暗示着这里的一切美都归于这没有露面的少女。

第三种手法是化美为媚。所谓"媚",指动态美。《诗经·卫风》写道:"手如柔荑,肤如凝脂,领如蝤蛴,齿如瓠犀,螓首蛾眉。巧笑倩兮,美目盼兮。"前一句列举了女性的静态美。这些对静态的罗列远远不如后一句对动态的描写来得传神:面含动人的笑容,美目顾盼生姿。美人的姿态神情跃然纸上,呼之欲出。宗白华先生在欣赏达·芬奇的《蒙娜丽莎》时,就念着这两句诗,觉得诗启发了画中的意态。

莱辛的《拉奥孔》对当时德国青年一代起到思想解放的作用。歌德说这部著作把他"从一种幽暗的直观境界引导到思想的宽敞爽朗的境界"。这部著作也有助于培养我们纯正的欣赏趣味。

"美乡的醉梦者"是艺术欣赏中的胜境。如果我们能够从文学所用

---

[1] 《宗白华全集》第3卷,第293页。

的文字、图画雕刻所用的形色、音乐所用的谱调、舞蹈所用的节奏姿势以及其他有迹可求的艺术作品的物质层面上，见出意象和意象所表现的情趣，那么，我们的欣赏也就是一种鲜活的创造，也就进入了欣赏的胜境。

思考题

1. 欣赏艺术需要什么样的主观条件？
2. 为什么说"欣赏是一种创造"？
3. 谈谈你对"纯正的趣味"的理解。

阅读书目

莱辛：《拉奥孔》，朱光潜译，人民文学出版社1979年版。

爱克曼辑录：《歌德谈话录》，朱光潜译，人民文学出版社1978年版。

第七讲
美学散步

朱光潜先生的学术历程

宗白华先生的学术历程

《美学散步》是宗白华先生20世纪80年代出版的一本论文集的名字。"散步"取自希腊"散步学派"的称谓。西方哲学史称亚里士多德的学派为逍遥派，因为他和他的学生喜欢在林荫道上一边散步一边讲学讨论。"逍遥"一词来源于希腊语 peripateō，原意为"散步"。宗先生在《美学散步》中写道："散步是自由自在、无拘无束的行动，它的弱点是没有计划，没有系统。看重逻辑统一性的人会轻视它，讨厌它，但是西方建立逻辑学的大师亚里士多德的学派却唤做'散步学派'，可见散步和逻辑并不是绝对不相容的。"[1]

边散步边讲学的传统来自柏拉图学园。柏拉图的弟子起初也被称为逍遥学派——"学园逍遥学派",从而有别于"吕克昂逍遥学派",即亚里士多德的弟子。只是后来,柏拉图的弟子被简称为学园派,而亚里士多德的弟子被称为逍遥学派。

柏拉图去世后,亚里士多德离开了柏拉图学园。他先在一些地方讲学,然后应马其顿国王腓力二世的邀请,担任13岁的太子亚历山大的老师。腓力二世并非只是一位征服了希腊、波斯和其他国家的赳赳武夫,他对哲学、艺术、音乐很感兴趣。他还很重视儿子和亚里士多德的学术谈话,特地修筑了一条林荫道,供他们边散步边交谈。亚里士多德和亚历山大分别在欧洲文化思想史和欧洲政治史中发生过巨大影响。老师是声名卓著的思想家,学生是半个世界的征服者。

亚历山大即位后,亚里士多德回到雅典,创办了吕克昂学园。吕克昂和同在雅典的柏拉图学园形成了明显的竞争和有趣的对比。吕克昂附近有一座阿波罗神庙,柏拉图学园内有雅典娜、英雄阿加德穆和普罗米修斯的圣殿。在学园中,柏拉图和他的学生们曾沿着林荫道边散步边

朱光潜先生在北大校园

---

[1] 《宗白华全集》第3卷,第284页。

147

进行学术交谈。在吕克昂也有林荫道,供亚里士多德和他的弟子们散步交谈。

20世纪中国有两位终生在美学殿堂散步的美学家,他们生前也喜欢在北大未名湖畔散步,他们就是生卒同年、被称作"美学的双峰"的朱光潜先生和宗白华先生。朱先生八十多岁的时候,常常在下午扶杖去未名湖畔散步。北大有人把朱先生散步的线路称为"美学之路"。现在我们讲述朱先生和宗先生的学术历程,也无异于一次美学散步。

一　朱光潜先生的学术历程

朱光潜先生从事学术研究六十多年,著、译宏丰。为了纪念家乡的美学家,安徽教育出版社出版了《朱光潜全集》,共20卷。研究朱先生的学术历程,可以写出很厚的专著。事实上,我国已经出版了多种研究朱先生的专著。在这里,我们仅挑出三个问题来讲。第一,朱先生治学和为人的最基本的原则,那就是"以出世的精神,做入世的事业"。这是朱先生治学的精神,也是他的一种人生态度,朱先生的治学和为人是统一的。第二,学术界对朱先生的美学理论有多种评价,我们取其中的一种评价,那就是"从朱光潜先生接着讲"。第三,朱先生的西方美学研究。朱先生学贯中西,西方美学研究是他的学术活动的重要组成部分之一。

（一）以出世的精神,做入世的事业

朱光潜先生1897年生于安徽桐城。桐城古文学派曾在清朝辉煌过二百多年。朱先生就读的桐城中学,就是桐城派古文家吴汝纶创办的。在上中学之前,朱先生接受过8年的私塾教育,背诵过"四书五经"、《古文观止》和《唐诗三百首》。在中学里,主要课本是《古文辞类纂》。在中学老师的熏陶下,朱先生对中国古诗产生了浓厚的兴趣,并写得一手很好的文言文。中学毕业后,在不收费的武昌高等师范学院中文系学习了一年,然后到香港大学学教育。不过,期间主要学习英国语言和文学以及生物学和心理学,这为朱先生以后的学术活动奠定了基础。

朱先生到香港大学不久,就发生了五四运动。五四运动提倡白话文,要求废除文言文。钱玄同直斥桐城派为"桐城谬种,选学妖孽"。这使朱先生感到切肤之痛,因为他自己就是桐城人。不过,经过激烈的思想斗争,朱先生转过弯来,毅然放弃古文和文言,学着写起白话来了。他的第一篇美学论文《无言之美》就是用白话写的。他在写白话文时,仍然保持了桐城古文派所要求的纯正简洁。

香港大学毕业后,朱先生先后在上海吴淞中国公学、浙江上虞春晖中学和上海立达学园当了3年教员。这时候结识的同事朱自清、丰子恺、叶圣陶等成为朱先生终生的挚友。1925年朱先生28岁时赴欧洲留学,先后在英国的爱丁堡大学、伦敦大学,法国的巴黎大学、斯特拉斯堡大学学习8年,以《悲剧心理学》获博士学位。

回国以后,朱先生应胡适先生的聘请担任北大西语系教授,讲授西方文学名著选读和西方文学批评史。除了抗日战争期间担任过四川大学文学院院长和武汉大学教务长外,朱先生一直在北大西语系英语专

朱光潜先生1930年前后在英国留学

业（现为英语系）工作。朱先生是一位美学家，却长期在英语专业教英文和英国文学，并且是1949年前英语专业的两位部聘教授之一（另一位是吴宓先生），这足见朱先生西学功底的深厚。在英国文学中，朱先生最欣赏的是英诗。他认为学外语的人要达到能够欣赏外语诗的水平，外语才算过关。

"以出世的精神，做入世的事业"是朱先生旅欧第二年即1926年在一篇文章中首先提出来的，以后他多次重复过。从中国传统文化的观点看，这句座右铭是儒家精神和道家精神的结合，也是一种审美的境界。"入世"就是积极投身到改造环境的活动中去，这是儒家的精神。在中国传统文化中，朱先生受儒家思想的影响最深。20世纪80年代他在回答香港中文大学校刊编者的访问时说，"我的美学观点，是在中国儒家传统思想的基础上，再吸收西方的美学观念而形成的"[1]。

在20世纪20年代的《给青年的十二封信》中，朱先生就反对悲观哲学、厌世主义。他认为人生来好动，好发展，好创造。能动，能发展，能创造，就是顺从自然，就能享受快乐。在20世纪40年代的《谈修养》中，朱先生专门说到儒家的入世精神，对孔子的执着精神和人格力量十分推崇。他写道："例如孔子，他是当时一个大学者，门徒很多，如果他贪图个人的舒适，大可以坐在曲阜过他安静的学者的生活。但是他毕生东奔西走，席不暇暖，在陈绝过粮，在匡遇过生命的危险，他那副奔波劳碌栖栖遑遑的样子颇受当时隐者的嗤笑。他为什么要这样呢？就因为他有改革世界的抱负，非达到理想，他不肯甘休。"[2] 有一次孔子叫子路向两位在乡下耕田的隐者问路，隐者听说是孔子，就告诉子路

---

[1] 《朱光潜全集》第10卷，第653页。

[2] 《朱光潜全集》第4卷，安徽教育出版社1988年版，第21页。

说：如今世道到处都是一般糟，谁去理会它，改革它呢？孔子听到这话叹气说："鸟兽不可与同群，吾非斯人之徒与而谁与？天下有道，丘不与易也。"意思是说，我们既是人就应做人所应该做的事；如果世道不糟，我自然就用不着费气力去改革它。朱先生认为孔子生平所说的话这几句最沉痛、最伟大。

出世是道家的思想，道家强调清静自守，超然物表。朱先生也深受道家思想的影响，20世纪50年代他说过："在悠久的中国文化优良传统里，我所特别爱好而且给我影响最深的书籍，不外《庄子》《陶渊明集》和《世说新语》这三部书以及和它们有些类似的书籍。……我逐渐形成所谓'魏晋人'的人格理想。根据这个'理想'，一个人是应该'超然物表'、'恬淡自守'、'清虚无为'，独享静观与玄想乐趣的。"[1] "以出世的精神，做入世的事业"就是以淡泊名利的精神，孜孜不倦地从事学术文化事业，只求满足理想和情趣，不斤斤于利害得失。

朱先生把"做入世的事业"具体化为"三此主义"，就是此身，此时，此地。此身应该做而且能够做的事，就得由此身担当起，不推诿给旁人；此时应该做而且能够做的事，就得此时做，不拖延到未来；此地（我的地位，我的环境）应该做而且能够做的事，就得在此地做，不推诿到想象中的另一地去做。

有两个例子很能说明朱先生勤勉学术的入世精神。一个是朱先生近60岁学俄语的事。朱先生精通英语，也很熟悉法语和德语。快60岁时他开始学俄语，听俄语学习广播、请人教发音花了一年时间。然后就直接挑了几本俄文书啃。首先啃《联共党史》，读了两遍，就把政治词汇掌握了。又挑了4本书：契诃夫的《樱桃园》和《三姐妹》、屠格涅夫

---

[1] 《朱光潜全集》第5卷，第12—13页。

的《父与子》和高尔基的《母亲》。朱先生把每本书看三遍。头遍只求粗通大意，第二遍要求懂透，逐字逐句地抠，把每句话的语法辞义都弄通。第三遍看前后脉络，文章的结构安排。这样，朱先生就可以阅读、翻译俄文书籍了。

另一个是朱先生雪后去教研室看书跌破头的事。20世纪80年代初期的一个冬夜，北京下了一场大雪。第二天一早，由于雪厚路滑，北大校园中匆匆赶路的学生常有跌倒的。那时朱先生八十多岁了，正在抓紧翻译维柯的《新科学》一书。为了防止路滑，朱先生用草绳捆在鞋子上，一早就踏着积雪到民主楼西语系文学教研室去看书了。从朱先生住的燕南园到民主楼，朱先生要走半个小时。中午回来的时候，朱先生跌倒在雪地中，被学生们送到校医院。朱先生头都跌破了，缝了七八针。朱先生在1979年再版的《西方美学史》序论中说："一息尚存，此志不容稍懈！"朱先生对学术事业的执着，令人感动。

另一方面，面对政治运动的冲击，朱先生又镇定自若，从容应对，体现了道家"出世"的影响。"文化大革命"中，北大是一个"重灾区"。绝大多数教授都遭到了批判。朱先生和冯友兰先生、冯定先生、历史学家翦伯赞先生更是首当其冲，被定为北大四大"反动学术权威"。除了挨批斗和写检查外，朱先生还要打扫西语系学生宿舍40楼的厕所。一度他作为牛鬼蛇神被关进"牛棚"隔离审查，一日三餐窝窝头，睡在水泥地上。他大病一场，险些丧命。一次在北大东操场批斗四大"反动学术权威"，"翦伯赞、冯友兰、冯定三老形怒于色，朱光潜先生则显出生死置之度外的从容神态"。以后在一个朋友家里，谈起那次批斗会，他竟题七绝一首，认为"轻诋前贤恐未公"。[1]在"文化大革命"的血雨

---

[1] 耿鉴庭：《朱光潜先生二三事》，《北京晚报》1986年3月27日。

腥风中，面对严重的肉体摧残和精神折磨，能够如此坚韧坦然，值得玩味。早在《给青年的十二封信》中朱先生就说过："要免除这种人生悲剧，第一须要'摆脱得开'。消极说是'摆脱得开'，积极说便是'提得起'，便是'抓得住'。"[1] 不过，朱先生的超脱和出世又与道家不同。道家的出世既是手段又是目的，朱先生的出世只是手段而不是目的。朱先生的出世是在无法改变现实的情况下回避现实，"把乐观、热心、毅力都保持住"，"养精蓄锐，为征服环境做准备"。果然，"文革"后，朱先生立即投入黑格尔的多卷本《美学》的翻译工作，除第1卷早已出版外，他把另外两卷三册一鼓作气地译完了。

在朱先生的诸多好友中，朱自清先生和丰子恺先生是与他共事很早的同事。朱先生分别写过悼念他们的文章。在学文艺的朋友中，朱先生和朱自清先生相知最深，他敬佩朱自清先生温恭和蔼、平正严肃的人格。朱自清先生的"面孔老是那样温和而镇定，从来不打一个呵呵笑，叹息也是低微的"，"文人不修边幅的习气他绝对没有，行险侥幸的事他一生没有做过一件。他对人对事一向认真，守本分"。"他对一切大抵都如此，乘兴而来，适可而止，从不流连忘返；他虽严肃，却不古板干枯。""就他的整个性格来说，他属于古典型的多，属于浪漫型的少；得诸孔颜的多，得诸庄老的少。"[2] 至于丰子恺，他"胸中洒落如光风霁月"，"他老是那样浑然本色，无忧无嗔，无世故气，亦无矜持气"。"子恺从顶至踵是一个艺术家，他的胸襟，他的言动笑貌，全都是艺术的。他的作品有一点与时下一般画家不同的，就在他有至性深情

---

[1] 《朱光潜全集》第1卷，第50页。
[2] 《朱光潜全集》第9卷，第489—490页。

的流露。"[1] 相比而言丰子恺先生偏于庄老的多。朱先生的悼念文章充满着对老朋友的深情，同时又非常贴切地描绘了他们的性格特点。至于朱先生的性格，则是介于朱自清先生和丰子恺先生之间。

朱先生一生好读诗，在中国古代诗人中，他最推崇陶渊明。他写过有关陶渊明的专论，这篇《陶渊明》收在朱先生1947年增订的《诗论》中。1984年三联书店重版该书时，朱先生在后记中说："在我过去的写作中，自认为用功较多，比较有点独到见解的，还是这本《诗论》。"[2]《诗论》对陶渊明的思想倾向究竟偏重儒家还是偏重道家做了一个总的评价："渊明是一位绝顶聪明的人，却不是一个拘守系统的思想家或宗教信徒。他读各家的书，和各人物接触，在于无形中受他们的影响，像蜂儿采花酿蜜，把所吸收来的不同的东西融会成他的整个心灵。在这整个心灵中我们可以发现儒家的成分，也可以发现道家的成分，不见得有所谓内外之分（陈寅恪先生认为陶渊明的为人是外儒而内道——引者注），尤其不见得渊明有意要做儒家或道家。假如说他有意要做某一家，我相信他的儒家的倾向比较大。"[3] 朱先生虽然受过系统的西方教育，是一位终生研究西学的学者，然而上述这段话完全可以看作朱先生的夫子自道。

（二）从朱光潜先生接着讲

对于朱光潜先生的美学观点和美学体系，我国美学界有着不同的评价。其中一种评价是"从朱光潜先生接着讲"。"接着讲"和"照着讲"的说法是冯友兰先生提出来的。冯先生认为哲学史家是"照着讲"，

---

[1] 《朱光潜全集》第9卷，第154页。
[2] 《朱光潜全集》第3卷，第331页。
[3] 同上书，第254页。

比如柏拉图怎么讲，孔子怎么讲，哲学史家把他们介绍给大家。而哲学家就不能满足"照着讲"，他要"接着讲"，即根据时代的需要，有所发展和创新。比如柏拉图讲到哪里，孔子讲到哪里，哲学家要接下去讲。

哲学是这样，美学也是这样。讲美学也要接着讲。那么，究竟从谁接着讲呢？当然，可以从柏拉图接着讲，从孔子接着讲，"但如果从最近的继承关系来说，也就是从中国当代美学和中国现代美学之间的继承来说，那么我们应该从朱光潜'接着讲'"[1]。

从朱先生接着讲，就肯定了朱先生是中国现代美学最重要的代表人物。朱先生在中国现代美学中的地位是公认的、不容置疑的。不过，"从朱光潜接着讲"这一提法还隐含了另外两层意思。第一，对 20 世纪 50 年代我国的美学讨论重新进行评价。我们在第一讲中谈到，20 世纪 50 年代我国美学在讨论中形成了以朱光潜先生、蔡仪先生和李泽厚先生为代表的三派观点。李泽厚先生的观点当时得到了大多数人的赞同，后来，他又修正、发表了自己的观点，并进行了更加精致的论证，产生了很大影响。于是，中国美学似乎要从李泽厚先生接着讲。提出"从朱光潜接着讲"，就是要重新回到朱先生的美学上来。"总之，在 50 年代美学讨论中涌现出来的各种派别的美学（包括李泽厚的美学），并没有超越朱光潜的美学，因为他们没有真正克服朱光潜的美学。朱光潜美学中的合理东西并没有被肯定和吸收，朱光潜美学的局限性也没有真正被揭示。朱光潜美学被不加分析地整个儿撇在一边。所以朱光潜美学并未

---

[1] 叶朗：《从朱光潜"接着讲"》，载叶朗：《胸中之竹——走向现代之中国美学》，安徽教育出版社 1998 年版；叶朗主编：《美学的双峰》，安徽教育出版社 1999 年版；汝信、王德盛主编：《美学的历史：20 世纪中国美学学术进程》，安徽教育出版社 2000 年版。

丧失它的现实性,它仍然有存在的根据。"[1]

第二,对朱先生早期美学著作的基本观点重新进行评价。我国美学界一般把朱先生的美学发展分为新中国成立前后两个阶段,而朱先生新中国成立前的美学基本观点被说成是主观唯心主义的。提出"从朱光潜接着讲"的研究者同时肯定了朱先生新中国成立前的美学基本观点的正确性,并且,朱先生新中国成立前后的美学观点是一致的。"朱光潜美学思想集中体现了美学这门学科在20世纪中国发展的趋势。也正因为这样,所以在中国现代的美学界,朱光潜在理论上的贡献最大,最值得后人重视。"[2]

朱先生在新中国成立前的主要美学著作有《文艺心理学》《谈美》《悲剧心理学》和《诗论》。阅读这些著作,首先感受到的是朱先生清新的文风,阅读本身就是一种很高的审美享受。《文艺心理学》的初稿是朱先生在留学时写成的,他往往要先看几十部书才敢下笔写一章,然而却不露一点费力的痕迹。朱自清先生在这部书的序中写道:"何况这部《文艺心理学》写来自具一种'美',不是'高头讲章',不是教科书,不是

开明书店1947年8月版的《文艺心理学》封面

---

[1] 叶朗:《从朱光潜"接着讲"》,载汝信、王德盛主编:《美学的历史:20世纪中国美学学术进程》,第753—754页。

[2] 同上书,第733页。

咬文嚼字或繁征博引的推理与考据；它步步引你入胜，断不会叫你索然释手。"[1]"全书文字像行云流水，自在极了。他像谈话似的，一层层领着你走进高深和复杂里去。他这里给你来一个比喻，那里给你来一段故事，有时正经，有时诙谐；你不知不觉地跟着他走，不知不觉地'到了家'。他的句子，译名，译文都痛痛快快的，不扭捏一下子，也不尽绕弯儿。这种'能近取譬'、'深入显出'的本领是孟实先生（"孟实"是朱先生的字——引者注）的特长。"[2]

《谈美》是以"给青年的第十三封信"的名义发表的。在这以前，朱先生的《给青年的十二封信》已经发表。在《给青年的十二封信》中朱先生以亲切随和的态度、生动优美的文笔，剖析当时青年所面临的思想问题和人生际遇。这本书立即成为畅销书，在很短的时间内重印了三十多次。《谈美》是通俗叙述《文艺心理学》的缩写本，在写这封信时，朱先生和平时给他的弟弟妹妹写信一样，面前一张纸，手里一管笔，想到什么就写什么。然而，《谈美》仍然有自己的特色，学美学的人不读《谈美》，那是一种遗憾。有的研究者指出："朱光潜对美学的理解可以说是非常之深，他对西方美学的介绍，在《谈美》中已经达到了一代大师的化境。"[3]

朱先生美学思想的核心观点是美不在心，即不存在于人的主观意识中，也不在物，即不存在于客观事物中，它存在于心物的关系上。朱先生把这种观点简约地表述为：美是物的形象，或者美是意象。这种观点朱先生在早期和晚期是一以贯之的。

---

[1] 《朱光潜全集》第 1 卷，第 523 页。
[2] 同上书，第 525 页。
[3] 张法：《思之未思》，载汝信、王德盛主编：《美学的历史：20 世纪中国美学学术进程》，第 42 页。

一棵古松长在园里，无论是你是我或是任何人一看到它，都说它是古松。古松在我们头脑里留下一个表象，这个表象就是古松的模样，这对于大家基本上都是一样的。然而古松的形象与古松的表象不同，古松的形象是古松的美，每个人在古松上见出不同的美，也就是见出古松的不同形象。古松的形象一半是天生的，一半也是人为的。这种形象并非天生自在一成不变，并非像一块石头在地上让人一伸手即拾起似的。观赏者的性格和情趣随人随时随地不同，所获得的形象也因而千变万化。古松的形象是观赏者性格和情趣的返照。

朱先生由此得出结论说："物的形象是人的情趣的返照。物的意蕴深浅和人的性分密切相关。深人所见于物者亦深，浅人所见于物者亦浅。比如一朵含露的花，在这个人看来只是一朵平常的花，在那个人看或以为它含泪凝愁，在另一个人看或以为它能象征人生和宇宙的妙谛。一朵花如此，一切事物也是如此。因为我把自己的意蕴和情趣移于物，物才能呈现我所见到的形象。我们可以说，各人的世界都由各人的自我伸张而成。欣赏中都含几分创造性。"[1]

我们怎样才能看到物的形象即物的美呢？"有审美的眼睛才能见到美。"也就是说，要把实用的态度丢开，把科学的态度丢开，专持审美的态度去看待事物。朱先生以一棵古松为例，说明这三种态度的区别。

一个木材商人、一个植物学家和一个画家同时面对一棵古松，会有不同的态度。木材商人取实用态度，心里盘算着这棵树是宜于造房子或宜于打家具，思量它值多少钱，卖出后有多少利润。植物学家取科学态度，他看到的是一棵叶为伞状、果为球状、四季常青的显花植物，考虑把它归到某类某科去，注意它和其他松树的异点，并从根茎花叶、日

---

[1] 《朱光潜全集》第 2 卷，第 25 页。

光水分等考虑它如何活得这样老。画家则取审美态度，他聚精会神地欣赏和玩味古松苍翠的颜色、盘曲如龙蛇的线纹以及昂然挺拔、不屈不挠的气概，并由此联想到志士仁人的高风亮节。实用的态度以善为最高目的，科学的态度以真为最高目的，审美的态度以美为最高目的。在实用态度中，我们注意力偏重于事物对于人的利害。在科学的态度中，我们的注意力偏重于事物间的相互关系。木材商人和植物学家的意识都不能停留在古松的本身上面，不过把古松当作一块踏脚石，由它跳到和它有关系的种种事物上面去。只有在审美的态度中，我们的注意力专在事物本身的形象。当然，我们每个人都可能在不同的时刻对古松取实用的态度、科学的态度和审美的态度。但是，当我们取审美的态度时，必须放弃实际和科学的兴趣，哪怕是暂时地放弃。

朱先生又把物的形象称为意象。他在《谈美》"开场话"中说，"美感的世界纯粹是意象世界"。《文艺心理学》也曾指出："作为美感对象时，无论是画中的古松或是山上的古松，都只是一种完整而单纯的意象。""在观赏的一刹那中，观赏者的意识只被一个完整而单纯的意象占住，微尘对于他便是大千；他忘记时光的飞驰，刹那对于他便是终古。"[1]

意象是中国古典美学的一个核心概念，它指客体的景和主体的情的融合。离开客体的景，或者离开主体的情，就不可能产生审美意象。如果心中只有一个意象，就达到物我两忘的境地，我和物就打成一气了，这是审美中凝神的特点。尽管朱先生对意象的解释不尽相同，然而就其实质而言，意象不是客观存在的景，也不是外物在主体头脑中产生的表象，而是情和景的结合，主观和客观的统一。由于意象产生于情景交

---

[1] 《朱光潜全集》第 1 卷，第 212—213 页。

融，面对同一个景，不同的主体就会产生不同的意象。"情趣不同则景象虽似同而实不同。比如陶潜在'悠然见南山'时，杜甫在见到'造化钟神秀，阴阳割昏晓'时，李白在觉得'相看两不厌，惟有敬亭山'时，辛弃疾在想到'我见青山多妩媚，料青山见我应如是'时，姜夔在见到'数峰清苦，商略黄昏雨'时，都见到山的美。在表面上意象（景）虽似都是山，而实际上却因所贯注的情趣不同，各是一种境界。我们可以说，每人所见到的世界都是他自己所创造的。"[1]

同样是山，欣赏者由于性格、情趣和经验的不同，见出山的不同的意象，即山的不同的美。可见，美和意象是创造出来的。

朱先生早期美学思想中的这种观点他以后一直没有放弃。我们在第一讲中谈到，20世纪50年代我国美学大讨论中，朱先生区分了科学认识的对象和审美创造的对象，把前者称作物甲，后者称作物乙。物甲是客观存在的物，物乙则是物的形象，也就是美和意象。1956年朱先生在《美学怎样才能既是唯物的又是辩证的》一文中指出："物甲是自然物，物乙是自然物的客观条件加上人的主观条件的影响而产生的，所以已经不纯是自然物，而是夹杂着人的主观成分的物，换句话说，已经是社会的物了。美感的对象不是自然物而是作为物的形象的社会的物。美学所研究的也只是这个社会的物如何产生，具有什么性质和价值，发生什么作用；至于自然物（社会现象在未成为艺术形象时，也可以看作自然物）则是科学的对象。"[2]

1957年朱先生在《论美是客观与主观的统一》的长文中，以梅花为例说明自己的观点。人观赏梅花时，梅花的模样使人产生一种感觉

---

[1] 《朱光潜全集》第3卷，第55页。

[2] 《朱光潜全集》第5卷，第43页。

印象，这种感觉印象还不是梅花的形象，只有经过主观意识的艺术加工，它才能成为梅花的形象，即梅花的美。"这'物的形象'不同于物的'感觉印象'和'表象'。'表象'是物的模样的直接反映，而物的形象（艺术意义的）则是根据'表象'来加工的结果。""物本身的模式是自然形态的东西。物的形象是'美'这一属性的本体，是艺术形态的东西。"[1]

朱先生的这一观点和中国传统美学是相通的，和西方现代美学也是相通的。

（三）西方美学史研究

朱先生的美学研究一直致力于中西美学的融合。他的《诗论》就运用西方美学理论来研究中国古典诗歌，探索它的发展规律。在《文艺心理学》和《谈美》中也可以见出融合中西美学的努力。不过，朱先生也有专门的西方美学史研究的成果。这种成果表现在两方面：一是西方美学经典著作的翻译，二是20世纪60年代初期出版的上、下卷《西方美学史》。

在《朱光潜全集》中，翻译部分约占一半，其中绝大部分是

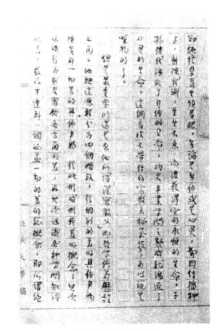

朱光潜先生的手迹

---

[1] 《朱光潜全集》第5卷，第79页。

美学翻译。他翻译的柏拉图《文艺对话集》、莱辛《拉奥孔》、爱克曼辑录的《歌德谈话录》、黑格尔《美学》、维柯《新科学》、克罗齐《美学原理》以及选译了四五十位美学家代表论著的《西方美学史资料附编》堪称美学翻译的典范。朱先生不仅有丰富的翻译实践，而且提出了完整而系统的翻译理论。

"述美谁堪称国手？译书公合是名师。"在20世纪的我国，庶几找不到比朱先生更合适的美学翻译家了。翻译家要做到三个精通："一、精通所译原文那一国语言，二、精通原文所涉及的专科学问，三、精通本国语言。"[1]这三个条件在朱先生身上得到完美的统一。朱先生长期以英语为专业。他"每日必读诗"，对中国古典文学特别是古典诗歌有很深的造诣。对于现代文学他也不陌生，曾任京派文人筹办的《文学杂志》主编。至于专科学问——美学，朱先生更是独步一时。他不仅精通美学，而且精通与美学相关的学科。原本他的爱好第一是文学，第二是心理学，第三是哲学，而美学成为他所喜欢的几种学问的联络线索。

朱先生的译文的目标有两个：一是忠实于原文，二是流畅易读。他善于用浅显的造语表达深微的意旨。在他的翻译实践和翻译理论中，最值得注意的有以下几点：

第一，"炼字不如炼意"。在文字上下功夫不如在思想上下功夫。在思想和语言的关系上，他一贯强调，语言表达不清楚关键是思想不清楚。1948年，他为北京大学50周年校庆文学院纪念专刊用英文撰写的一篇论文的标题为《思想就是使用语言》。这篇论文指出："不清楚的思想是不可表达的；思想只有在变得清楚之后才可以表达。"[2]在随后的两篇

---

[1] 《朱光潜全集》第10卷，第449页。

[2] 《朱光潜全集》第9卷，第388页。

文章中他反复指出："凡是语文有毛病的地方，那里一定有思想的毛病；没有想清楚，所以就说不清楚。"[1] 在翻译时，"只要我真正懂得了原作者的意思，把他的思想化成了我自己的思想，我也就总有办法把它说出来"。翻译的"正当的过程本来应该是由原文到思想，再由思想到中国语言"，然而，有些"翻译者实际上所走的过程往往是由原文的语言形式到中国语言，把思想那一关跳过去或是蒙混过去"。[2] 确实，很多译文的弊病是由于把"原文—思想—中文"三段式简化为"原文—中文"两段式。朱先生的分析道出了问题的症结所在。

怎样才能弄清原著的思想呢？根据朱先生的翻译实践看，一要慎重，二要认真。所谓慎重，就是走翻译和研究相结合的道路，把原著摆在作者的整个思想体系中来看待，弄清各种论点的来龙去脉，"把书的内容先懂透，然后才下笔译出"[3]。朱先生在这里强调的是"懂透"。最能说明这个问题的是他对克罗齐《美学原理》的翻译。20 世纪 20 年代他接触美学是从研究克罗齐的观点开始的。1927 年他的《欧洲近代三大批评学者（三）——克罗齐（Benedetto Groce）》一文表明他对克罗齐已经有了相当深刻的理解。可是，整整 20 年后他才翻译了克罗齐的《美学原理》，虽然起念要译这本书，"远在十五六年以前，因为翻译事难，一直没有敢动手"[4]。1947 年译过这本书后，他马上写了一本系统研究克罗齐思想的著作《克罗齐哲学述评》。尽管朱先生的翻译对象是他长期所研究的，然而他屡次强调"译书往往比著书难"[5]，足见他

---

[1] 《朱光潜全集》第 10 卷，第 95 页。
[2] 同上书，第 129 页。
[3] 同上书，第 449 页。
[4] 《朱光潜全集》第 11 卷，安徽教育出版社 1989 年版，第 129 页。
[5] 《朱光潜全集》第 8 卷，安徽教育出版社 1993 年版，第 367 页。

对翻译的慎重。除了慎重以外，朱先生对待翻译又极其认真、严谨。他在翻译莱辛的《拉奥孔》时，依据了彼得生等人编的 25 卷本《莱辛全集》、包恩廖勒编的 5 卷本《莱辛选集》和霍约编的 3 卷本《莱辛选集》。除了这些德文原版外，他还参考了斯蒂尔、比斯勒和斐利慕的 3 种英译本和 1957 年出版的俄译本。在翻译黑格尔《美学》时，除了依据德文原版外，也参考了英、法、俄译本。参考比较多种版本和西文译本，这是朱先生在翻译时的一贯做法。

第二，准确理解关键术语。朱先生对关键术语的翻译倾注了特殊的关注。他自己说过："有一系列的译词在我心里已捉摸过十年乃至二十年以上的。"他专门加以辨析的关键术语达几十个之多。我们在第一讲中谈到，eidos（或者 idea）是柏拉图美学的核心概念。这个术语在哲学著作中通常译为"理念"，朱先生译为"理式"。在 20 世纪 30、40、50、60、70 年代，朱先生分别阐述了这个术语的翻译问题。"idea"的翻译问题已在他头脑中盘桓了半个世纪。他把它译为"理式"，是在洞悉了这个术语的精义后做出的。"理式"成为他极富特色的一个译名。

第三，对"信"的专门要求。"信、达、雅"是严复为翻译定的标准，朱先生对"信"提出了自己的见解："所以对原文忠实，不仅是对浮面的字义忠实，对情感、思想、风格、声音节奏等必同时忠实。"[1] 除了字词直指的或字典的意义外，他十分重视上下文关联的意义、联想的意义和声音节奏的意义。一篇好的文章要讲究谋篇布局，布置好全文的脉络气势和轻重分寸。

第四，附有阐发原著微言妙蕴、引导读者触类旁通的注释。朱先生的译文中总有很多注释，这些注释分三类：一是解释专名和典故，这类

---

[1] 《朱光潜全集》第 4 卷，第 289 页。

注释是一般译文也会有的；另外两类注释扼要说明较难章节的主要论点和各章前后发展的线索，或者说明译者对一些重要问题的看法。这两类注释是一般译文中所没有或少见的。这些注释是朱先生潜心研究的心得，写得长的有五六百字，它们远远超出简单的释义范围，而折射出作者的理论视角。

例如，朱先生为歌德1825年4月14日关于挑选演员标准的一段不长的谈话译文写了一则长注，其中一段话说："要了解歌剧在歌德的文艺活动中何以占首要地位，还要了解戏剧在西方文艺中所占的地位。西方文艺的几个高峰时代都是戏剧鼎盛时代；第一个高峰是希腊悲剧时代，第二个高峰是英国莎士比亚时代，第三个高峰是法国莫里哀时代，第四个高峰便是德国歌德时代"；"戏剧从起源时就是抒情诗与史诗的综合（黑格尔的说法），愈到近代，它所综合的艺术就愈广，首先是器乐和声乐结合成近代歌剧，有灯光布置、服装装饰乃至舞台建筑的配备，绘画、雕刻、建筑、诗歌、散文都和音乐打成一片了"。[1] 朱先生把歌德的戏剧实践和理论摆在西方文艺中来考察，并指出了戏剧在近代的发展趋向和对社会生活的现实意义，为读者的进一步研究提供了可供选择的一种方向。

为了便于读者理解，朱先生在译文注释中常常使用中国文艺事例来说明、比照、印证西方美学观点。这些例子信手拈来，却又贴切自然。一则则清新明快的译注具有极强的浓缩性和很大的蕴涵力，给人以咀嚼、回味的广阔余地。

朱先生的两卷本《西方美学史》是根据周扬主持的1961年全国高校文科教材会议的决定编写的，1963年由人民文学出版社出版，1966

---

[1]《朱光潜全集》第17卷，安徽教育出版社1989年版，第327页。

年"文化大革命"开始后被打入冷宫,"文化大革命"结束后于1979年再版。再版时作者对序论和结论部分做了若干修改。作为我国第一部西方美学史著作,该书以后不断重印。朱先生自己认为,《西方美学史》是他新中国成立后"在美学方面的主要著作"。尽管20世纪60年代初期的政治形势和意识形态状况不可避免地对该书的编写产生了一些影响,例如,作者没有涉及曾经下过很多功夫的叔本华、尼采和弗洛伊德的美学,然而,在数十年后的今天看来,该书仍然具有强大的学术生命力。

《西方美学史》给人最深的印象是耐读。每读一遍都会有新的体会。特别是你对西方美学史的某些问题有所研究后,再读朱先生的书,往往会叹服朱先生见解的精确和深刻。《西方美学史》之所以耐读,有几个主要原因。

首先,朱先生在西方美学研究中,十分重视并直接面对原始资料,评价美学家的思想时,最根本的依据是他们的原著,一切结论皆出自对原著的仔细分析,从不摭拾道听途说。他把别人对这些美学家的论述暂且搁置一边,为的是避免任何形式的先入为主。为了准确起见,朱先生利用西方美学原著时,不假手中译本,尽量利用原文著作(包括英、法、德、俄等语种的原文著作,如果原文是古希腊语和意大利语,则利用英、法语版本)。即使在援引马克思、恩格斯和列宁的言论时,也不仅仅依据中译本这种第二手资料,而且要对照原文一一校正,对译文提出自己的见解。

朱先生掌握的原始资料详尽赅博,"在搜集和翻译原始资料方面所花的功夫比起编写本身至少要多两三倍"。当然,写完部分章节后,他也会参阅有关著作,为的是补苴罅漏。这样,朱先生的研究较少受到其他观点的干扰,更加符合实际情况,从而保持长久的学术魅力。

第七讲
美学散步

从新中国成立初期到"文化大革命"的 17 年中,没有哪位西方美学家能够像 19 世纪俄国革命民主主义者别林斯基和车尔尼雪夫斯基那样深刻而广泛地影响我国的文艺思潮和文艺政策。在当时编写的文艺理论著作中,他们的遗产作为百科全书式的经典被大量引用,他们成了"攻无不克的矛",而作为陪衬的"康德、黑格尔是一戳即穿的盾"。现在回过头来看,当时的一些著作对别林斯基和车尔尼雪夫斯基的评价带有强烈的时代印记和很大的偏颇,早已不合时宜了。然而,《西方美学史》却挣脱了政治的俗套,坚持从分析原著出发,把研究重点实事求是地从车尔尼雪夫斯基转移到别林斯基身上,并且把他们放在西方近代美学的总体背景上与康德和黑格尔相比较,再确定他们的历史地位。正如有的研究者所指出的那样,朱先生对别林斯基和车尔尼雪夫斯基的研究"没有赞美诗,没有祖先祭礼的纯情氛围,只有解剖室的宁静和顺藤摸瓜的推理。没有旗帜与炸弹,只有手术刀和显微镜。没有杂念。没有冲动。一点也不考虑如何为我所用,而重在洞悉理论本身:其发生、方法、结构、逻辑矛盾等等"[1]。我们只要回想一下当时以阶级斗争为纲的政治氛围和为政治服务的学术氛围,就会了解朱先生坚持独立的学术精神是多么难能可贵。

《西方美学史》耐读的第二个重要原因在于,朱先生运用历史主义方法,把每个美学家摆在作为有机联系的历史过程的美学史中来考察,清晰地指出每种美学思想的来龙去脉和渊源联系,显示出浑厚深沉的历史感。通过朱先生对各种美学思想的渊源剖析和影响研究,我们看到的是一幅千头万绪、错综复杂,然而脉络清晰、井然有序的美学思想发展

---

[1] 夏中义:《别林斯基、车尔尼雪夫斯基、杜勃洛留波夫与中国》,载《俄国文学与中国》,华东师范大学出版社 1991 年版,第 333—334 页。

图景。美学思想的发展既非无本之木，又非简单的、接力棒式的师承。这是一个不断扬弃、不断创新的过程，既有影响，又有超越，各种思想的碰撞产生出新的火花，照耀着美学史的漫漫历程。

把各种美学思想放在整个美学史背景中加以考察，这不仅取决于研究方法，而且取决于学术功底。朱先生对西方美学的全貌十分熟悉、了然于胸。有了这种基础，他在分析美学思想的联系、某个美学家在美学史中的地位和贡献、美学思想的继承和创新等问题时，显得游刃有余，举重若轻。限于篇幅，《西方美学史》对许多问题的阐述十分简洁，"蜻蜓点水式地点一下就过去了"。然而，由于厚积薄发，这一"点"往往是点睛之笔。在评价罗马美学家朗吉弩斯的美学思想时，朱先生写道："朗吉弩斯的理论和批评实践都标志着风气的转变：文艺动力的重点由理智转到情感，学习古典的重点由规范法则转到精神实质的潜移默化，文艺批评的重点由抽象理论的探讨转到具体作品的分析和比较，文艺创作方法的重点由贺拉斯的平易清浅的现实主义倾向转到要求精神气魄宏伟的浪漫主义倾向。"[1] 这种统摄全局的点睛之笔在《西方美学史》中时有所见。

《西方美学史》耐读的第三个原因是，朱先生十分注意结合美学家的体系来研究他们的术语和术语史。美学史在某种意义上是美学术语史。在美学史特别是在西方美学史中，研究术语和术语史，仔细地辨析美学家们所使用的术语的区别，是项不可或缺的任务。不研究某些关键术语的历史，我们对美学通史的认识"就难免是一盘散沙或是一架干枯的骨骼"。美学家的体系产生了研究他们术语的必要性，而研究他们的术语又不能不考虑他们的体系。

---

[1] 朱光潜：《西方美学史》上卷，第115页。

在《西方美学史》中,对各种术语的质询、辨析和重新审视,达数十起之多。这形成了《西方美学史》的一个重要特色。在结束语中,朱先生还以很大的篇幅考察了美、形象思维、典型、浪漫主义和现实主义的术语史。他在研究西方美学术语时,还常常与中国道家术语、禅宗术语、中国古代美学术语和古汉语相比照,使读者更易理解。任何一种复杂的哲学体系和美学体系,如果对它进行了充分的、透彻的研究的话,往往能够用明白如话的语言表达出来。用自己的、明白如话的语言进行术语学研究,这是朱先生给我们树立的榜样,也是术语学研究的一种更高的境界。

有些研究者这样评价朱先生对中国美学理论建设和未来走向的影响:"朱光潜,作为一代学术巨匠,对当代中国美学的影响,是广泛而深远的。他的精神、人品、学识,无时不在教喻和激励当代中国美学学人。"[1] "诗学,是朱光潜理论体系中的一颗灿烂的明珠。""中国美学界,如果有谁拿出一部可以与朱光潜《诗论》比高低的著作来,我以为这便是中国美学走向世界的里程碑。"[2]

读朱先生的著作,你会感到作者是你亲密的朋友,而"不是长面孔的教师,宽袍大袖的学者,也不是海角天涯的外国人"。朱自清先生把朱光潜先生的著作比作宝山,入宝山,你决不会空手而回的。

---

[1] 杨恩寰:《论朱光潜对当代中国美学理论建设和未来走向的影响》,载《朱光潜与当代中国美学》,香港中华书局 1998 年版,第 245 页。

[2] 劳承万:《朱光潜美学体系及其对中国现当代美学的贡献》,载《朱光潜与当代中国美学》,第 241 页。

二 宗白华先生的学术历程

为了了解宗先生的学术历程,我们不妨把他和朱先生做一番比较。他们之间既有相同的一面,又有明显不同的一面。

(一)和朱光潜先生的比较

宗先生于1897年诞生在安徽安庆,3个月前朱先生诞生于安徽桐城。从这个意义上说,他们是安徽老乡,虽然宗先生的祖籍是江苏常熟。自幼年起,宗先生先后在南京、青岛、上海学习。朱先生的处女作是1924年发表的《无言之美》,朱自清先生等友人都称赞这篇文章说理的透彻。宗先生的处女作是1920年发表的《萧彭浩(叔本华)哲学大意》,宗先生在中学时修过英文和德文,对德国哲学家康德和叔本华、文学家歌德很感兴趣,他在处女作中论述了叔本华的形而上学、人生观和伦理观。

在青年时代,朱先生和宗先生都去欧洲留学,朱先生去了英、法,宗先生则去了德国。在出国之前,朱先生和夏丏尊先生、叶圣陶先生等人在上海筹办了立达学园、开明书店(中国青年出版社的前身)和刊物《一般》(后更名为《中学生》),书店(出版社)和刊物的读者对象是以中学生为主的青年一代。朱先生到英国后,替这个刊物写稿,并汇集成《给青年的十二封信》出版。宗先生在出国之前主编上海《时事新报》副刊《学灯》。正在

宗白华先生1980年在北大朗润园湖畔

日本留学的郭沫若向《学灯》投寄新诗，郭沫若当时还没有什么名气，宗先生发现了他的诗才，多次发表他的诗作。郭沫若先生的著名长诗《凤凰涅槃》就是在《学灯》上发表的。宗先生又介绍田汉先生和郭沫若先生通信。后来，田汉先生把他们三人这一段时期的来往信札整理成《三叶集》，于1920年出版。书出版后，引起青年们广泛的兴趣。宗先生出国后，在《学灯》上刊登《流云》小诗，并于1923年出版了诗集《流云》，他为诗集写的短序令人心醉："当月下的水莲还在轻睡的时候，东方的晨星已渐渐的醒了。我梦魂里的心灵，披了件词藻的衣裳，踏着音乐的脚步，向我告辞去了。我低声说道：'不嫌早么？人们还在睡着呢！'他说：'黑夜的影将去了，人心里的黑夜也将去了！我愿乘着晨光，呼集清醒的灵魂，起来颂扬初升的太阳。'"[1]宗先生的诗抒发了他似惆怅又似喜悦、似觉悟又似恍惚的感情。

对自然风景的酷爱是造就宗先生诗人气质的一个重要因素。他在1937年发表的《我和诗》、1986年发表的《艺术欣赏指要》序中都谈到，儿时在南京，天空的白云和覆成桥畔的垂柳，是他童心最亲密的伴侣。风烟清寂的郊外、清凉山、扫叶楼、雨花台、莫愁湖是他同几个小伙伴每星期日步行游玩的目标。少年时在青岛，宗先生喜欢月夜的海、星夜的海、狂风怒涛的海、清晨晓雾的海、落照里几点遥远的白帆掩映着一望无尽的金碧的海。他有时崖边独坐，听柔波软语，絮絮如诉衷曲。"纯真的刻骨的爱和自然的深静的美在我的生命情绪中结成一个长期的微渺的音奏，伴着月下的凝思，黄昏的远想。"[2]

朱先生当学生时，从来没有上过美学课。宗先生1920年赴德国留

---

[1] 《宗白华全集》第1卷，第425页。
[2] 《宗白华全集》第2卷，第151页。

学，就读于法兰克福大学哲学系，1921年转学到柏林大学哲学系，学习美学和历史哲学，受业于德苏瓦尔（亦译为"德索"）等人。德苏瓦尔作为维持20世纪初期德国美学在西方美学中领导地位的人物，是艺术学独立运动的主将。他于1906年出版的《美学与一般艺术学》一书标志着艺术学作为一门独立学科的诞生。这里的"一般艺术学"相对于"特殊艺术学"而言，"特殊艺术学"如美术学、音乐学、戏剧学等，对各门艺术进行研究。"一般艺术学"就是我们现在说的艺术学，它对整个艺术进行研究。德苏瓦尔认为，美学研究美和艺术，它的领域太宽了。应该把艺术划出来，由一门新的学科来研究，这就是艺术学。德苏瓦尔的观点有片面性，但是艺术学的独立运动有其合理性。宗先生直接受到艺术学独立过程的学术氛围的熏陶和浸染。《美学与一般艺术学》的中译本改名为《美学与艺术理论》，1987年由中国社会科学出版社出版。

朱先生长期在北京大学西语系任教，宗先生则一直在哲学系任教。宗先生1925年回国后，被聘到东南大学（现在的东南大学的前身）哲学系，当时哲学系系主任是汤用彤先生。1928年东南大学改名为中央大学，宗先生任哲学教授。1930年汤用彤先生到北京大学，宗先生继任中央大学哲学系系主任。1925—1928年宗先生撰写了《美学》《艺术学》和《艺术学（演讲）》等体系完备的讲稿，这些讲稿明显受到德苏瓦尔的影响，宗先生是我国最早对国际上艺术学独立运动做出应答的学者。他还在我国高校中首先开设了艺术学课程，并同时开设了美学课程。这两门课程一直延续到1948年。1952年全国高校院系调整时，宗先生从南京调任北京大学哲学系教授。20世纪60年代初期，朱先生招收西方美学史的研究生，宗先生则招收中国美学史的研究生。

"以出世的精神，做入世的事业"是朱先生的座右铭，宗先生年轻时也有一则座右铭："拿叔本华的眼睛看世界，拿歌德的精神做人。"叔本华主要著作包括《作为意志和表象的世界》，他对王国维的美学思想产生过重要影响，同样也影响过宗先生。叔本华直接继承了康德关于审美不涉利害的观点，强调审美的非功利性。主体在审美对象中忘却自己，主体和客体合为一体，成为一个自足的世界，与它本身以外的一切都摆脱了联系。朱先生在《悲剧心理学》中也阐述过叔本华的这种观点。宗先生所说的"拿叔本华的眼睛看世界"，就是拿审美的眼光看世界。叔本华的美学思想开辟了现代西方美学的新方向，结束了以黑格尔为代表的德国古典美学的理性主义道路。虽然叔本华当年在柏林大学和黑格尔同时开课，然而他在吸引学生方面遭到惨败，听他课的学生从未超过3人。

宗先生把18—19世纪德国文化巨人歌德当作人生启示的明灯。他在1922年的《题歌德像》中写道：

高楼外
月照海上的层云，
仿佛是一盏孤灯临着地球的浓梦。
啊，自然的大梦呀！我羽衣飘飘，
愿乘着你浮入无尽空间的海。[1]

宗先生在歌德身上窥见了人生生命永恒幽邃奇丽广大的天空。那么，歌德究竟给宗先生哪些人生启示呢？首先，歌德带给近代一种新的生命情绪。这种生命情绪，就是对生命价值本身的肯定。"一言蔽之，一切真实的，新鲜的，如火如荼的生命，未受理知文明矫揉造作的原版生活，

---

[1] 《宗白华全集》第1卷，第358页。

1982年朱光潜先生（左）、宗白华先生（右）和茅以升先生
在北大燕南园朱光潜先生寓所

对于他是世界上最可宝贵的东西。而这种天真活泼的生命他发现于许多绚漫而朴质如花的女性。他作品中所描写的绿蒂，玛甘泪，玛丽亚等，他自身所迷恋的弗利德丽克，丽莉，绿蒂等，都灿烂如鲜花而天真活跃，朴素温柔，如枝头的翠鸟。而他少年作品中这种新鲜活泼的描写，将妩媚生命的本体熠烁在读者眼前，真是在他以前的德国文学所未尝梦见的，而为世界文学中的粒粒晶珠。"[1]其次，在歌德的生活和人格中体现了流动不居的生命与圆满谐和的形式的统一。生命处在永恒的变化中，生命的形式也要随之发生变化。歌德善于"以大宇宙中永恒谐和的秩序整理内心的秩序，化冲动的私欲为清明合理的意志"。歌德的生活和人格像他的一首首小诗一样，含蕴着宇宙的气息、宇宙的神韵、宇宙

---

[1] 《宗白华全集》第2卷，第6页。

潜在的音乐。宗先生在后来的中国美学史研究中,十分重视宇宙意识、宇宙旋律、精神生活与自然节奏的契合,可能也与此有关。

朱先生奠定了自己学术地位的著作大多出版于20世纪30—40年代,宗先生最重要的一些美学论文,如《论中西画法的渊源与基础》《中西画法所表现的空间意识》《论〈世说新语〉和晋人的美》《中国艺术意境之诞生》《论文艺的空灵与充实》《中国诗画中所表现的空间意识》等也发表于20世纪30—40年代。朱先生勤于著述,宗先生则写得较少,他没有鸿篇巨制的著作,但是他研究中国美学的论文充满诗情和哲理,写得很精粹,体现了散步风貌。宗先生的主要著译有:论文集《美学散步》,上海人民出版社1981年版;论文集《美学与意境》,人民出版社1986年版;《艺境》,北京大学出版社1987年版;译作有康德的《判断力的批判》上卷(《审美判断力的批判》),商务印书馆1964年版;《宗白华美学文学译文选》,北京大学出版社1982年版。1994年安徽教育出版社出版了《宗白华全集》,共分4卷,1、2、3卷收宗先生著作,第4卷收宗先生译文。20世纪30—40年代,朱先生属于胡适、沈从文、周作人、俞平伯、朱自清等文人的圈子,曾受到鲁迅、郭沫若的批判。宗先生则两端都不属从。在善读杂书、精湛沉潜方面,宗先生又颇像京派文人周作人。在一些政治运动特别是"文化大革命"中,朱先生受到猛烈的冲击;在美学讨论中,朱先生也往往是争议的焦点。在政治运动中宗先生受到的冲击较少,在美学讨论中他也不是争议的焦点。宗先生很像超然物外、豁达大度的隐者。

在文学艺术的各种样式中,朱先生最钟情诗,他对中国古诗和英文诗有很高的鉴赏力和精湛的研究,但是他本人不写诗。宗先生是位诗人,对歌德的诗歌和唐诗很有研究(1935年发表过《唐人诗歌中所表现的民族精神》一文),但是从宗先生一生来看,他最钟情的是绘画。当然，他对中国的雕刻、建筑、书法、音乐、戏曲等都感兴趣。宗先生强调，美学研究不能脱离艺术，不能脱离"看"和"听"。1920年宗先生写过题为《艺术》的小诗：

> 你想要了解"光"么？
> 你可曾同那林中透射的斜阳共舞？
> 你可曾同那黄昏初现的月光齐颤？
> 你要了解"春"么？
> 你的心琴可有那蝴蝶的翩翩情致？
> 你的呼吸可有那玫瑰粉的一缕温馨？
> 你要了解"花"么？
> 你曾否临风醉舞？
> 你曾否饮啜春光？[1]

这首诗表明，你要了解艺术，就要和艺术忘情相交。1983年宗先生86岁时写道："我与艺术相交忘情，艺术与我忘情相交，凡八十又六矣。"在留学欧洲时，宗先生参观了很多艺术博物馆。他曾经坐在达·芬奇《蒙娜丽莎》原画前默默地领略了一小时，口里念着中国古人的诗句"巧笑倩兮，美目盼兮"，觉得诗启发了画中的意态，《蒙娜丽莎》"谜样的微笑，勾引起后来无数诗人心魂震荡，感觉这双妙目巧笑，深远如海，味之不尽"。20世纪30年代初，宗先生在南京购得隋唐佛头一尊，重数十斤，把玩终日，因有"佛头宗"之戏称。抗战中南京沦陷时，宗先生把它埋在南京故居的大槐树下。"文化大革命"中，宗先生又把它

---

[1]　《宗白华全集》第1卷，第323页。

埋在屋后大树下。这尊佛像得以幸存，置于宗先生案头，令满室生辉。故宫、颐和园和北海是宗先生喜欢欣赏的景点。他从故宫珍宝馆宁寿宫花园的空间分割和木雕墙、漏窗、铁花门中，把玩镂空之美；他从颐和园昆明湖开阔的湖面和万寿山上排云殿、德辉殿等壮丽的建筑中，体味虚实结合的布局；他从北海静心斋沁朱廊的通透之中，遥望一小亭，品评空间构成的高深平远。宗先生暮年时写道："这些年，年事渐高，兴致却未有稍减。一俟城内有精彩之文艺展，必拄杖挤车，一睹

宗白华先生1983年在徐悲鸿纪念馆

为快。今虽老态龙钟，步履维艰，犹不忍释卷，以冀卧以游之！"[1]艺术天地广阔漠大，宗先生欣赏的目光不拘一隅。他在欧洲求学时，曾把达·芬奇和罗丹等的艺术当作最崇拜的诗。可后来他还是更喜欢把玩我们民族艺术的珍品。宗先生的美学不仅体现在他的著作中，而且体现在他的生活中。

朱先生和宗先生都是我国比较文学和比较艺术研究的先驱者。在《诗论》里，朱先生对中国和西方的诗做了深入的比较。就爱情诗说，西方爱情诗大半写于婚前，所以称赞容貌倾诉爱慕者最多；中国爱情诗大半写于婚后，所以最佳者往往是惜别悼亡。西方爱情诗最长于

---

[1] 《宗白华全集》第3卷，第614—615页。

"慕",中国爱情诗最善于"怨"。"总观全体,我们可以说,西诗以直率胜,中诗以委婉胜;西诗以深刻胜,中诗以微妙胜;西诗以铺陈胜,中诗以简隽胜。"[1]在自然诗方面,西诗偏于刚,中诗偏于柔。"西方诗人所爱好的自然是大海,是狂风暴雨,是峭崖荒谷,是日景;中国诗人所爱好的自然是明溪疏柳,是微风细雨,是湖光山色,是月景。"[2]

宗先生通过中西艺术的比较研究,深刻地把握了中国美学和中国艺术的精髓。"学术界认为,宗先生对中国美学的理解和把握,精深微妙,当代学术界没有第二人能够企及。"[3]下面我们讲一下宗先生在中西艺术的比较研究中,对中国美学和中国艺术的理解。

(二) 天人合一的美学思想

宗先生美学的精华和核心是以生命哲学为基础的天人合一思想。

为了理解宗先生的这一美学思想,我们先从中西绘画的区别谈起。西方传统绘画采用透视法,以科学和数学为基础,注意写实,精细地描绘人体和外物。透视法就是把眼前立体形的远近景物看作平面形以移上画面,要求画家的目光从固定角度集中于一个焦点来观察事物。中国传统绘画不采用透视法,而采用以大观小法。画家所看的不是一个透视的焦点,所取的不是一个固定的立场,而是用心灵的眼睛笼罩全景,把全部景界组成一幅气韵生动、有节奏的、和谐的艺术画面。

西方绘画上的透视从欣赏者的立足点向画内看去,阶梯是近阔而远狭,下宽而上窄。而中国画在画台阶、楼梯时反而是上宽而下窄,欣赏者好像跳进画内站到台阶上去向下看。这种从远向近、从高向下看的方

---

[1] 《朱光潜全集》第3卷,第76页。
[2] 同上书,第77页。
[3] 叶朗:《胸中之竹》,第291页。

法就是以大观小法。西方绘画如果画参天大树,那么,树外人家和远方流水则必定在地平线上缩短缩小,从而符合透视法。在中国绘画中,远处的流水在树林的上端流淌,它不向下而向上,不向远而向近,和树林构成一个平面,这完全不符合透视法。这种表现手法也是中国古诗中的通例。唐朝诗人杜牧有句诗说"碧松梢外挂青天",青天悠远而挂在松梢,这不仅是世界平面化了,而且是移远就近了。西方画家画静物,须站在固定地位,依据透视法画出。中国画家画兰竹,"临空地从四面八方抽取那迎风映日偃仰婀娜的姿态,舍弃一切背景",用点线的纵横描出它的生命神韵。

为什么中国绘画和西方绘画有这种区别呢?宗先生认为,原因在于中西方空间意识的差异。这个问题我们在第一讲中已经简单地涉及过,现在做一个比较详细的说明。"中国人与西洋人同爱无尽空间(中国人爱称太虚太空无穷无涯),但此中有很大的精神意境上的不同。西洋人站在固定地点,由固定角度透视深空,他的视线失落于无穷,驰于无极。他对这无穷空间的态度是追寻的、控制的、冒险的、探索的。""我们向往无穷的心,须能有所安顿,归返自我,成一回旋的节奏。我们的空间意识的象征不是埃及的直线甬道,不是希腊的立体雕像,也不是欧洲近代人的无尽空间,而是潆洄委曲,绸缪往复,遥望着一个目标的行程(道)!"[1]

宗先生在20世纪20年代撰写的《形上学(中西哲学之比较)》中指出,西方的哲学是唯理的体系,目的是了解世界的基本结构和秩序理数。几何学是希腊哲学的理想境界,柏拉图学园门口写着"不懂几何者不得入内"。中国的哲学是生命的哲学,目的是了解世界的意趣、

---

[1] 《宗白华全集》第2卷,第439—440页。

意味。西方的哲学是主客二分的（主体和客体相分离），中国的哲学是天人合一的。

西方的哲学和宇宙观重在把握宇宙的现实，重视宇宙形象里的数理和谐。于是，在古希腊创造了整齐匀称、静穆庄严的建筑，生动写实、高贵典雅的雕塑。希腊绘画把建筑空间和雕塑形体移入画面。经过中世纪和文艺复兴，西方画家更是自觉地追求艺术与科学的一致，孜孜不倦地研究透视法和解剖学。"文艺复兴的西洋画家虽然是爱自然，陶醉于色相，然终不能与自然冥合于一，而拿一种对立的抗争的眼光正视世界。"[1]西方绘画中透视的视点与视线或者集合于画面的正中，画家与外物正面对立的态度"暗示着物与我中间一种紧张，一种分裂，不能忘怀尔我，浑化为一，而是偏于科学的理知的态度"；或者把视点移向中轴之左右上下，甚至移向画面之外，"使观赏者的视点落向不堪把握的虚空"，"追寻空间的深度与无穷"。

中国绘画的对象不是狭隘的视野和实景，不是画家站在地上平视的景物和空间，而是借不动的形象显现那灵动的心，是有形的空间和充塞这空间的无形的生命（道），是宇宙轮廓和与之合而为一的生生之气。中国画描绘近景一树一石也是虚灵的。这里没有正视的对抗、紧张的对立，而是天人合一，与物推移。中国山水画"从世外鸟瞰的立场观照全整的律动的大自然"，所描绘的是目所顾盼、身所流连的层层山、叠叠水，"尺幅之中写千里之景，而重重景象，虚灵绵邈，有如远寺钟声，空中回荡"。

对于中西艺术思维的这种区别，宗先生在《论中西画法的渊源与基础》《中西画法所表现的空间意识》《介绍两本关于中国画学的书并论中

---

[1] 《宗白华全集》第2卷，第145页。

国的绘画》等一系列论文中做了精彩的论述:"中、西画法所表现的'境界层'根本不同:一为写实的,一为虚灵的;一为物我对立的,一为物我浑融的"。近代西方绘画"虽象征了古典精神向近代精神的转变,然而它们的宇宙观点仍是一贯的,即'人'与'物'、'心'与'境'的对立相视"。西方绘画所表现的精神可以说是"向着无尽的宇宙作无止境的奋勉",中国绘画所表现的精神是一种"深沉静穆地与这无限的自然,无限的太空浑然融化,体合为一"。

为了表现中国人的空间意识,中国古代哲学著作如《易经》常用往复、来回、周而复始、无往不复等词语,中国古诗常用盘桓、周旋、徘徊、流连等词语。《易经》上的"无往不复,天地际也"说的就是中国人回旋往复的空间意识。宗先生在《中国诗画中所表现的空间意识》中举了很多例子,说明这种回旋往复的意趣。其中陶渊明的《饮酒》诗尤其值得玩味:"采菊东篱下,悠然见南山。山气日夕佳,飞鸟相与还。此中有真意,欲辨已忘言。"前两句由近及远,第三、四句由远及近,后两句表明陶渊明从庭园悠悠窥见宇宙回旋往复的节奏而到达忘言的境界。"中国人于有限中见到无限,又于无限中回归有限。他的意趣不是一往不返,而是回旋往复的。"古代诗人庄淡庵在一首题画诗中说:"低徊留得无边在,又见归鸦夕照中。""中国人不是向无边空间作无限制的追求,而是'留得无边在',低徊之,玩味之,点化成了音乐。于是夕照中要有归鸦。'众鸟欣有托,吾亦爱吾庐。'(陶渊明诗)我们从无边世界回到万物,回到自己,回到我们的'宇'。"[1]

夕照中要有归鸦。我们可以从中国古诗中举些例子,来印证宗先生的这个观点。唐朝储嗣宗诗:"虹随余雨散,鸦带夕阳归。"王维诗:"秋

---

[1] 《宗白华全集》第 2 卷,第 444 页。

山敛余照,飞鸟逐前侣。"陶渊明诗:"日入群动息,归鸟趋林鸣。"周邦彦词:"烟中列岫青无数,雁背夕阳红欲暮。"从这些诗词中,我们都可以体会到回旋往复的意趣。

夕阳中要有归鸦体现了远近往复,中国哲人和中国诗人对宇宙俯仰观照的审美方式则体现了上下往复。他们的意趣是俯仰自得,对世界是抚爱的、关切的。诗人俯仰观照的例证,我们在第一讲中也举过一些。

无论俯仰观照,还是远近往复,在中国诗人、画家的眼中,"深广无穷的宇宙来亲近我,扶持我,无庸我去争取那远穷的空间,像浮士德那样野心勃勃,彷徨不安"。对于无穷空间这种特异的态度,使得中国诗人"饮吸无穷空时于自我,网罗山川大地于门户"。唐宋宋之问:"楼观沧海日,门对浙江潮。"杜牧:"水接西江天外声,小斋松影拂云平。"都是这方面的例子。"中国诗人多爱从窗户庭阶,词人尤爱从帘、屏、栏干、镜以吐纳世界景物。""中国这种移远就近,由近知远的空间意识,已经成为我们宇宙观的特色了。"[1]

这种空间意识体现在绘画中,形成中国画家的"三远"说。宋朝画家郭熙在《林泉高致·山水训》中说:"山有三远:自山下而仰山巅,谓之高远。自山前而窥山后,谓之深远。自近山而望远山,谓之平远。"观赏中国绘画,我们的视线是流动的、转折的,由高远转向深远,再横向于平远,形成了节奏化的运动,"用俯仰往还的视线,抚摩之、眷恋之、一视同仁,处处流连。这与西洋透视法从一固定角度把握'一远',大相径庭"[2]。

宗先生进而指出,中国的空间意识以中国的生命哲学为基础。《易经》

---

[1] 《宗白华全集》第 2 卷,第 432 页。
[2] 同上书,第 435 页。

说："一阴一阳之谓道。"阴阳二气生成万物，万物皆由气而生，这生生不已的阴阳二气组成一种有节奏的生动。因此，中国的空间不是几何学的机械物质，而是有机的统一的生命境界。"中国画的主题'气韵生动'，就是'生命的节奏'或'有节奏的生命'。"中国画的笔法不是静止立体的描绘，而是流动的、有节律的线纹，借以象征宇宙生命的节奏。比较中西方绘画，可以发现这一特点。希腊的画，如庞贝古城遗迹所见的壁画，远看如沉重的雕像，它们强调对称、比例、平衡、整齐；而中国古代花纹图案画或汉代壁画，则是飞动的线条。中国人物画也是一组流动线纹的有节奏的组合。东晋顾恺之的画以线条流动之美组织人物衣褶，构成生动的画面。

《易经》以"动"说明宇宙人生（"天行健，君子以自强不息"），中国画中的山川、人物、花鸟、虫鱼都充满着生命的动。然而，自然最深最后的结构是无限的寂静。中国画家默契自然，所以画幅中潜存着一层深深的寂静。"就是尺幅里的花鸟、虫鱼，也都像是沉落遗忘于宇宙悠渺的太空中，意境旷邈幽深。"在中国绘画中，气韵生动和一片静气是辩证而和谐地结合在一起的。

既然宇宙的生命节奏是一阴一阳、一虚一实的，中国画的空间感也凭借一虚一实、一明一暗的流动节奏表达出来。中国绘画中常有空白和虚空。这种空白和虚空不是死的物理的空间间架，而是最活泼的生命源泉，一切事物的纷纭节奏都从它里面流出来。中国画家用空白和虚空来暗示或象征虚灵的道。这种表现手法完全不同于西方绘画依据科学精神的空间表现。西方绘画不留空白，画面上动荡的光是物理的实质。中国画回旋往复、俯仰观照、动静结合、虚实结合都是由生命的节奏、由抚爱万物的天人合一的精神所决定的。宗先生的美学著作既洋溢着浓厚的诗意和热烈的青春气息，又贯穿着闪光的哲理和探本穷源的深邃。

宗先生天人合一的美学思想，还体现在他对意境的理解上。他在20世纪40年代的《中国艺术意境之诞生》《中国艺术意境之诞生（增订稿）》等论文中阐述了意境问题。宗先生把意境说成一切艺术的中心之中心。所谓意境，"就是客观的自然景象和主观的生命情调底交融渗化"。唐代大画家张璪论画有句名言："外师造化，中得心源。"画家从事创作要以自然为师，仔细观察自然，自然万物经过画家心胸陶铸，成了一个有生命的结晶体。意境就是造化和心源的凝合。

宗先生在论述意境时，提出了关于美的本质问题的观点。"以宇宙人生的具体为对象，赏玩它的色相、秩序、节奏、和谐，借以窥见自我的最深心灵的反映；化实景而为虚境，创形象以为象征，使人类最高的心灵具体化、肉身化，这就是'艺术境界'。艺术境界主于美。""所以一切美的光是来自心灵的源泉：没有心灵的映射，是无所谓美的。"[1] 联想到宗先生1932年在《介绍两本关于中国画学的书并论中国的绘画》中所说的"美与艺术的源泉是人类最深的心灵与他的环境世界接触相感时的波动"，他关于美的这种观点和朱光潜先生的美的主客观统一说很接近，而不同于我们在第一讲中提到的、他晚年在客观事物中寻找美的主张。

朱先生和宗先生已经于1986年离开了我们。然而，他们在北大未名湖畔散步的足迹宛在，我们在他们的著作中仍然能够体会到他们在美学殿堂里散步的风貌。他们的著作启迪我们去发现美、欣赏美、体验美，对美把玩之、眷恋之。让我们沿着朱先生和宗先生的行踪，也做一番美学的散步。

---

[1] 《宗白华全集》第2卷，第361页。

思考题

1. 怎样理解"从朱光潜先生接着讲"?
2. 分析朱光潜先生西方美学史研究的特点。
3. 比较朱光潜先生和宗白华先生的学术历程。
4. 怎样理解宗白华先生天人合一的美学思想?

阅读书目

朱光潜:《西方美学史》上、下卷,人民文学出版社1979年版。

宗白华:《美学散步》,上海人民出版社1981年版。

第八讲
《奥德赛》和"退潮的沧海"

> 朗吉弩斯的《论崇高》
> 作为审美范畴的崇高

《伊利亚特》和《奥德赛》是希腊诗人荷马的两部史诗作品。荷马时代还没有文字,这两部作品是荷马根据口头流传在小亚细亚的史诗短歌综合而成的,所以又称荷马史诗。《伊利亚特》和《奥德赛》每部都超过万行,作为人类文化的瑰宝,它们具有永久的魅力。

由于年代遥远,荷马创作这两部史诗的确切日期已经无从查考。公元1世纪罗马美学家朗吉弩斯比较了这两部史诗,认为《伊利亚特》创作于荷马才华全盛的时代,而《奥德赛》则是荷马晚年作品。原因是《伊特亚特》"全篇生意蓬勃,富有戏剧性的动作,而《奥德赛》则以叙事为主,这是暮年老境的征候","在《奥德赛》,你可以把荷马比拟落日,壮观犹存,但光华已逝了"。《奥德赛》宛若"退潮的沧海","在四周崖岸中波平如镜"。[1] 尽管荷马是朗吉弩斯最钟爱的诗人,他仍然提出《奥德赛》不如《伊利亚特》那样具有磅礴的热情和崇高的风格。朗吉弩斯的这种观点是在《论崇高》一书中提出来的。

一 朗吉弩斯的《论崇高》

朗吉弩斯的《论崇高》是一部修辞学著作。希腊罗马的修辞学不是现代意义上关于作文的艺术,而是关于公开演讲的艺术,也可以翻译为"雄辩术"或"演说术"。它是语言艺术的科学。

在世界上没有一个民族像古代希腊人和罗马人那样重视修辞学。希腊罗马的著作,无论哲学著作还是历史著作,甚至医学著作都包含着修辞学的某些特征。柏拉图善于使用过分颂扬的叙述方法,巧妙地把夸夸其谈的语调变成严肃、简洁和崇高的哲学风格。只要翻阅希罗多德的历史著作,就立即会感觉到他的语言的自然、简洁和平稳。在论述诗、建筑和舞蹈的理论著作中,也可以看到修辞学是希腊罗马精神文化的重要组成部分。希腊罗马人甚至认为修辞学比纯粹的声乐和纯粹的器乐更富于音乐性,难怪有人把修辞学称为"希腊罗马真正的音乐"。

然而,《论崇高》的意义远远超出修辞学范围,它含有重要的美学内容。朗吉弩斯在西方美学史上的最大贡献是把崇高作为审美范畴提出

---

[1] 参考《缪灵珠美学译文集》第1卷,中国人民大学出版社1998年版,第87页。译文略有改动,下同。

来。在希腊罗马时期,"崇高"不是一个新名词。修辞学在阐述风格理论时就使用过这个术语。不过,朗吉弩斯不是在修辞学的含义上,而是在美学的含义上使用崇高概念的第一人。尽管他仍然把美和崇高当作类似的概念来使用,还没有对它们的区别进行具体的界定,然而他对崇高的生动描述促进近代欧洲美学迅速承认崇高是一种独立的审美范畴。现代美学中的崇高理论是以朗吉弩斯的《论崇高》为起点逐步走向完善的。

(一)崇高的特征

朗吉弩斯处在罗马文学走向衰退的时期,诗人辉煌的"黄金时代"沦入所谓"白银时代"。为了反对罗马文学中出现的虚饰以及缺少激情的倾向,捍卫以荷马和柏拉图为代表的希腊文学传统,他提倡文艺应该具有伟大的思想、深厚的感情和崇高的风格。崇高是一种庄严、宏伟的美,以巨大的力量和慑人的气势见长。《论崇高》花了大量的篇幅论述了各种自然事物和艺术作品中的崇高。这些崇高现象有一个共同的特点,那就是激流急湍的劲势、春潮暴涨的热情、迅雷疾电的迅猛。总之,是惊心动魄,而不是玲珑雅致。

按照朗吉弩斯的理解,崇高首先存在于自然界,存在于某些自然事物中:"你试环视你的四周的生活,看见万物的丰富、雄伟、美丽是多么惊人,你便立刻明白人生的目的究竟何在。所以,在本能的指导下,我们决不会赞叹小小的溪流,哪怕它们是多么清澈而且有用,我们要赞叹尼罗河、多瑙河、莱茵河,甚或海洋。我们自己点燃的爝火虽然永远保持它那明亮的光辉,我们都不会惊叹它甚于惊叹天上的星光,尽管它们常常是黯然无光的;我们也不会认为它比埃特内火山口更值得赞叹,火山在爆发时从地底抛出巨石和整个山丘,有时候还流下大地所产生的净火的河流。关于这一切,我只须说,有用的和必需的东西在人看来并非难得，唯有非常的事物才往往引起我们惊叹。"[1]这些自然事物之所以显得崇高，或者因为它们的广袤无垠（海洋），或者因为它们的渺然穹远（星空），或者因为它们摧毁一切的惊人气势（火山爆发）。朗吉弩斯列举的这些对象已经显示出自然界崇高的美学特征：数量的巨大和力量的强大，威严可怕，令人惊叹，人的实践尚未征服的奇异。

崇高还存在于社会生活和艺术中。朗吉弩斯所理解的社会生活的崇高主要限于人格的伟大、精神的高远和感情的炽烈，还没有涉及社会生活更广阔的内容。《论崇高》通篇充满了对意志远大、激越高举、慷慨磊落、敝屣浮华的人格和精神的赞赏，以及对琐屑无聊、心胸狭窄、墨守成规、奴性十足的人格的鄙夷。《论崇高》把如痴如醉的感情也列入崇高的范围。第10章援引了希腊抒情诗人萨福描写爱情的篇章：

> 只要看你一眼，
> 　我便说不出声，
> 　我的舌头不灵，
> 一种微妙的火焰
> 　立即在我身上传遍，
> 　我眼花，视而不见；
> 　我耳鸣，听而不闻；
> 我的汗好像甘霖，
> 　我混身抖颤；

---

[1]　《缪灵珠美学译文集》第1卷，第114页。

> 我的脸色比草还青，
>
> 我觉得我与死亡接近。[1]

这首诗之所以崇高，主要在于诗人选择和组织了现实生活中所有钟情的男女显出的最动人的特征。这样看来，钟情男女炽烈的感情也是崇高的。

在朗吉弩斯那里，崇高不是和修辞形式，而是和内容相联系的。"雄伟的风格乃是重大的思想之自然结果，崇高谈吐往往出自胸襟旷达志气远大的人。""有助于风格之雄浑者，莫过于恰到好处的真情。"[2]类似的论述在《论崇高》中屡见不鲜。修辞学传统主要注意形式，而朗吉弩斯更加重视精神状态、表达的真诚和力量。这是他超越同时代修辞学家的地方。但是，朗吉弩斯也不否认表现崇高的方式、规则的重要性。

(二) 崇高的效果

朗吉弩斯不仅论述了崇高的对象和范围、崇高的特征（形式的和内容的），而且着重论述了崇高的效果。崇高能够唤起人的尊严和自信。人天生就有追求伟大、渴望神圣的愿望。在崇高的对象面前，人感到自身的平庸和渺小，人奋起追赶对象、征服对象、超过对象，从而极大地提升自己的精神境界，感到一种自豪的愉悦。

《论崇高》写道："天之生人，不是要我们做卑鄙下流的动物；它带我们到生活中来，到森罗万象的宇宙中来，仿佛引我们去参加盛会，要我们做造化万物的观光者，做追求荣誉的竞赛者，所以它一开始便在我们的心灵中植下一种不可抵抗的热情——对一切伟大的、比我们更神圣

---

[1] 《缪灵珠美学译文集》第1卷，第88页。

[2] 同上书，第84页。

的事物的渴望。"[1]《论崇高》多处号召要和崇高的对象展开竞赛、竞争，并援引希腊诗人赫西俄德的话"竞争对于凡夫是有好处的"。凡夫俗子在和崇高对象的竞争中，能够"心灵扬举"，"襟怀磊落，充满了快乐的自豪感"。后人关于崇高效果的论述，明显地留下了朗吉弩斯的观点的印记。例如，18—19世纪德国美学家黑格尔写道："大海给了我们茫茫无定、浩浩无垠和渺渺无限的观念；人类在大海的无限里感到他自己底无限的时候，他们就被激起了勇气，要去超越那有限的一切。"[2] 19世纪俄国革命民主主义者车尔尼雪夫斯基也指出："我们在观照伟大的东西时，或者感到恐怖，或者惊奇，或者对自己的力量以及人类的尊严产生自豪，或者由于我们自身的渺小、衰弱而丧魂落魄。"[3]

艺术中的崇高应该对人的感情产生强烈的效果，这是贯穿《论崇高》全书的一条主线。"天才不仅在于能说服听众，且亦在于使人狂喜。凡是使人惊叹的篇章总是有感染力的，往往胜于说服和动听。因为信与不信，权在于我，而此等篇章却有不可抗拒的魅力，能征服听众的心灵。"[4] 在这里，朗吉弩斯超越了希腊美学的传统。崇高的目的不是净化（关于艺术的净化作用，参阅第十三讲），不是摹仿，也不是理智的说服。它的作用在于使人狂喜、惊奇。按照朱光潜先生的解释，狂喜"是指听众在深受感动时那种惊心动魄，情感白热化，精神高度振奋，几乎失去自我控制的心理状态"。对人的感情能否产生强烈的效果，成为朗吉弩斯评价不同作家的优劣或者同一个作家不同作品的优劣的首要

---

[1] 《缪灵珠美学译文集》第1卷，第114页。
[2] 黑格尔：《历史哲学》，生活·读书·新知三联书店1956年版，第134页。
[3] 《车尔尼雪夫斯基论文学》中卷，人民文学出版社1965年版，第73页。
[4] 《缪灵珠美学译文集》第1卷，第77—78页。"狂喜"一词采用朱光潜译法，见朱光潜：《西方美学史》上卷，第112页。缪译为"心荡神驰"。

标准。荷马的《奥德赛》之所以不如他的《伊利亚特》，主要在于前者不像后者那样能够激发磅礴的热情，产生惊心动魄的效果。

根据同样的标准，朗吉弩斯对希腊雄辩家狄摩西尼和罗马雄辩家西塞罗进行了比较。西塞罗是罗马第一雄辩家，然而朗吉弩斯认为他不如狄摩西尼。他们之间的主要区别在于，西塞罗铺张，狄摩西尼崇高。铺张以数量和广度见长，而崇高则以强度和深度取胜。"崇高在于高超，铺张在于丰富；所以你在一个思想中也往往能发现崇高，而铺张则常常须依赖数量甚或一点冗赘。"[1]狄摩西尼的雄辩"宛若电光一闪，照彻长空"，能够产生雷霆轰击的效果。而西塞罗的雄辩则如"野火燎原"，四面八方地燃烧，广度有余，力量、速度和深度不足。

既然崇高的效果是"不可抗拒的"狂喜，朗吉弩斯就承认了它是非理性的，这意味着他偏离了希腊美学所培育的审美知觉的理性主义理论。他再三强调，雄辩家应该把"感情灌输到旁听者的心中，引起听众的同感"，把听众"迷住"，"完全支配"听众的心情。这种热情不同于怜悯、烦恼、恐惧等卑微的感情。热情中包含着非理性的、迷狂的成分，"它仿佛呼出迷狂的气息和神圣的灵感"。与艺术中的热情和强烈效果密切相关的一个美学和心理学问题是想象。在朗吉弩斯那里，想象是一种充满激情、心驰神往的现象。这样理解的想象已经很接近于近代欧洲美学中的想象。在这种意义上，朗吉弩斯的著作是希腊罗马文献中绝无仅有的。

对热情、想象的重视，对艺术的强烈效果的重视，使得《论崇高》成为启蒙运动者和浪漫主义者手中的武器。既然崇高是"非常的事物"，既然它唤起的是出人意表的、令人惊叹的感情，那么，它在艺术创作中

---

[1] 《缪灵珠美学译文集》第1卷，第91页。

的体现必然要打破一切清规戒律，按照崇高要求的创作是完全自由的。虽然浪漫主义者的这种理解未必完全准确，然而《论崇高》同文艺创作中的教条主义和刻板公式无疑是格格不入的。朗吉弩斯以崇高这个审美范畴丰富了美学的内容，并对崇高的范围、特征和效果做了描述性的说明，对以后的美学发展产生了重要影响。《论崇高》反映了对艺术的目的和任务的新的理解，拓宽了艺术的概念和艺术作用的范围。

二 作为审美范畴的崇高

现实中的美，多种多样。我们在第三讲中讲过，如果依据存在领域来分类，美可以分为社会美、自然美和艺术美。而如果依据美的表现形态（内容和形式的关系）来分类，可以分为美和丑、崇高和卑下、悲和喜等。美和丑、崇高和卑下、悲和喜等也被称作为美学的基本范畴。"范畴就是种类。审美范畴往往是成双对立而又可以混合或互转的。例如与美对立的有丑，丑虽不是美，却仍是一个审美范畴。""特别在近代美学中丑转化为美已日益成为一个重要问题。丑与美不但可以互转，而且可以由反衬而使美者愈美，丑者愈丑。"[1]

（一）西方美学史上的崇高

朗吉弩斯提出崇高的范畴，标志着风气的转变，即文艺动力的重点由理智转到情感，学习古典的重点由规范法则转到精神实质的潜移默化，文艺批评的重点由抽象理论的探讨转到具体作品的分析和比较，文艺创作方法的重点由平易清浅的现实主义转到要求精神气魄宏伟的浪漫

---

[1] 《朱光潜全集》第5卷，第325页。

主义倾向。[1]

在西方美学史上，崇高范畴在18世纪以后受到普遍重视，这和社会历史条件的变化有关。当时欧洲普遍进入资产阶级革命时代。资产阶级在审美方面对浮华纤巧、彬彬有礼的封建贵族文明感到厌倦，他们向往粗犷的大自然，追求惊心动魄的境界。正如18世纪法国美学家狄德罗在《论剧体诗》中所说的那样："诗人需要的是什么呢？生糙的自然还是经过教养的自然？动荡的自然还是平静的自然？他宁愿要哪一种美？纯静肃穆的白天里的美？还是狂风暴雨雷电交作，阴森可怕的黑夜里的美呢？……诗需要的是一种巨大的、粗犷的、野蛮的气魄。"[2]

18世纪英国美学家博克在《论崇高与美两种观念的根源》一书中，开创了对崇高与优美进行比较研究的先河。这里的优美指一种优雅、秀丽的美，也被称为秀美。博克认为，崇高对象的共同特点是可怖性，凡是可怖的就是崇高的。其感性性质为庞大的体积（例如浩瀚无边的海洋）、晦暗（例如某些宗教神庙）、力量（例如烈马狂奔，而驯养的家畜不会引起崇高感）、无限（例如一望无际的天空）、空无（例如空虚、孤独、沉寂）等。优美对象的共同特点是可爱性。"我所谓美，是指物体中能引起爱或类似爱的情欲的某一性质或某些性质。"这些性质首先是小，因此，许多民族语言都用指小词来称呼所爱的对象，例如"小亲爱的""小鸟儿""小猫儿"之类。与小类似的性质还有柔滑、娇弱、明亮等。

值得注意的是，博克看到丑和崇高之间的某种一致性。丑本身不一定是崇高，但是丑和引起强烈恐怖的那些性质结合在一起，就会显得崇

---

[1] 参见朱光潜：《西方美学史》上卷，第115页。

[2] 转引自朱光潜：《西方美学史》上卷，第273页。

高。在西方现代美学和艺术中,丑这个审美范畴受到高度重视。我们认为,丑和崇高有联系,它可以成为崇高构成的一个方面,但是不能把丑和崇高混为一谈。

博克还比较了崇高对象和优美对象对人的心理的不同影响。崇高对象使人感到恐怖和惊惧,就像主体生命遇到危险时一样产生恐怖。恐怖是一种痛感,然而崇高对象引起的恐怖却夹着快感,因为它暗示危险却不是真正的、紧迫的危险。也就是说,崇高对象一方面仿佛使人面临危险,而另一方面这种危险又不太紧迫或者得到缓和;优美对象一般具有引诱力,它使人感到爱,在情感基调上始终是愉快的。

18世纪德国哲学家康德在《判断力批判》一书中,把崇高分为两种:数量的崇高和力量的崇高。数量的崇高主要涉及体积,例如暴风雨中的大海、荒野的崇山峻岭、埃及的金字塔和罗马的圣彼得大教堂等。力量的崇高指巨大的威力,同时我们心中有足够的抵抗力与这种威力相抗争。康德写道:"好像要压倒人的陡峭的悬崖,密布在天空中进射出迅雷疾电的黑云,带着毁灭威力的火山,势如扫空一切的狂风暴雨,惊涛骇浪中的汪洋大海以及从巨大河流投下来的悬瀑之类景物,使我们的抵抗力在它们的威力之下相形见绌,显得渺小不足道。但是只要我们自觉安全,它们的形状愈可怕,也就愈有吸引力;我们就欣然把这些对象看作崇高的,因为它们把我们心灵的力量提高到超出惯常的凡庸,使我们显示出另一种抵抗力,有勇气去和自然的这种表面的万能进行较量。"[1] 这里所说的"另一种抵抗力",指人的勇气和自我尊严。康德所理解的崇高,是一种道德情操,是勇敢精神的崇高。

---

[1] 转引自朱光潜:《西方美学史》下卷,第379页。

博克和康德的崇高理论都存在着薄弱的环节。博克仅仅从人的生理本能而不在社会实践和历史发展中探讨产生崇高的原因。他认为，人类的基本情欲有两种：一种是维持个体生命的情欲，一种是维持种族生命的情欲。崇高感涉及维持个体生命的情欲，因为只有在个体生命受到威胁的时候，这种情欲才活跃起来。崇高对象正激起这种情欲。美感涉及维持种族生命的情欲，因为优美对象激起爱，爱的目的在于绵延生命和进行社交。人爱异性，不仅因为对象是异性，而且因为对象美。康德关于崇高在于体积巨大的观点，也受到后人的批评。英国勃拉德莱在《牛津诗学讲义》中，举了19世纪俄国作家屠格涅夫写到的麻雀抵抗猎狗的例子。为了护雏，麻雀羽翼怒张，奋不顾身地与猎狗对峙，猎狗竟然望而却步。麻雀的英勇和它的体积不相称，所以，体积的大小并不是崇高的主要因素。尽管前人的崇高理论有不足之处，然而给予我们很多启示。在分析他们的理论的基础上，今人从新的角度对崇高这个范畴做了更加深入的思考。

(二) 刚性美和柔性美

中国古典美学中没有崇高这个范畴。《易经》把各种事物归为阴阳两类，相应地，美的事物也可以分为阳刚之美和阴柔之美，即刚性美和柔性美。前者如"骏马西风塞北"，后者如"杏花春雨江南"；前者如苏轼的"大江东去，浪淘尽千古风流人物"，后者如柳永的"杨柳岸，晓风残月"。这里的刚性美近似于崇高，柔性美就是我们所说的优美或秀美，一种优雅、秀丽的美。

朱光潜先生在《文艺心理学》中写道："比如走进一个园子里，你抬头看见一只老鹰站在一株苍劲的古松上，向你瞪着雄赳赳的眼，回头又看见池边猗旎的柳枝上有一只娇滴滴的黄莺，在那儿临风弄舌，这些不同的物体在你心中所引起的情感如何呢？"[1]鹰和松同具一种美，莺和柳又同具一种美。你遇到任何美的事物，都可以拿它们做标准来分类。"比如说峻崖，悬瀑，狂风，暴风，沉寂的夜或是无垠的沙漠，垓下哀歌的项羽或是横槊赋诗的曹操"，你可以说这都是"鹰和松"式的美；"比如说清风，皓月，暗香，疏影，青螺似的山光，媚眼似的湖水，葬花的林黛玉或是'侧帽饮水'的纳兰成德"[2]，你可以说这都是"莺和柳"式的美[3]。

在中国美学中，刚性美又称为壮美。宗白华先生在1926—1928年间写的《艺术学》讲稿中有一节专门论述了壮美这个审美范畴。宗先生写道，能够引起壮美情绪的有："（1）自然的——如烈风、暴雨、迅雷、大海、高山、长空万里、沙漠无垠等等皆属之，吾人对之常觉小己之渺小，而受压迫，几若不堪存在者。（2）人造的——如金字塔，大教堂，孤楼高耸，广厦万间，长城蜿蜒，横桥卧波等等皆属之，吾人对之，则觉恐怖而安全，虽使情绪激昂，但仍守其静观状态，故虽恐慌不免，尚可保守静沉也。（3）属于艺术的——如文学上所描写的英雄烈士节妇，勇的戏剧所扮演的殊异人物，凡情调激昂者皆属之，吾人对之，先觉压迫而终乃开放，反使小己扩大因象征之，而情绪移入也，如观图画之海，光明之月，则物我化合，海阔天空，与之合德也。"[4]

宗先生所理解的壮美存在于自然物、人造物和艺术作品中，但是，他没有提到社会生活领域里的壮美。引起壮美的基本原因在于数量和力量。在优美中，内容与形式相互和谐；在壮美中，内容常常超越形式。

---

[1] 《朱光潜全集》第1卷，第419—420页。
[2] 纳兰成德：清朝诗人纳兰性德的原名，正白旗人。他的诗词诚挚清婉。
[3] 《朱光潜全集》第1卷，第420页。
[4] 《宗白华全集》第1卷，第544—545页。

如高山大漠、恶雷迅电，形式无明显的规定性，甚至将形式冲破无余。壮美对人情感上的影响是，虽恐怖而安全，虽激昂而沉静。面对壮美的对象，我们先感到压迫，和它产生距离，而后使自我提升扩大，向对象移入感情，达到物我化合。宗先生论述壮美的篇幅不长，但是涉及壮美的存在领域、形成的原因、壮美的特征、效果等问题。

朱光潜先生的《文艺心理学》第十五章"刚性美和柔性美"，是我国系统论述崇高这个审美范畴，对崇高和秀美进行比较研究的最早文献。朱先生分析了朗吉弩斯、博克和康德等西方美学家关于崇高的观点，援引了桐城古文学家姚鼐关于阳刚之美和阴柔之美的论述。姚鼐列举的刚性美的对象有：雷霆闪电，长风出谷，崇山峻崖，对于人来说如凭高视远，万众勇猛而战等等；柔性美的对象有：云，霞，烟，清风，幽林曲涧，珠玉之辉，初升之日。

朱先生所理解的崇高和优美存在于自然界、社会生活和艺术中。这些方面的例证我们在前面援引的朱先生的文字中已经可以见到。在艺术方面，朱先生特别以米开朗琪罗和达·芬奇的作品为例加以说明。16世纪意大利雕塑家和画家米开朗琪罗在性格上和艺术上是刚性美和柔性美的极端的代表。"你看他的《摩西》！有比他的目光更烈的火焰么？有比他的须髯更硬的钢丝么？你看他的《大卫》！他那副脑里怕藏着比亚力山大[1]的更惊心动魄的雄图罢？他那只庞大的右臂迟一会儿怕要拔起喜马拉雅峰去撞碎哪一个星球罢？"[2]而15世纪意大利画家达·芬奇恰好是米开朗琪罗的一个反衬。他的作品《蒙娜丽莎》是柔性美的

---

[1] "亚力山大"现译为"亚历山大"，希腊时期的马其顿王，曾经征服了希腊、埃及和西亚地区。亚里士多德担任过他的老师。参见第七讲"美学散步"。

[2] 《朱光潜全集》第1卷，第422页。

象征。"那庄重中寓着妩媚的眼,那轻盈而神秘的笑,那丰润灵活的手,艺术家已经摸索追求了不知几许年代,到达·芬奇才带着血肉表现出来,这是多么大的一个成功!"[1]

摩西和大卫是远古时代希伯来民族的英雄和领袖。西方一般认为,优美以希腊文化为源,崇高以希伯来文化为源。我国学者接受了这种观点,例如,叶朗先生主编的《现代美学体系》(北京大学出版社 1988 年版)、张世英先生的论文《从朗吉弩斯的〈论崇高〉看屈原的〈离骚〉》(《北京大学学报》2001 年第 3 期)都采用了这种说法。《现代美学体系》还引用了《圣经·旧约·创世记》中的"上帝说,要有光。就有了光"来说明神的崇高。朱光潜先生半个世纪之前在《文艺心理学》中也把这句话看作说明崇高的好例。"从黑暗混沌之中猛然现出光来,而这个光又是普照全世界的,这是'数量的雄伟'。这么一件大事靠上帝说一句话就做成了,这是何等气魄!这是'精力的雄伟'。"[2]朱先生从数量和力量两个方面解释了这句话的崇高内涵。如果往上追溯,那么,朗吉弩斯在《论崇高》第 9 章中就援引过这句话来说明神的崇高。

希伯来民族是犹太民族的别称,所以,古代犹太文化又称希伯来文化。希伯来文化和希腊文化并称"双希文化",是西方文明的源头。希伯来民族对人类文化的第一个重大贡献是《圣经》(即基督教所说的《旧约》)的创作。《圣经》对西方文化产生了长久而深远的影响。犹太教有几个基本要点:"一、耶和华是世界惟一的上帝(犹太教是一个最早的一神教);二、希伯来民族是上帝特别宠爱的骄子(chosen people),巴勒斯坦是上帝赐给他们的土地(promised land);三、通过

---

[1] 《朱光潜全集》第 1 卷,第 422 页。
[2] 同上书,第 428 页。

达·芬奇《蒙娜丽莎》

犹太民族的祖先如亚伯拉罕，摩西等人，上帝和希伯来民族定过约（testament），希伯来民族要永远效忠上帝，上帝也就永远保佑他们，将来还会派遣一位救世主（Messiah，即希腊文的Christ），使他们统治全世界的一切民族。"[1]

在世界民族之林中，希伯来民族是一个颇为特殊的民族。很难找到一个民族像希伯来人那样，从罗马帝国起，大部分人就离开故土，浪迹天涯，过着寄人篱下的生活。然而在这样漫长的岁月中，他们竟然没有被世界各民族所同化，依然保持着自己的宗教、哲学、语言、文学、传统、历法和习俗，显示出惊人的民族凝聚力。未必有一个民族像希伯来人那样，长期受到世界性的排斥、驱逐和捕杀，茫茫苍穹之下，竟无希伯来人立锥之地，他们简直成了人类的弃儿。然而，与此形成强烈反差的是，希伯来人对世界文明做出了令人瞩目的贡献。

希腊人和希伯来人不同，他们仿佛是人类的宠儿。在小国寡民的城邦中，希腊人互相熟悉，共同讨论问题。他们酷爱交际和谈话，他们将大部分闲暇时间用于户外，"他们很少享受家庭生活，他们过的是社交生活、宗教生活、艺术生活、特别是阳光生活，他们的阳光是那样晴

---

[1] 《朱光潜全集》第10卷，第134页。

明……甚至他们的思想也是那样晴明，没有一点雾"[1]。出于对美好人生的眷恋，希腊文化形成优美的审美意识。而希伯来人在荆棘丛生的磨难中，把美好的幻想寄托在对上帝的信仰中，他们对上帝的信仰是一种对无限的敬畏，因而产生崇高的审美意义。

尽管优美以希腊文化为源，然而希腊文化中也有崇高的内容。朗吉弩斯所列举的荷马史诗《伊利亚特》、萨福的抒情诗、狄摩西尼的雄辩属于希腊文化，它们因有高深的思想和强烈的情感而显得崇高。而且，"所有民族都一样，无论从历史或逻辑说，崇高、壮美、阳刚之美总走在优美、阴柔之美的前面，古埃及的金字塔，巴比伦、印度的大石门，中国的青铜饕餮，玛雅的图腾柱……黑格尔称之为象征艺术的种种，都以其粗犷、巨大、艰难、宏伟，而给人强烈的刺激和崇高的感受"[2]。

比较崇高和优美，可以看到它们明显的区别。首先，优美的对象使人亲近，崇高的对象使人有点疏远。优美的对象为什么使我们亲近呢？因为它立即叫我们觉得愉快，"它的形态恰合我们感官脾胃，它好比一位亲热的朋友，每逢见面，它就眉开眼笑地赶上来，我们也就眉开眼笑地迎上去，彼此毫不迟疑地、毫无畏忌地握手道情款"。而崇高的对象则不然。"它仿佛挟巨大的力量倾山倒海地来临，我们常于有意无意之中觉得自己渺小，觉得它不可了解，不可抵挡，不敢贸然尽量地接收它，于是对它不免带着几分退让回避的态度。"[3]我们在这里说的是，对崇高的对象有点疏远，而不是完全疏远；带着几分退让回避，而

---

[1] 罗念生：《希腊漫话》，生活·读书·新知三联书店1988年版，第8页。
[2] 李泽厚：《美学三书》，第272页。
[3] 《朱光潜全集》第1卷，第429页。

中国的青铜饕餮

不是完全退让回避，这也就是康德所说的"霎间的抗拒"。面对崇高对象巨大的体积或者巨大的气魄，我们不觉有一种"抗拒"，仿佛不能抵挡它们，然而这种抗拒是霎时的，它马上使我们想起，外物的体积和力量不能压倒我们内心的自由，反而激发我们振作起来。由此，产生出崇高和优美的第二种区别。

优美的对象使我们感到愉快，这种感觉是单纯的，始终如一的；崇高的对象使我们感到带有痛感的愉快，这种感觉是复杂的，变化的。观赏崇高的对象，我们先惊后喜，或者说第一步是惊，第二步是喜。"第一步因物的伟大而有意无意地见出自己的渺小，第二步因物的伟大而有意无意地幻觉到自己的伟大。"第一步的心情带有几分痛感，第二步的心情是欣喜，并且由于霎时痛感的反衬，这种欣喜变得更加浓郁。我们在看高山大海时可以体会到这种道理。"山的巍峨，海的浩荡，在看第一眼时，都要给我们若干震惊。但是不须臾间，我们的心灵便完全为山海的印象占领住，于是仿佛自觉也有一种巍峨浩荡的气概了。"[1]

一个对象之所以使我们觉得优美，一是由于筋力的节省，二是由于欢爱的表现。前者是生理的，后者是精神的。朱光潜先生在《文艺心理

---

[1] 《朱光潜全集》第 1 卷，第 430 页。

学》中介绍了有关优美的这两种理论。人在稍息时比在立正时优美，因为稍息时手足放在自然的位置，无须费力。由于同样的原因，头偏向某一方显得特别优美，雕塑家常模仿这种姿势。橡树不如柳树优美，因为橡树的枝子平直伸出，好比人平举两手一样，显得十分费力。而柳树的枝条下垂，仿佛人的胳膊在安闲无事时的姿势。关于优美的另一种理论认为，优美的事物是欢爱的表现。它仿佛向我们微笑，表示对我们的亲爱，它不抗拒我们而亲近我们，我们也向它表示怜爱。

优美的事物偏于静，在形式上显得和谐、精致、完满；崇高的事物偏于动，有突然性，不合常轨，在形式上有些鲁莽粗糙，不加雕琢，它不仅容纳美，还要驯服丑，把美和丑放在一个炉子里去锤炼。这是崇高和优美的第三种区别。崇高大半是突如其来的，失去突然性，崇高的事物也往往失去崇高。同是一座山，第一次看见时觉得它崇高，以后对它熟悉了，失去了突然性，它就变得和蔼可亲了。

对崇高和优美的比较研究，有助于更加深入地理解崇高的特点。我们上面讲到的崇高和优美的三个区别，是根据朱光潜先生20世纪30年代的有关论述概括出来的。那么，现代人对崇高的理解有什么新的进展呢？

（三）崇高的现代阐释

我国美学原理著作和教科书一般都会阐述崇高这个审美范畴。其中不少著作和教科书采用了李泽厚先生《关于崇高与滑稽》一文中有关崇高的基本观点。李泽厚先生的这篇文章收入他的论文集《美学论集》中。

李泽厚先生关于崇高的观点主要包括三方面的内容：首先，崇高的根源是人改造现实的社会实践活动；其次，崇高对象的感性形式具有非规范性；再次，如果优美引起知觉者平静的、和谐的愉快，那么，崇高引起人的动荡的、剧烈的愉快。我们可以看到，除了第一点和朱光潜先生的观点不同以外，第二、第三点和朱先生的观点基本相同。我们依次讲这三方面的问题。

李泽厚先生对崇高的根源的解释，和他对美的根源的解释是一致的。崇高客观地存在于对象本身，而不是存在于人的内心世界和主观意识中，崇高最明显地体现了社会实践斗争的艰巨性。所谓实践斗争的艰巨，指矛盾处在激化的状态中。正是在同各种灾害、困难、险恶、挫折的斗争中，崇高才显得光彩夺目的。如果说优美表现为实践的结果，那么，崇高表现为主体和客体对立、冲突和抗争的过程。自然界中的崇高对象，如狂风暴雨、电闪雷鸣、高山大海等，它们的崇高不仅仅在于体积、形态和色彩等自然性质，而且以非常间接的途径，曲折地表现了这些自然对象和人类社会生活的某种关系。在社会生活中，它们大多曾经对人类构成严重的威胁和挑战，人类与它们做过长期激烈的斗争。虽然现在它们基本上已经被人类所征服，然而它们在形式上仍然保留着和人类相冲突、相抗衡的痕迹。它们以惊人的自然威力、摧毁一切的气势和某种神秘气氛构成崇高。

与此不同，朱光潜先生以移情说解释崇高。崇高不是客观地存在于对象本身，它是主客体相互作用的结果。体积和力量的巨大只是构成崇高的条件，它们还不是崇高本身，必须要有主体感情的移入，崇高才能产生。面对对象浩大的气魄，我们因为没有经常见过，只是望着发呆。"在发呆之中，我们不觉忘却自我，聚精会神地审视它，接受它，吸收它，模仿它，于是猛然地自己也振作奋发起来，腰杆比平常伸得直些，头比平常昂得高些，精神也比平常更严肃，更激昂。受移情作用的影响，我们不知不觉地泯化我和物的界限，物的'崇高'印入我的心中便变成我的'崇高'了。在这时候，我也不觉得还是在欣赏物的

'崇高'，还是在自矜我的'崇高'，这种紧张激昂而却严肃的情感是极愉快的。"[1]

在优美的对象中，内容和形式的关系显得和谐、融洽、平衡。自然美作为优美，它们的形式必然符合人们长期习惯、熟悉和掌握的那些自然性质，如节奏、对称、均衡、和谐等。崇高对象的感性形式恰恰与此相反，它们往往具有人们不习惯、不熟悉的特征，背离了节奏、对称、均衡、和谐等性质，从而对人的感官造成强烈刺激。不同于优美对象的光滑、精细、柔软、细腻，崇高对象需要粗糙、巨大、刚动、瘦硬，甚至带有几分丑陋。崇高的这些非规范性感性形式反映了内在的激烈冲突，表达了主客体之间艰巨的斗争。

优美的对象引起平静的愉悦和心旷神怡的审美感受，而崇高的对象引起不同的心理反应。主体在崇高的对象面前感到凡俗平庸，从而唤起昂扬的情绪和奋发的意气，要去学习对象，赶上对象，从而提升自己的精神境界。或者，崇高"使我们显示出另一种抵抗力"，困难和挫折、严峻的实践斗争激起主体的勇气和上进心，要求征服对象，战胜对象，从而产生豪迈的气概。在这两种情况下，崇高对象都引起惊心动魄的审美感受。

我们既欣赏"桃红复含宿雨，柳绿更带朝烟"，又欣赏"回旋天空的鹰和逍遥大海的长鲸"。生活中需要浅斟低唱，缠绵悱恻，也需要金戈铁马，气吞万里如虎。

---

[1] 《朱光潜全集》第 1 卷，第 429 页。原文中的"雄伟"是 sublime 的译名，现改译为"崇高"。

思考题

1. 朗吉弩斯的《论崇高》在美学史上有什么意义？
2. 怎样理解作为审美范畴的崇高？
3. 比较刚性美和柔性美。

阅读书目

朗吉弩斯：《论崇高》，载《缪灵珠美学译文集》第1卷，中国人民大学出版社1998年版。

李泽厚：《美学论集》，上海文艺出版社1980年版。

第九讲
从西南联大的校歌谈起

美学史中的悲

悲的本质

悲剧快感

西南联合大学是我国现代教育史上的一座丰碑。1937年卢沟桥事变后，北平、天津失守。北京大学、清华大学、南开大学搬迁到长沙。不久，上海、南京失守，武汉震动，临时大学又迁往云南。师生徒步穿过贵州，于1938年4月底抵达昆明，成立国立西南联合大学，简称西南联大。抗战胜利后，西南联大于1946年5月解散，三校重返故地。在内忧外患、艰苦困顿的8年中，西南联大"内树学术自由之规模，外来'民主堡垒'之称号"，先后毕业学生2000多人，投笔从戎者800多人，为世界学术、中国学术、中国革命和中国建设做出了巨大贡献。

西南联大成立之初，冯友兰先生写了一首校歌。校歌是一首词，开头部分感叹南迁流离的苦辛，中间部分歌颂师生不屈的壮志，结尾部分寄托最后胜利的期望。在历史上，汉族政权如果不能立足中原，而偏安江表，就称南渡。我们在第二讲中讲到晋朝南渡是第一次。冯先生认为抗战时期中华民族偏安西南，和第二次南渡——宋朝南渡有相似的地方。所以，冯先生写校歌不仅用了岳飞作过词的《满江红》词牌，而且和岳飞的词做了一些对比。校歌第一阕开头几句说："万里长征，辞却了，五朝宫阙。暂驻足，衡山湘水，又成离别。"三校从平津迁到长沙，可是很快又告别衡山湘水。岳飞的《满江红·写怀》的第二阕开头四句是："靖康耻，犹未雪。臣子恨，何时灭？"冯先生在校歌中把这四句改为："千秋耻，终当雪。中兴业，需人杰。"为了报仇雪恨，振兴国家，需要大批人材，西南联大正担当此任。

冯先生一生很得意于这首校歌歌词，晚年在写《三松堂自序》时也有收录。西南联大的师生在唱这首校歌时，也许会想到岳飞"怒发冲冠""仰天长啸""壮怀激烈"的忧愤形象。1980年清华大学举行校庆纪念会时，也举行了西南联大校庆纪念会，由西南联大的师生参加。在会中合唱联大校歌，情绪热烈。著名科学家杨振宁先生1938年考入西南联大。21世纪初期，他在多次演讲中谈到冯友兰先生的这首校歌，并且在60多年以后，还清晰地记得当时唱这首校歌时悲愤而又坚决的心情。"悲愤而又坚决的心情"，正是作为审美范畴的悲对人产生的一种效果。

一　美学史中的悲

悲，又称为悲剧、悲剧性。作为审美范畴的悲剧，是广义的悲剧；

作为戏剧的一种样式的悲剧，是狭义的悲剧。虽然这两种悲剧有所区别，然而美学有关悲这一审美范畴的研究，实际上是以艺术中的悲剧为主要对象的。

悲和崇高都是审美范畴，它们之间有联系。有人认为，"悲剧是崇高的集中形态，是一种崇高的美。悲剧的崇高特征，是通过社会上新旧力量的矛盾冲突，显示新生力量与旧势力的抗争"[1]。然而，悲和崇高的区别十分明显。悲不说明对象本身的性质，只说明过程的性质。崇山峻岭、汪洋大海可以是崇高的，但不可能是悲的。只有行为——人的行为或者艺术中所描绘的行为才可以具有悲的性质。在现实中，悲的领域比崇高的领域要窄得多，悲只涉及行为世界，而崇高既包括行为世界，又包括对象世界。

（一）古希腊的悲剧理论

在西方美学史上，亚里士多德最早研究了悲剧理论。亚里士多德的悲剧理论是对希腊灿烂的悲剧艺术的总结。希腊悲剧最早起源于对酒神狄奥尼索斯的祭祀活动中的合唱，即"酒神颂"。"酒神颂"悲叹狄奥尼索斯在尘世遭受的痛苦，并赞美他的再生。狄奥尼索斯是希腊神话中的植物神和酒神，他向人们传授了种植葡萄和酿酒的知识。人们祭祀他时，头戴常春藤冠，身穿羊皮，手拿神杖，还有人扮作森林之神西勒尼、萨梯里。这种祭祀活动逐渐变成无节制的狂欢暴饮。祭祀的中心是酒神，最初人们只是假想他在场，后来就由人来扮演他，使他的形象展现在狂欢者面前。这就是后来希腊悲剧主角的雏形。

自称为"第一位悲剧哲学家"、《悲剧的诞生》的作者尼采，借用希腊神话中的酒神和日神（即太阳神阿波罗）来象征两种不同的精神：酒

---

[1] 杨辛、甘霖：《美学原理》，北京大学出版社1983年版，第269页。

神精神是一种纵情欢乐、类似酩酊大醉的状态，日神精神则在对世界的静观默想中追求强烈而平静的乐趣。这两种对立的精神体现在不同的艺术中。就希腊艺术来说，日神精神体现在雕塑和史诗中，酒神精神体现在悲剧和抒情诗中，而悲剧是抒情诗的最高发展。

希腊社会的奴隶主民主制也为希腊悲剧的发展提供了充分的条件。雅典民主派的领袖们利用群众性的祭祀酒神的表演形式来进行宣传教育活动。在雅典卫城建造了能容纳数万人的半圆形露天剧场，执政官伯里克利向群众发放观剧津贴。每年的春季和冬季都举办盛大的戏剧比赛，露天剧场成为民主派的政治论坛和文化生活的中心。由于国家的大力提倡和人民的普遍参与，希腊悲剧在公元前5世纪达了空前的繁荣，出现了最有名的三大悲剧家：埃斯库罗斯、索福克勒斯和欧里庇得斯。埃斯库罗斯是希腊悲剧的真正创始者，被称为"悲剧之父"。他最主要的作品是《普罗米修斯三部曲》中的第一部《被缚的普罗米修斯》。索福克勒斯最有代表性的作品是《俄狄浦斯王》和《安提戈涅》。2000多年来，这两部作品成为悲剧研究者反复阐释的对象。

在《诗学》第6章中，亚里士多德在美学史上第一次对悲剧下了一个完整的定义："悲剧是对于一个严肃、完整、有一定长度的行动的摹仿；它的媒介是语言，具有各种悦耳之音，分别在剧的各部分使用；摹仿方式是借人物的动作来表达，而不是采用叙述法；借引起怜悯和恐惧来使这些情绪得到净化。"[1]这个定义指出了悲剧的四个特征，它们分别涉及悲剧摹仿的对象、媒介、方式和悲剧的效果。

亚里士多德指出，在悲剧的各种成分中最重要的是情节，即"事件

---

[1] 亚里士多德：《诗学》，第19页。原译"陶冶"改为"净化"，"这种情感"改为"这些情绪"。

的安排","悲剧的目的不在于摹仿人的品质,而在于摹仿某个行动"[1]。"情节乃悲剧的基础,有似悲剧的灵魂。"[2]希腊悲剧的情节(剧情的内容)通常利用某些神话的故事,但是也允许虚构。悲剧应给我们一种特殊的快感,这种快感是由悲剧引起我们的怜悯与恐惧之情,这是由诗人的摹仿,即通过情节来产生的。在情节的安排上,悲剧不应写好人由顺境转入逆境,不应写坏人由逆境转入顺境,也不应写极恶的人由顺境转入逆境,因为这些情节都不能引起怜悯与恐惧。那么,悲剧应该描写什么呢?悲剧应该描写"与我们相似"的人,他"不十分善良,也不十分公正",即不是好到极点的人,不过,这种人甚至宁可更靠近好人,不要更靠近一般人。他之所以陷入厄运,不是由于他为非作歹,而是由于他犯了过失。这就是亚里士多德悲剧理论的"过失说"。

"过失说"表明,悲剧主角在道德上是一个好人,他的悲剧过失是良好愿望意想不到的结果,不是蓄意的,而是意外的。比如,由于不知对方是自己的亲属、看事不明而犯了过失,不是道德上有缺点。他在不明真相或不自愿的情况下有了过失,遭受了不应遭受的厄运,他的这种"祸不完全咎由自取"使我们产生怜悯。例如,索福克勒斯的悲剧《俄狄浦斯王》中的主人公由于"无知"杀父娶母,最后挖目自贬以赎罪。另一方面,悲剧"过失"是一个内涵丰富的概念。悲剧主角遭的祸又有几分咎由自取。俄狄浦斯的莽撞是引发悲剧的原因。这样,我们才会产生因小过而惹大祸的恐惧。

亚里士多德的"过失说"的主要依据是索福克勒斯的《俄狄浦斯王》。这部悲剧借惊心动魄的神话故事来反映当时的现实。俄狄浦斯是忒拜

---

[1] 亚里士多德:《诗学》,第21页。
[2] 同上书,第23页。

索福克勒斯

国王拉伊奥斯和王后伊奥卡斯忒所生的儿子。拉伊奥斯从神那里得知,由于他以前的罪恶,他的儿子命中注定要杀父娶母。因此,儿子一出生,他就叫一个牧人把孩子抛弃。这婴儿被无嗣的科林斯国王收为儿子。俄狄浦斯长大成人后,也从神那里得知自己的命运,他为反抗命运,就逃往忒拜。在途中的一个三岔路口,他一时动怒杀死一个老人。这个老人正巧是他的生父、忒拜国王拉伊奥斯。狮身人面女妖斯芬克斯为害忒拜,俄狄浦斯说破了她的谜底,为忒拜人解除了灾难。他被忒拜人拥戴为王,并娶了前王的寡后,也就是自己的生母伊奥卡斯忒。这部戏开场时,忒拜发生了瘟疫,神说要找出杀害前王的凶手,瘟疫才能停止。俄狄浦斯诚心为忒拜谋福,经过多方查访,结果发现凶手就是他自己。那位牧人也承认,婴儿时的俄狄浦斯是王后交给他的,于是真相大白。俄狄浦斯娶母的预言也应验了。在极度悲痛中,王后伊奥卡斯忒悬梁自尽,俄狄浦斯也刺瞎了自己的双眼,请求放逐。

《俄狄浦斯王》描写了个人意志和命运的冲突。俄狄浦斯正直诚实,关心人民,敢于面对现实。"他的悲剧命运在于,他清白无辜,却要承受先人的罪恶;他越是竭力反抗,却越是隐入命运的罗网;他越是真诚地想为城邦消弭灾难,却越是步步临近他自己的毁灭。俄狄浦斯的毁灭并不是要警戒人们顺从命运,而是指出命运具有伤天害理的邪恶性质,反映了雅典自由民对于社会灾难无能为力的悲愤情绪。"[1] 希腊人习惯以命运来解释悲剧的根源,命运是超越于人之外的、不可抗拒的力量。亚里士多德抛弃了命运说,以"过失说"来说明悲剧的根源。"过失说"不是在外在的力量中而是在人自身内部寻求悲剧的原因。"过失说"比命运说前进了一步,然而亚里士多德仍然不能理解悲剧是社会发展中新旧势力的矛盾、冲突的结果,因此不能深刻揭示悲剧的社会本质和社会根源。

在亚里士多德以后,文艺复兴时期、17世纪新古典主义时期、18世纪启蒙运动时期都出现了各种各样的悲剧理论,其中一些理论是对亚里士多德的《诗学》的再阐释。与这些理论相比,19世纪黑格尔提出的悲剧理论更为重要,它可以和亚里士多德的悲剧理论相媲美。

(二)黑格尔的悲剧理论

如果亚里士多德的"过失说"以索福克勒斯的《俄狄浦斯王》为主要依据,那么,黑格尔的悲剧理论则建立在索福克勒斯的另一部代表作《安提戈涅》的基础上。

俄狄浦斯和生母结婚后,生有两个儿子和两个女儿。两个儿子是安提戈涅的大哥埃忒奥克勒斯和二哥波吕涅克斯,两个女儿是安提戈涅和她的姐姐伊斯梅涅。《安提戈涅》的背景是安提戈涅的二哥波吕涅克斯借用外国军队攻打自己的国家忒拜,同安提戈涅的大哥争夺父亲留下的王位,结果两兄弟自相残杀身亡。新国王克瑞翁下令禁止埋葬波吕涅克斯的尸体,违令者要被处死,因为波吕涅克斯焚烧祖先的神殿,吸吮族人的血。安提戈涅和遵从国法的姐姐不同,她不顾国王的禁令,为哥哥波吕涅克斯收了尸。她因此被国王克瑞翁囚禁在墓室里,最后自杀身

---

[1] 杨周翰、吴达元、赵萝蕤主编:《欧洲文学史》上册,人民文学出版社1964年版,第38页。

亡。听到这个消息后，和她订过婚的王子即克瑞翁的儿子海蒙殉情身亡，海蒙的母亲即王后也自杀了。希腊人仍然以命运解释这部悲剧。按照希腊人的宗教信仰，死者如果得不到安葬，他的阴魂就不能进入冥土，因此亲人有埋葬死者的义务。然而，安提戈涅如果为哥哥波吕涅克斯收尸，就违反了国家的法律。这样形成了无法解决的矛盾，这就是不可挽救的命运。

　　黑格尔以他的悲剧理论对《安提戈涅》做出了新的解释。他认识到一切事物的发展都是对立面的统一与斗争的结果，矛盾是一切事物运动的根源。根据这条原则，黑格尔提出了他的著名的悲剧论。悲剧是两种对立的理想的冲突和调解。拿《安提戈涅》来说，安提戈涅和克瑞翁的冲突就是两种理想的冲突。安提戈涅代表亲属爱，克瑞翁代表维护国家安全的王法。这两种理想就各自的立场看，都是正确的、正义的，具有普遍意义，安提戈涅和克瑞翁都有理由来实现这种理想。然而在具体的情境中，某一方理想的实现就要和它的对立理想发生冲突，损害它。安提戈涅为了实现亲属爱必然破坏王法，克瑞翁为了维护王法必然剥夺死者应得的葬礼。因此，这两种理想又都是片面的，不正义的。每一方都把自己的理想推到极端，结果相互否定，两败俱伤。安提戈涅死去了，克瑞翁也家破人亡，孤零零地守着王位。"悲剧的解决就是使代表片面理想的人物遭受痛苦或毁灭。就他个人来看，他的牺牲好像是无辜的；但是就整个世界秩序来看，他的牺牲却是罪有应得的，足以伸张'永恒正义'的。他个人虽遭到毁灭，他所代表的理想却不因此而毁灭。"[1]在《安提戈涅》中，安提戈涅和克瑞翁遭到牺牲和灾难，然而，他们所代表的理想——亲属爱和王法以后仍然有效。

---

[1] 朱光潜：《西方美学史》下卷，第504页。

黑格尔对悲剧理论做出的最大贡献，是从矛盾冲突出发来研究悲剧。悲剧的结局虽是一种痛苦，然而也是矛盾的调和与理想的胜利。因此，悲剧所产生的心理效果不只是亚里士多德所说的"恐惧和怜悯"，而是愉快和振奋。黑格尔认为，悲剧不是个人的偶然原因造成的，而是两种具有普遍意义的力量的冲突，这是一种进步。但是，在黑格尔的悲剧理论中，抹杀了真是真非、正义和非正义的区别，看不到悲剧冲突是新旧两种势力的冲突。歌德就嘲笑过黑格尔。歌德指出，克瑞翁不准掩埋波吕涅克斯不仅违背了亲属关系的神圣原则，而且让尸体腐烂毒化空气，玷污敬神的祭坛，也是对国家犯罪。克瑞翁如果不下令禁止为波吕涅克斯收尸，也完全可以很好地维护国家的权威。所以，不能说他代表了一种正义和理想。此外，黑格尔认为悲剧冲突不是通过斗争，而是通过调和来解决，这也体现了黑格尔哲学的妥协性。

(三) 现代悲剧理论

在现代悲剧理论中，恩格斯和鲁迅的悲剧定义常常被援引。

恩格斯的悲剧定义是在致拉萨尔的信中提出来的。1859 年拉萨尔写了一部历史悲剧《弗兰茨·封·济金根》。济金根是 16 世纪德意志帝国的骑士，属于中下层贵族，他发动了骑士起义，反对封建割据的诸侯，企图建立以骑士阶层（特殊的军人阶层）为核心的君主国。结果，起义失败，济金根本人也战死。拉萨尔把济金根的失败归结为"个人的失策""外交的错误"、智力和伦理上的过失。《济金根》完稿后，拉萨尔分别致信马克思和恩格斯，谈了他写作这部悲剧的情况。马克思和恩格斯在回信中，都批评了拉萨尔的悲剧观。马克思和恩格斯指出，济金根反对诸侯和贵族的起义之所以失败，是因为他们孤军作战，得不到广大农民的支持，广大农民不可能站在残酷压迫他们的骑士和贵族一边。这就是恩格斯所说的"历史的必然要求和这个要求的实际上不可能实现之间的悲剧性的冲突"[1]。这里的"历史的必然要求"指济金根的起义必须和广大农民结盟才能取胜。然而，骑士的阶级性质决定了他们不可能这样做，这就是"这个要求的实际上不可能实现"。由此决定了济金根失败的悲剧。

恩格斯的悲剧定义虽然是针对《济金根》说的，然而具有普遍意义。代表历史的必然要求、代表社会发展的前进方向的实践主体，在改造自然、改造社会的斗争中，由于对方力量还很强大，或者由于自身的局限，斗争遭到了挫折和失败，从而产生了悲剧。

关于悲剧，鲁迅先生有一句名言："悲剧将人生的有价值的东西毁灭给人看。"[2]鲁迅先生的话表明，"只有在某种方面具有价值的人的死亡或重大灾难是悲的"[3]。悲剧常常与死亡和痛苦相联系，然而，作为生理规律的死亡和作为心理现象的痛苦，本身并没有悲剧意义。死亡和痛苦的悲剧意义在于，它们以某种方式代表、体现和肯定了某种理想、某种价值。正因为如此，莎士比亚笔下的李尔王和哈姆雷特的形象是悲的。李尔王作为一国之王，由于长女和次女的忘恩负义、冷酷残忍，最后在悲痛疯癫中死亡。他以不可补偿的代价认识到人与人和谐关系最根本的基础是同情博爱。哈姆雷特的悲剧深刻地反映了新兴资产阶级人文主义思想的历史进步和局限性。"悲剧产生于矛盾和冲突中，具有审美价值的人和现象在矛盾和冲突的过程中遭到毁灭或者经受巨大的灾难。同时，毁灭或灾难显示甚至加强这种价值。"[4]现象毁灭了，它的价值

---

[1] 《马克思恩格斯选集》第4卷，人民出版社1995年版，第346页。
[2] 《鲁迅全集》第1卷，人民文学出版社1981年版，第297页。
[3] 斯托洛维奇：《审美价值的本质》，凌继尧译，第134页。
[4] 同上书，第136页。

第九讲
从西南联大的校歌谈起

怎么会得到加强呢？因为价值不仅是现象的属性，而且是现象对人和社会的意义。这种意义并不随着现象的毁灭而消失，它长久地存活在社会的记忆中，并且物化在人们的行为和文化中。肉体毁灭转变成道德胜利和精神不朽。"如果缺少这种价值，就不能产生怜悯感，而没有怜悯感就不可能有悲的审美体验。"[1]

悲剧根植于社会的矛盾冲突，它反映了历史必然性和现实可能性之间的矛盾，由于矛盾性质的不同，悲剧的类型也不同。其主要类型有三种：第一种是英雄人物的悲剧。被马克思称为"哲学的日历中最高尚的圣者和殉道者"的普罗米修斯就是一个典型的例子。古希腊悲剧家埃斯库罗斯的悲剧作品《被缚的普罗米修斯》，取材于普罗米修斯盗天火给人间的神话。天神宙斯为了惩罚普罗米修斯，用铁链把他钉在高加索山上，并派大鹰每天吃他的肝脏。河神劝他和宙斯和解，遭到他的拒绝。他的肝脏白天被吃，晚上又长出来。在希腊神话中，普罗米修斯是一位小神。经过埃斯库罗斯的艺术加工，他成为一个不畏强暴、敢于为人类的生存和幸福而斗争的伟大的神。他的形象自古至今受到人类的称赞。

第二种类型是普通人日常生活中的不幸和苦难。他们没有惊天动地的伟业，只是正常的生活愿望受到摧残，例如鲁迅笔下的祥林嫂。鲁迅认为，这种"简直近于没有事情的悲剧"是大量存在的。

第三种类型是旧事物的悲剧。旧事物灭亡的悲剧性有一个前提，就是它的存在在一定程度上还没有丧失历史合理性。否则，人们就不可能对它的灭亡产生同情和怜悯。"这种存在的历史合理性，即旧事物的某

---

[1] 斯托洛维奇：《审美价值的本质》，第134页。

些因素的生命力,使旧事物的毁灭具有悲剧性。"[1]例如,光绪皇帝就是这样的悲剧人物。他是行将灭亡的旧制度的代表,但是他变法维新的行动仍有某种合理性。最后,在慈禧太后的压制下,他落得个悲惨的下场,令人同情。

二 悲的本质

为了揭示悲的本质,有两种研究方法。一种是从各个时代的悲剧中抽象出相似的特征,寻找古希腊、文艺复兴和现代的艺术中悲的共同性。另一种方法是,在艺术史中找到悲的一种最简单的细胞,它对于艺术中的悲的存在是必要的和充分的。正是在这种最简单的细胞中,"必要的和充分的东西"将形成一切悲所固有的共性。

当代俄罗斯美学家包列夫在《论悲》一书中就采用了后一种研究方法,来认识悲的本质。他力图寻找悲的最简单的细胞。科学史上有很多范例证明了最简单的细胞对展开完整的系统的巨大意义。马克思找到社会经济生活中的细胞——商品,确定了它的本质,在《资本论》中由这种细胞展示了资本主义经济生活完整的复杂系统。那么,什么是悲的最原始、最简单的细胞呢?作为悲剧的源头,包列夫在对酒神狄奥尼索斯的祭祀中发现了这种细胞。

狄奥尼索斯是"蕃殖神、酿酒神、酒神、醉神",同时又是"死灵魂的统治者",也就是说,他把两种对立的过程——生和死融于一身。[2]

---

[1] 斯托洛维奇:《现实中和艺术中的审美》,凌继尧、金亚娜译,生活·读书·新知三联书店 1985 年版,第 77 页。

[2] 包列夫:《论悲》,莫斯科 1961 年版,第 19 页。

包列夫描述了狄奥尼索斯的崇拜者的祭祀行为。他们穿着兽皮，在长笛和响鼓的伴奏下，在激烈的舞蹈中使自己达到疯狂的状态。他们把代表狄奥尼索斯的动物碎成几段，把动物肉生吃下去，表示对神的皈依。然后，他们把狄奥尼索斯复活，爱抚着像小孩一样躺在摇篮里的狄奥尼索斯。

从古希腊神话中可以得知，酒神狄奥尼索斯愉快地在大地上行走，他教会人种葡萄，并用葡萄酿酒。他从海上来到希腊，送给牧人伊卡利一根葡萄藤，感谢伊卡利的好客。伊卡利用葡萄酿成的酒招待其他牧人，由于他们不知道什么是醉，就以为伊卡利想毒死他们，于是把他杀了，埋葬在山上。在狗的帮助下，伊卡利的女儿找到了父亲的坟墓。由于绝望，她吊死在父亲墓旁的树上。狄奥尼索斯给予伊卡利、他的女儿和狗新的生命，并且把他们带到天上。这就是牧夫星座、室女星座和大犬星座。在这个悲剧内容的神话中，两种力量——生和死、死亡和复生相碰撞，交融成统一的旋律。

世界上第一部悲剧是费斯比德于公元前534年在雅典上演的。但是，包列夫认为，悲剧的原始细胞、表现出悲剧基本的重要规律的细胞胚胎却早于费斯比德，存在于对狄奥尼索斯的祭祀中。在对狄奥尼索斯的祭祀中，两种感情——悲戚和愉快相结合。正是这种特征导致悲剧从这个细胞中发展起来。悲的机制由三种因素组成：生—死—生。这三种因素中的任何一种都不会独立存在，它们不仅相互发生作用，而且组成统一整体内相互过渡的三个不同阶段。

死和由死而产生的悲戚，生和由生而产生的愉快，这两者形成悲的本质和必不可少的特征。由于悲剧包容两个对立的过程——生和死，而整个生活由这两个过程构成，所以悲剧是最富有哲学含义的艺术样式。由人的意识所无法管辖的行为所产生的死，引起悲戚和同情的死导致死者的"复活",这种"复活"产生享受,净化心灵,这就形成了悲的本质。悲剧源头中这些本质特征在以后得到改造的、以展开的形式出现的悲剧作品中可以见到。英雄的死亡,矛盾冲突的尖锐性,悲戚、同情和愉快的审美享受的结合以及英雄为新生活的"复生",这些组成了悲剧的内在特征。

悲剧情感是两种对立现象——死和生所形成的印象的融会。悲戚和愉快两种感情交织在一起,产生欢乐的痛苦和痛苦的欢乐的印象,产生对悲戚的审美享受。这种印象和享受,我们从任何一部真正的悲剧作品那里都可以得到。

三 悲剧快感

悲剧和死亡、痛苦相联系,然而它却能产生快感和审美享受。悲剧快感是怎样产生的?它形成的原因是什么?对于这些问题,我们在上面已经零星地讲到过,在这一节里再做一个总的说明。

(一)戏剧中的悲剧快感

朱光潜先生的《悲剧心理学》有一个副标题:"各种悲剧快感理论的批判研究"。朱先生在这部书中,研究了作为戏剧一种样式的悲剧的快感问题。

朱先生批判研究的是西方各种悲剧快感理论。有一种观点认为,悲剧快感的原因在于我们从祖先那里继承过来的野蛮人的劣根性,渴望看到流血和给别人带来痛苦,在别人的不幸中寻求一种快乐。例如,古罗马人热衷于观看奴隶角斗士残忍的角斗表演,野蛮人部落把敌人的骨头作为战利品戴在身上做装饰。朱先生在批判这种观点时,提出了应用于悲剧的心理距离说。

第九讲
从西南联大的校歌谈起

悲剧以真人来表现人的行动和感情，与其他艺术如雕塑、音乐等相比，它有丧失和生活拉开距离的危险。为了弥补这种缺陷，悲剧采用了一系列使生活"距离化"的手法。悲剧让情节发生的时间定在遥远的历史时期，地点定在遥远的国度。莎士比亚题材较近的唯一一部悲剧是《奥赛罗》，但他把这部剧的地点放在意大利，而主角摩尔人奥赛罗谁也不知道是何许人也。时间和空间的距离使戏剧情节同实际生活脱离联系。悲剧的人物、情境和情节具有非常性质。悲剧英雄的超群力量是我们普通人所没有的，在大多数著名的悲剧情境中，普通人会采取不同的行动，从而避免悲剧的结局。悲剧艺术的技巧和程式，如幕与场的适当分布、情节的统一等，也是实际生活中的事件所没有的。悲剧不使用日常生活的语言，而一般以诗歌体写成。"它那庄重华美的词藻、和谐悦耳的节奏和韵律、丰富的意象和辉煌的色彩——这一切都使悲剧情节大大高于平凡的人生，而且减弱我们可能感到的悲剧的恐怖。"[1] 悲剧非现实而具有暗示性的舞台技巧和舞景效果，也是保持距离的一种手法。经过"距离化"因素的"过滤"，悲剧只剩下美和壮丽，所以能使人产生快感。

亚里士多德在《诗学》中提出悲剧的怜悯与恐惧的问题。朱光潜先生对亚里多德的悲剧快感理论的研究，可以归结为两个问题：为了产生悲剧效果，为什么要在怜悯之外加上恐惧？悲剧效果是否仅仅就是怜悯和恐惧？

关于第一个问题，朱先生认为，仅有怜悯还不足以产生悲剧效果。怜悯是由别人的痛苦唤起的，怜悯中含有主体对被怜悯对象的同情。它和恐惧的冲动根本不同。怜悯作为同情的表现，一般伴随着想去接近的

---

[1] 朱光潜：《悲剧心理学》，人民文学出版社 1983 年版，第 35 页。

冲动。而恐惧产生于危险的意识，往往伴随着逃避的冲动。作为一种审美同情的怜悯，更多地与秀美感，而不是与悲剧感相联系。"秀美的东西往往是娇小、柔弱、温顺的，总有一点女性的因素在其中。它是不会反抗的，似乎总是表现爱与欢乐，唤起我们的爱怜。""当然，秀美可以有种种细微的差异，可以是一种纯真的快乐的表现，如天真无邪的儿童的微笑或在晨光熹微中慢慢绽开的含着露珠的花朵，也可以是一种深沉的哀伤的表示，如深秋摇落的霜叶或达·芬奇名画《最后的晚餐》中基督的面容。随着秀美向后一个极端接近，惋惜感也越来越突出。"[1]

然而，"悲哀的秀美"不足以产生悲剧的效果，因为它不包含恐惧。观看一部伟大的的悲剧好像观看一场暴风雨，我们总是先感到压倒一切的力量所带来的恐惧。恐惧是悲剧感不可缺少的成分。不过，只有恐惧也不能产生悲剧感。我们观看崇高的对象如暴风雨并不产生悲剧感。观看莎士比亚的悲剧《李尔王》时，面对李尔王苦难的下场，我们在感到恐惧时还感到怜悯，于是产生了悲剧感。悲剧感是怜悯和恐惧的结合，以怜悯来缓解恐惧。悲剧感和崇高感的区别在于前者含有怜悯，而后者没有。

基于这样的原因，亚里士多德把怜悯和恐惧列为悲剧情感。朱先生认为，这还不完全。因为悲剧尽管激起恐惧，但是能使我们感到振奋。悲剧恐惧是暂时的，只是走向激励和鼓舞的一个步骤。悲剧具有能够唤起我们的惊奇感和赞美心情的英雄气魄。"简言之，悲剧在征服我们和使我们生畏之后，又会使我们振奋鼓舞。在悲剧观赏之中，随着感到人的渺小之后，会突然有一种自我扩张感，在一阵恐惧之后，会有惊奇和赞

---

[1] 朱光潜：《悲剧心理学》，第80—81页。

叹的感情。"[1]根据这样的分析,朱先生给悲剧下了一个定义:"要给悲剧下一个确切的定义,我们就可以说它是崇高的一种,与其他各种崇高一样具有令人生畏而又使人振奋鼓舞的力量;它与其他各类崇高不同之处在于它用怜悯来缓和恐惧。"[2]朱先生的悲剧定义和亚里士多德的定义的不同之处在于,朱先生把崇高感情看作悲剧感中最重要的成分。

在《悲剧心理学》中,朱先生提出两个有争议的问题:一是中国艺术中有无悲剧,二是现实生活中有无悲剧。朱先生认为,悲剧这种戏剧形式和这个术语,都起源于希腊。中国没有产生一部严格意义的悲剧。原因在于中国人不大进行抽象思辨,也不想费力去解决那些和现实生活好像没有什么明显的直接关系的终极问题。对于中国人来说,哲学就是伦理学。中国人乐天知命,用很强的道德感代替宗教狂热,宗教感情淡薄,对人生悲剧性的一面感受不深。李泽厚先生也指出,中国人基本上是乐观的民族,很少有彻底的悲观主义出现。"中国人比较难于接受、但应该去了解或吸取的,就是宗教方面的文化,例如东正教中的苦难观念,和其神秘经验中所追寻的灵性黑夜境界。这是一种很崇高

康宁柯夫《陀思妥耶夫斯基》

---

[1] 朱光潜:《悲剧心理学》,第84页。
[2] 同上书,第92页。

的精神境界。中国也没有从希腊古典悲剧到陀思妥耶夫斯基这种作品。在美学里，西方是 Sublime 和 Beauty 两样东西，在中国都是美，一种是阳刚之美，一种是阴柔之美。这反映了中国文化的一个弱点。所以鲁迅批评得很厉害，说老是大团圆。中国人喜欢好莱坞大团圆电影，中国文化缺少那种俄罗斯式的悲剧精神。"[1]英国哲学家罗素说过，支撑人生活的动力来自三种单纯而又极其强烈的激情：对爱情的渴望，对知识的渴求以及对人类苦难痛彻肺腑的怜悯。陀思妥耶夫斯基的作品就浸透着对人类苦难痛彻肺腑的同情。有些研究者认为，中国有本民族的悲剧艺术，如元代关汉卿的《窦娥冤》就是悲剧名作，而曹雪芹的《红楼梦》、鲁迅的《阿Q正传》等也是广义的悲剧艺术作品。

朱先生还指出，"现实生活中并没有悲剧，正如辞典里没有诗，采石场里没有雕塑作品一样。"[2]朱先生的意思是说，现实中的痛苦和灾难只是悲剧的素材，它们要经过艺术手段距离化的"过滤"之后，才能成为悲剧。不过我们认为，广义的悲剧在现实生活中是存在的。

（二）现实中的悲剧快感

冯友兰先生为西南联大撰写的校歌是一件艺术作品，当年吟唱校歌的西南联大师生是校歌所描述的悲剧事件的亲身经历者。他们吟唱校歌所体验到的"悲愤而坚决的心情"正是现实中的悲剧快感。

悲剧之所以能产生这种感情，因为它和崇高有密切联系。在西方美学史上，博克最早看到这种联系。悲剧是一种痛苦、灾难和牺牲，但是它又不让人感到沮丧和压抑。"悲剧使我们接触到崇高和庄重的美，因此能唤起我们自己灵魂中崇高庄严的感情。它好像能打开我们的心灵，

---

[1] 李泽厚：《世纪新梦》，安徽文艺出版社1998年版，第244—245页。
[2] 《朱光潜全集》第2卷，第453页。

乔托《哀悼基督》

耶稣被钉十字架,受难而死,圣母玛丽亚以及众弟子、天使悲恸至极。整个画面具有一种极为深厚的悲剧感。

米开朗琪罗《创世记》

米开朗琪罗的壁画可谓视觉的史诗。

加州格罗夫教堂内部装饰(P.约翰逊、约翰·布基)

巨大开阔明亮的空间,光线的强调,具有强烈的宗教内涵。

布鲁塞尔塔塞尔公寓楼梯设计(维克特·豪达)

新洛可可主义的风格为平淡的实用功能增添了无穷的魅力。

1967年蒙特利尔博览会美国厅(布克敏斯特·富乐)

将分子结构运用到宏观建筑上,是现代科技与美学结合的典范。

NASA拍摄的星云

科学不断用极大或极微的尺度,带给我们关于这个世界新的印象。

康定斯基的抽象绘画作品

他的作品几乎到达了绘画中最简单的形式,只剩线条和色彩,但其中蕴含的意味却似乎更为丰富。

梵·高《星夜》

巨大的旋涡和夸张的星光让我们能够通过画者的眼睛看到新的世界。

第九讲
从西南联大的校歌谈起

在那里点燃一星隐秘而神圣的火花。"[1] 悲剧自有一种赴汤蹈火的英雄气概和百折不挠的韧性精神。在吟唱西南联大校歌时，郁积的痛苦、情绪受阻的挫折感得到自然的宣泄和表现，因此会产生一种快感。

悲剧具有英雄气概，然而光凭英雄气概还不能产生悲剧效果。悲剧效果必然含有怜悯和恐惧，英雄气概只是令人鼓舞而不会首先令人恐惧，它产生"坚决的心情"，而不产生"悲愤的心情"。北大、清华、南开三校南迁，是在中华民族存亡继绝的危急关头发生的悲剧事件。在侵略者的铁蹄下，祖国山河破碎，哀鸿遍野，生灵涂炭。正像联大校歌所描写的那样，"九州遍洒黎元血"。人们吟唱联大校歌，会产生悲剧的怜悯。但这种怜悯不是指向外在客体的道德同情，而是一种审美同情，即把自己的命运和祖国、人民的命运联系在一起的感受。这种怜悯也就是一种自怜，自己在遭受厄运时对自己的怜悯。爱和惋惜是这种怜悯最基本的成分。

除怜悯外，悲剧感中还有恐惧。这种恐惧不是日常生活中面临生命危险时的那种恐惧，也不是胆怯、懦弱的畏首畏尾。悲剧中的恐惧是一种哀伤或忧郁的情调，是一种忧患意识。悲剧中的恐惧是面对强大的邪恶力量而感到无能为力的感觉。然而，我们在感到压抑和震惊时，也感到反抗和振奋。"恐惧成为一种强烈的刺激，唤起应付危急情境的非同寻常的大量生命力。它使心灵震惊而又充满蓬勃的生气，所以也包含着一点快乐。"[2]

"悲愤而坚决的心情"是杨振宁先生对悲剧快感体验式、感悟式的说明，然而这种说法完整而准确地表述了悲剧快感的特征。

---

[1] 《朱光潜全集》第2卷，第259页。
[2] 同上书，第375页。

联大校歌所描述的是悲剧事件，其中没有突出的悲剧人物。联大校歌歌词与岳飞的《满江红·写怀》多有比照。岳飞无疑是一个伟大的悲剧人物。岳飞的悲剧也使我们产生怜悯和恐惧。这怜悯是对功败垂成的深深惋惜，岳飞"还我河山"的壮志成为虚愿。这不能不令人扼腕叹息。而恐惧则是对奸佞误国的忧愤，是对壮志难酬"空悲切"的无奈。尽管在岳飞的悲剧中慷慨激昂的庄严音调占主流，然而其中仍有一些悲观的音调。唯有这样，才能产生混有痛感和快感的悲剧效果。

冯友兰先生在联大校歌中把《满江红·写怀》中的"靖康耻，犹未雪。臣子恨，何时灭？"改为："千秋耻，终当雪。中兴业，需人杰。"冯先生幸而言中。今天如果再讨论这四句话，杨振宁先生建议改为："千秋耻，既已雪。中兴来，需人杰。"从"终当雪"到"既已雪"，这是多么痛苦、多么艰难的历程；我们在缅怀浴火重生的血泪史时，一种"悲愤而坚决的心情"不觉油然而生。

思考题

1. 分析美学史中的若干悲剧理论。
2. 谈谈悲剧的本质。
3. 怎样理解悲剧的快感？

阅读书目

朱光潜：《悲剧心理学》，张隆溪译，人民文学出版社1983年版。

黑格尔：《美学》，朱光潜译，第3册下卷C部分第3节，商务印书馆1981年版。

第十讲
浪漫主义美学的"片段"

  浓郁的感情

  飘逸的想象

  惊世的天才

  若干代表人物

  即使没有读过雪莱《西风颂》的读者,也一定知道其中的名句:"西风哟,如果冬天已经来到,春天还会远吗?"即使没有听过柏辽兹交响乐《幻想交响乐——一个艺术家生活中的情话》的听众,也能从它的标题中猜出,这大概是一位狂热而富于想象力的青年艺术家用心血而不是用音符谱写成的、献给梦中情人的乐曲。读者也许知道不少名人的墓志铭,然而济慈的墓志铭"此地长眠者,声名水上书"可能更值得玩味。不必说德拉克罗瓦笔下的音乐大师帕格尼尼肖像画,和海涅小说《佛罗伦萨之夜》中的帕格尼尼形象有着精神上的相似，就是瓦格纳的音乐也和德国民主思想有着深刻的内在联系，人们从中能够听到欧洲解放运动铿锵的脚步声。雪莱、柏辽兹、济慈、德拉克罗瓦、海涅和瓦格纳是灿烂的浪漫主义星空中的几颗明星。像这样的明星，在浪漫主义流派中可以开列一个长长的名单。

浪漫主义是 18 世纪末期到 19 世纪中期在欧洲占主流的文艺流派。浪漫主义流派是特定的历史时期的产物，它不同于其他历史时期中出现的创作方法上的浪漫主义倾向。中国古代诗人屈原、阮籍、李白具有浪漫主义倾向，屈原"朝饮木兰之坠露兮，夕餐秋菊之落英（初开的花朵——引者按）"的高洁，阮籍"一飞冲青天，旷世不再鸣"的慷慨，李白"俱怀逸兴壮思飞，欲上青天揽明月"的豪放，都充满了浪漫主义精神，但不能因此把他们归入浪漫主义流派。美学本身也有侧重浪漫主义倾向的，在希腊罗马美学家中，柏拉图和朗吉弩斯就具有浪漫主义倾向。浪漫主义倾向和浪漫主义流派虽然有区别，但是两者也有密切的联系，因为浪漫主义的特点在浪漫主义流派中得到最集中、最充分的表现。

浪漫主义美学首先和浪漫主义艺术相联系，它和浪漫主义艺术共存共荣。虽然它在 19 世纪中期走向衰落，然而它实际上存在于整个 19 世纪。浪漫主义美学是鲜活的、发展的学说，它产生于艺术实践的需要。浪漫主义美学家大部分是艺术家，他们不喜欢做抽象枯燥的议论，很少采用概念和范畴的体系，重视对美和艺术的生动而亲切的体验。他们为自己的创作文集撰写美学论文，不用思辨和严格的定义而用心灵、幻想和直接的创作经验说话。从形式上看，浪漫主义美学和以往的美学最大的区别在于，大部分浪漫主义者以"片断"而不是完整论文的形式，或者在文学作品的内容中阐述美学思想。

第十讲 浪漫主义美学的"片段"

所谓"片断",就是隽永短小、充满智慧和思想火花的语录式文字。F.施莱格尔对片断的要求是:"一条片断必须宛如一部小型的艺术作品,同周围的世界完全隔绝,而在自身中尽善尽美,就像一只刺猬一样。"[1] 我们不妨欣赏他的几则片断:"谁如果进到了人性的中心,就是一个真正的人。""有一种美妙的坦率,像开花一样敞开自己,为的只是放出芬芳。""只有通过爱,通过爱的意识,人才成其为人。""音乐与道德更亲近,而历史与宗教更亲近。因为节奏是音乐的理念,而历史却追寻本源。"

冯友兰先生在《中国哲学简史》中说过,他大致感觉到,"浪漫"和"浪漫主义"与中国古代的"风流"的意思颇为接近。"风流""是一个含意丰富而又难以确切说明的语词。从字面上说,'风流'是荡漾着的'风'和'流水',和人没有直接的联系,但它似乎暗示了有些人放浪形骸、自由自在的一种生活风格"[2]。风流的实质是率性任情的思想方式和生活方式。欧洲浪漫主义者正是率性任情的,他们的美学推崇浓郁的感情、飘逸的想象和惊世的天才,并以感情、想象和天才三大口号标榜于西方美学史。

一 浓郁的感情

浪漫主义在形成和发展的过程中,把斗争的矛头首先指向17世纪法国的新古典主义。浪漫主义美学的许多问题就是在同新古典主义的斗争中提出并加以研究的。新古典主义标榜理性,与此针锋相对,浪漫主义高擎感情的旗帜。

---

[1]　F.施莱格尔:《浪漫派风格》,李伯杰译,华夏出版社2005年版,第66页。
[2]　冯友兰:《中国哲学简史》,新世界出版社2004年版,第199页。

(一)"诗是强烈感情的自然流露"

法国新古典主义的立法者是布瓦罗,他最著名的学术著作《论诗艺》总结了新古典主义的基本原则,被称为文学的《可兰经》。它在欧洲各国产生的巨大影响一直延续到18世纪末期。布瓦罗美学的基本出发点是,艺术要遵循理性,艺术创作过程是理性支配的过程。浪漫主义者批判了新古典主义对理性的崇拜,认为艺术是内心世界的外化,是激情支配下的创造;艺术不是理性活动的产物,而是感情活动的产物;艺术来自感情,并诉诸感情,它从心灵到心灵。对于新古典主义的因循守旧和墨守成规,一位浪漫主义者十分厌恶地说:"我们甩掉新古典主义,就像甩掉有人想让我们穿上的已经完全腐烂的裹尸布。"

对感情的推崇凝成浪漫主义者的若干片段。诺瓦利斯写道:"诗是对感情、对整个内心世界的表现。"[1]华兹华斯指出:"诗是强烈感情的自然流露。"柯尔律治(又译柯勒律治)说:"'在灵魂中没有音乐的人'绝不能成为真正的诗人。"[2]瓦肯罗德声称:"可以把艺术称作为人的感情之花。"[3]

这里提到的诺瓦利斯和瓦肯罗德是德国浪漫主义诗人,而华兹华斯和柯尔律治则是英国第一代浪漫主义诗人。人们把华兹华斯和柯尔律治的关系比作歌德和席勒的关系。德国魏玛宫廷剧院门前歌德和席勒比肩而立的铜像,清楚地表明了这两位文化巨匠在德国文化史、文学史和美学史中双峰并峙的局面。歌德与年轻10岁的席勒个性迥异,然而友谊亲密,他们相交和合作的10年是歌德一生中创作最辉煌的时期之一。

---

[1] 《欧美古典作家论现实主义和浪漫主义》(一),中国社会科学出版社1980年版,第268页。

[2] 同上书,第277页。

[3] 瓦肯罗德:《著作和书信集》第1卷,耶拿1910年版,第46页。

第十讲 浪漫主义美学的"片段"

1795年9月，25岁的华兹华斯和23岁的柯尔律治首次见面。虽然秋风萧瑟，然而柯尔律治却感到暖意盈怀。还是在剑桥大学学习时，他就佩服年轻诗人华兹华斯的诗作。当时参与见面的还有华兹华斯的妹妹、聪慧温柔的多萝西。年轻人的心碰撞在一起了。密切的交往促使华兹华斯和妹妹于1797年迁徙到柯尔律治居住的英国西部湖区，即西南部的萨默塞特。华兹华斯诞生于西北部的湖区内，童年时他常伴着波光朦胧的湖水，看星光沿着山脊缓行。现在他又和柯尔律治毗邻而居，他们或者结伴散步，或者彻夜长谈。善解人意的多萝西成为他们共同的朋友和助手。

感情在浪漫主义创作中的表现有两种形式：一种是强烈的激情和不可抑止的叛逆情绪，另一种是平静的、静观的感情。"拜伦式英雄"就表现

华兹华斯

柯尔律治

了第一种感情。英国诗人拜伦笔下的主人公都是富于叛逆精神、充满激烈感情的"拜伦式英雄"。法国画家德拉克罗瓦喜欢拜伦,他在绘画中以奔放的热情描绘了拜伦作品中的形象,如《唐璜的帆船》《萨尔达纳帕尔之死》。为了表现浪漫主义的激烈感情,德拉克罗瓦还描绘了汹涌奔腾的海(《船舶失事之后》)和狂奔疾驶的马(《塔堡战役》)。他的画作色彩热烈,结构富于动感,轮廓错综复杂,这些都加强了热情洋溢的效果。浪漫主义音乐中对人物内心世界的鲜明表现也是前所未有的。匈牙利音乐家李斯特的《浮士德交响曲》、法国音乐家柏辽兹的《幻想交响曲》和瓦格纳的《汤豪舍》都表现了对立感情的尖锐斗争。

表现平静的、静观的感情出现在另一些浪漫主义者的作品中。德国画家弗利德利希往往描绘废墟、陵墓、寺院,这些作品浸润着平和的幻想。

德拉克罗瓦《唐璜的帆船》

第十讲
浪漫主义美学的"片段"

德拉克罗瓦《船舶失事之后》

在浪漫主义运动之前,艺术模仿论一直占据主导地位。浪漫主义者反对艺术模仿论,把艺术首先看作一种创造活动,它创造新的现实。他们在肯定艺术的创造本质时,看到了艺术自由地表现人的精神力量的可能性。只有当外在的物质世界的现象获得内在的精神意义,只有当现实被精神化,艺术才可能产生。在他们看来,画家的任务不在于忠实地描绘空气、水、悬岩和树木,而在于通过它们反映画家的心灵和知觉。

浪漫主义者肯定了艺术同情感不可分割的联系,并把感情与理性对立起来。在这种共同的立场中,浪漫主义者又有两种倾向。一种倾向是反对肤浅的理性主义,然而并不否定理性在艺术中的作用,力图表现感情和思想在艺术中的相互联系。艺术中的感情是客观世界的主观表现,它不脱离客观世界而存在。另一种倾向则把感情因素绝对化，完全否定理性在艺术中的意义，把艺术内容仅仅归结为感情。大部分浪漫主义者持后一种观点。

柯尔律治、柏辽兹、德国音乐家和戏剧家瓦格纳等人主张艺术中思想和感情的和谐统一。柯尔律治强调艺术作品必须具有思想的深度与活力，"从来没有一个伟大的诗人，不是同时也是个渊博的哲学家。因为诗就是人的全部思想、热情、情绪和语言的花朵和芳香"[1]。柏辽兹认为"在音乐中要同时表现感情和理智"，"知识和灵感的统一形成艺术"。瓦格纳在《歌剧和戏剧》中也多次论述了思想和感情的统一对于提高艺术性的必要性。

浪漫主义艺术对内心世界的强烈关注是以前的艺术所没有的。这种特点明显地表现在浪漫主义肖像画的发展中。肖像画中人物的内心世界通过他的外貌展示出来。德拉克罗瓦创作过一系列肖像画，如波兰音乐家肖邦像、法国作家乔治·桑像和自画像等。在肖邦像中，人物处在不引人注意的背景中，面孔被阴影遮住，含混不清。肖邦仿佛在倾听发自内心的音乐，他的眉眼之间有痛苦的印记。画家对人物内心世界的兴趣超越了对人物造型和形体美的兴趣。

浪漫主义者不仅深入到自己的内心世界，而且深入到和他们相近的那些人的内心世界。爱和友谊成为他们所追求的理想。这两种题材在浪漫主义艺术中占据了主导地位。有人指出，按照浪漫主义奠基者的理论，爱和浪漫是同一种东西。建立在共同的精神追求上的深厚友谊把许多浪漫主义者紧紧地联在一起。拜伦和雪莱、李斯特和瓦格纳的友谊被传为佳话。虽然原来的朋友后来也会分道扬镳，然而这是一种新型的浪

---

[1] 《欧美古典作家论现实主义和浪漫主义》（一），第278页。

漫主义友谊。

浪漫主义者既嘲笑启蒙运动者建立理性王国的幻想，又把新古典主义美学鄙称为"审美几何学"。他们指出，不能把生动的艺术现象纳入臆想的规则中。审美几何学常常抱怨莎士比亚缺乏内在的统一和联系，而看不到在莎士比亚那里正是从一颗种子长成枝繁叶茂、果实累累的大树。

对感情的推崇自然引出艺术创作的自由问题。在论述新古典主义和浪漫主义的区别时，法国作家雨果把前者比作凡尔赛王家花园，把后者比作新大陆原始森林。凡尔赛王家花园是规则的杰作，而新大陆原始森林则是自由的象征。

（二）凡尔赛王家花园和新大陆原始森林

新古典主义是花园式的杰作。在凡尔赛王家花园中，一切都修饰得整整齐齐，打扫得干干净净，杂草都被刈除了，砂土覆盖得很均匀，到处都有小小的瀑布、小小的池塘、小小的树林，还有用大理石雕成的奇禽异兽，以及在海浪中嬉闹的海神的青铜塑像。那些圆锥形的小松、圆柱形的桂树、球形的桔树、椭圆形的覆盆子被修剪得失去天然的粗野形态。而浪漫主义是大自然的杰作。在新大陆原始森林中，树木高大，野草浓密，植物深藏，禽鸟各异，音响粗野，河流挟带着一个个花岛，瀑布能和彩虹比美。

在花园中，一切受制于人，天然的秩序被破坏、颠倒、打乱、消灭。而在森林中，一切服从不可更改的自然法则。花园是规规矩矩的美和人工美，是纯粹人为的组合的匀称。原始森林是没有规则的美和原始美，是产生于事物内部的合理安排。新古典主义艺术在规规矩矩中会表现出一种有规则的零乱，而浪漫主义艺术在自然而然的不规则中也表现出值得赞美的秩序。

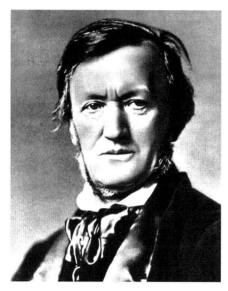

瓦格纳

瓦格纳指出,真正的艺术是最高的自由,只有最高的自由能够宣告艺术的诞生。浪漫主义者呼吁用艺术的明亮之火把一切规则焚毁。他们坚决反对戏剧中的"三一律",提出自由是艺术家的权利,艺术家有权寻求适合新内容的任何形式。艺术形式不应该由陈旧的传统所制约,而只能由艺术内容中的感情所决定。司汤达在《拉辛与莎士比亚》中强调,浪漫主义悲剧就是"时间经过几个月、地点变更多次、用散文题写的悲剧"。在这里,他的矛头直指被新古典主义奉为圭臬的时间一致律和地点一致律(戏剧情节在一天的时间和同一个地点中发生)。

某些浪漫主义者在强调创作自由时,陷入主观任意的片面性。但是,大部分浪漫主义者并不是完全否定规则,他们只是反对束缚艺术创作的清规戒律。柯尔律治写道:"恰如天才绝不应没有规则一样,天才也不能没有规则。""当我们给一个特定的材料盖印上事先决定好的形式时,这种形式不是由材料的性质所必然产生的,这种形式就是机械的……反之,有机的形式是生来的,它在发展中从内部使它自己定形,它的发展的完成与它外部形式的达到完美是统一的,是同一件事。"[1]

雨果也指出:"在文学中,也像在社会里一样,不能标新立异、纷乱无

---

[1] 《欧美古典作家论现实主义和浪漫主义》(一),第278页。

章,要有法则。"[1]由此可见,浪漫主义者主张创作自由和艺术规则辩证地联系,只是艺术规则不应由外部强加,而要从艺术创作内部自然而然地产生出来。

创作自由还涉及对待艺术遗产的态度。很多浪漫主义者高度评价莎士比亚,把他的创作视为典范。但是他们并不要求人们模仿莎士比亚的戏剧,而是要像莎士比亚那样去研究生活,那样创作。浪漫主义者不否定继承艺术遗产,但是他们更强调创造性。雨果指出:"谁去模仿一个浪漫主义诗人,就必然成为一个古典主义者,因为他是在模仿。哪怕你是拉辛的回响或者是莎士比亚的返照,你总不过是声回响、是个返照。"[2]

二 飘逸的想象

梁实秋在《文艺批评论·结论》(上海中华书局1934年版)中写道:"自从浪漫派的学说在近代得势以来,有两大思想横亘在一般人的心里:一个是'天才的独创',一个是'想象的自由'。……所谓'天才'是对着常识(Good sense)而言;所谓'独创'是对着'模仿'而言;所谓'想象'是对着'理性'而言;所谓'自由'是对着'规律'而言。……换言之,浪漫运动是推翻新古典的标准的运动。"[3]

---

[1] 《欧美古典作家论现实主义和浪漫主义》(一),第68页。

[2] 《欧美古典作家论现实主义和浪漫主义》(二),中国社会科学出版社1980年版,第396页。

[3] 转引自杜书瀛、钱竞主编,旷新年著《中国20世纪文艺学学术思想史》第2部下卷,上海文艺出版社2001年版,第188页。

（一）诗才的灵魂

"想象"是浪漫主义的三大口号之一。英国第一位浪漫主义诗人布莱克说："我的世界是想象和精神显现的世界。"他的诗摆脱了新古典主义的桎梏，以清新的歌谣体和奔放的无韵体抒写理想和生活，有热情，重想象，开浪漫主义诗歌的先河。柯尔律治写道："诗的天才以良知为躯体，幻想为服饰，行动为生命，想象为灵魂，这灵魂无所不在，它存在于万物之中，把一切形成一个优美而智慧的整体。"[1]

"想象"一词最早是由亚里士多德提出来的，他在《论灵魂》中写道："想象和判断显然是不同的思想方式。因为想象存在于我们意愿所及的能力范围之内（因为人们可以在心里制造出一些幻想，就好像人们利用影像来帮助记忆一样），但是，我们却不能随心所欲地形成意见；因为意见一定要么是错误的，要么是正确的。"[2] 后来，罗马美学家朗吉弩斯在《论崇高》第 15 章中专门讨论了想象。朗吉弩斯用来表示"想象"的希腊词是 phantasia，原意为"视觉形象"，朗吉弩斯在新的含义上使用了它："所谓想象作用，一般是指不论如何构想出来而形之于言的一切观念，但是这个名词现在用以指这样的场合：即当你在灵感和热情感发之下仿佛目睹你所描述的事物，而且使它呈现在听众的眼前。"[3]

朗吉弩斯区分出两种想象：诗歌中的想象和雄辩中的想象。作为诗人想象的范例，朗吉弩斯援引欧里庇得斯对复仇女神的描绘和埃斯库罗斯对七将攻忒拜的描绘。这些想象使知觉者产生心醉神迷的效果。作为雄辩家想象的范例，朗吉弩斯援引狄摩西尼和许帕里德斯。他们把事实

---

[1] 刘若端编：《19 世纪英国诗人论诗》，人民文学出版社 1984 年版，第 70 页。
[2] 《亚里士多德全集》第 3 卷，中国人民大学出版社 1997 年版，第 72 页。
[3] 《缪灵珠美学译文集》第 1 卷，中国人民大学出版社 1998 年版，第 93—94 页。

的论证和想象力结合在一起，使雄辩具有感染力，听众"被吸引着，从推理方面转向想象力所产生的魅力，于是事实的论证就仿佛笼罩在灿烂的光环中"[1]。在朗吉弩斯那里，想象不仅是观念的形象显现，而且是一种充满激情、心驰神往的现象。这样理解的想象已经很接近于近代欧洲美学中的想象。在这种意义上，朗吉弩斯著作是希腊罗马文献中绝无仅有的。

对热情、想象的重视，对艺术的强烈效果的重视，使得朗吉弩斯的《论崇高》成为欧洲启蒙运动者和浪漫主义者手中的武器。18世纪中叶，"浪漫的"一词的引申义指对于想象和情感的偏好。对想象的崇拜在浪漫主义时代达到顶点。以前，想象的自由都要服从理性的管辖。不过，启蒙运动已经为想象的胜出准备了条件。启蒙运动哲学家赋予同情这个范畴以巨大的可能性。同情既是社会联系的心理基础，又是道德体验和审美体验的能力。而没有活跃的想象，人们不能彼此同情。在这里感情的细腻而不是理性的力量获得决定性的意义。因此，启蒙运动者使想象和趣味相接近，而浪漫主义者使想象和天才相接近。对于他们来说，天才和想象具有同样的意义。

（二）《忽必烈汗》和想象理论

在所有浪漫主义者中，柯尔律治对想象做了最深入的研究。他最著名的三首诗之一《忽必烈汗》就是想象的产物（另两首是《古舟子咏》和《克利斯托贝尔》）。1798年夏，柯尔律治健康不佳，在农舍静养。一日略感不适，他服用了鸦片以镇痛，醉后在椅子上睡着了。睡前他阅读一部游记，读到"忽必烈汗令在此地建一座宫殿，并且修一个堂皇的花园，于是一道围墙把十里沃土都圈在里面"。他熟睡三个小时，梦中异

---

[1] 《缪灵珠美学译文集》第1卷，第96页。

象纷呈，文思泉涌，作诗不下二三百行。刚醒来时还记得很清楚，于是取纸笔赶快写下。写到几十行时，忽然有客来访，使他的写作中断。客人去后记忆已经模糊，不能续写。

忽必烈是成吉思汗的孙子、灭亡南宋、建立元朝的元世祖。《忽必烈汗》现存54行，它在柯尔律治的诗中是最富于想象的。它可以分为两部分。第一部分写到，忽必烈汗颁布谕旨，在上都（今内蒙古正蓝旗东）兴建宫苑楼台。圣河阿尔夫流经此处，穿越幽深莫测的洞窟，注入阴沉的大海。接着，出现了凄丽的景象：在蒙昧的荒野中，"恍若有孤身女子现形于昏夜，在残月之下，哭她的鬼魅情人"。然而，这样的场面立即为怒涛轰鸣声所驱逐，忽必烈汗出现了，并出现了想象中的游乐之宫："这真是穷工极巧，旷代奇观：冰凌洞府映衬着艳阳宫苑。"

第二部分写一少女用扬琴伴奏她的吟唱。这是诗人的梦中之梦，地点已从上都移到了非洲。诗人仿佛从诗神缪斯的圣泉中喝过甘露，灵感勃发时如神灵附体，如痴如狂。全诗至此戛然而止。初看起来，《忽必烈汗》完全没有意义，只是一些美的形象和音响的混乱堆积。实际上它好似一股激情，力图见到未曾有过的、使清醒的意识晕眩的美。诗人把异常敏锐地知觉过的现实生活现象和自然现象移置到想象领域中。"显然，此诗的主角并非蒙古大汗而是诗人，所渲染、形容的是灵感，是想象力。情景转移的迅捷，形象对照的突兀，格律上多种乐音替换的频繁，都是为了突出想象力的作用，表现出它的不可捉摸性。英国浪漫主义诗歌的神秘、瑰奇的一面在此集中体现了，而此诗之着重音乐美和意境美而不讲思想或道德意义，则又成了后世纯粹诗、抽象诗的先导。"[1]

---

[1] 王佐良：《英国诗史》，译林出版社1997年版，第261页。

第十讲
浪漫主义美学的"片段"

《忽必烈汗》所实践的想象原则是柯尔律治美学思想最主要的内容。区分幻想和想象是他的美学的支柱，他多次阐述幻想和想象是"两种特殊的和极其不同的能力"，幻想是低级能力，想象是高级能力。在《文学生涯》第 13 章结尾的著名定义中，柯尔律治指出，幻想"只与固定的和有限的东西打交道"，"幻想实际上只不过是摆脱了时间和空间的秩序的拘束的一种回忆"，"幻想与平常的记忆一样，必须从联想规律产生的现成的材料中获取素材"。[1] 柯尔律治所说的幻想只能再现人的头脑中已经存在的那些表象的混合物，这样理解的幻想在艺术创作中难有什么作用。

而想象是一种高级能力，它创造现实中不存在的、新的东西。柯尔律治写道："诗人（用理想的完美来描写时）将人的全部灵魂带动起来，使它的各种能力按照相对的价值和地位彼此从属。他散发一种一致的情调与精神，藉赖那种善于综合的神奇的力量，使它们彼此混合或（仿佛是）溶化为一体，这种力量我专门用了'想象'这个名称。"想象是一种综合各种因素、平衡各种对立面的能力，它"调和同一的和殊异的、一般的和具体的、概念和形象、个别的和有代表性的、新奇与新鲜之感和陈旧与熟悉的事物、一种不寻常的情绪和一种不寻常的秩序；永远清醒的判断力与始终如一的冷静的一方面，和热忱与深刻强烈的感情的一方面"[2]。柯尔律治在研究华兹华斯的早期诗歌时，第一次提出了幻想和想象的根本区别。

这段话提出了艺术作品是有机的统一的观点，而有机统一的条件是对立面的斗争。柯尔律治把艺术作品的有机统一比作松林中千百棵松树

---

[1] 刘若端编：《19 世纪英国诗人论诗》，第 61—62 页。
[2] 同上书，第 69 页。

匀称的声响，或者飞鸟组成的几何图形。艺术作品的有机形式是从内部生成的，就像大自然从种子培育出植物一样。

柯尔律治为什么如此重视想象呢？这和浪漫主义基本的美学原则有关。浪漫主义者反对艺术摹仿说，主张艺术是心灵的表现。柯尔律治明确指出："诗也纯粹是属于人类的；它的全部素材是来自心灵的，它的全部产品也是为了心灵而产生的。"[1]因此，想象作为一种心理能力，是艺术创作的灵魂。

柯尔律治研究了从希腊罗马哲学家到新康德主义哲学家有关想象的零散论述，力图构筑具有某些客观真理的想象理论。他对人类艺术遗产的深刻理解，以及对艺术创作过程包括《忽必烈汗》的创作过程和艺术作品结构的洞察，使他能够在哲学水准上从事艺术批评。蒲柏等新古典主义者坚持标准的"规则"，柯尔律治则主张，"文学批评的最终目的以建立写作的原则为主，远比对别人已经写出的作品定一些评价的规则为重"[2]。在阐述作为新美学的基本原理之一的想象时，柯尔律治指出："想象的原则，它的规则，本身是成长和创作的力量。"

三　惊世的天才

"才能工作着，天才创造着。"这是德国音乐家舒曼关于天才的脍炙人口的片段。浪漫主义美学家大多是才华横溢的艺术家，他们崇尚天才。英国唯美主义者、被称为最后的浪漫主义者的王尔德，首次到美国讲学通过纽约海关时声称，我除了自己的天才要申报外，没有其他东西

---

[1]　刘若端编：《19世纪英国诗人论诗》，第96页。
[2]　同上书，第93页。

第十讲
浪漫主义美学的"片段"

要申报。

浪漫主义者关于艺术天才的理论受到康德的影响。康德认为艺术天才不遵循规则而创造规则，不进行模仿而创造供模仿的范型，天才的第一要素是独创性。浪漫主义者从自身的创作经验出发，使得康德枯燥的天才论变得血肉丰满。他们对天才和才能做了区分：才能在很大程度上以技能为基础，天才以直接的创造表现为基础；才能重复旧的，天才创造新的；能够创造的人具有才能，不能不创造的人具有天才。天才和才能不仅有量的区别，而且有质的区别。天才是艺术家能力的最高尺度。

浪漫主义的天才往往是早夭的天才。雪莱去世时30岁，诺瓦利斯离开人间时29岁，英国诗人济慈撒手人寰时26岁，德国作家瓦肯德罗和豪夫25岁作古时俨然翩翩少年。浪漫主义天才与疯癫、精神变态有亲近关系。他们往往行为乖张，意识散乱。舒曼疯了，德国诗人荷尔德林和莱瑙患有精神病，柯尔律治吸食鸦片，拜伦乱伦，雪莱婚后行为不轨，法国诗人奈瓦尔精神病复发后自缢身亡，德国诗人克莱斯特34岁时则在柏林郊区汪湖用手枪自杀。很多浪漫主义者既经历过社会悲剧，又经历过个人悲剧。然而正如雪莱所说："悲愁中的快感，比那从快乐本身所获得的快感更其甜蜜。"

浪漫主义艺术美学家对艺

舒曼

术天才的研究往往和艺术家的精神变态联系在一起。许多甚至大部分浪漫主义艺术家具有心理变态、疯癫的特点，因此，艺术家心理变态、疯癫的问题成为浪漫主义美学研究的特殊问题。叔本华在《作为意志和表象的世界》第 36 节中专门讨论了艺术天才和疯癫的亲近关系。艺术天才"静观中的个别对象或是过分生动地被他把握了的'现在'反而显得那么特别鲜明，以至这个'现在'所属的连锁上的其他环节都因此退入黑暗而失色了；这就恰好产生一些现象，和疯癫现象有着早已［人］认识了的近似性"[1]。艺术天才到处只看到极端，他的行为也因此而陷入极端。

浪漫主义美学家对艺术家的心理变态有两种解释。一种是社会学解释。浪漫主义艺术富于理想，然而这些理想无法实现，和现实的冲突迫使他们专注自己的内心世界，而轻视外部世界，这种状况容易使他们产生心理变态。在常人看来，他们往往行为乖张、悲观厌世。另一种是心理学解释。艺术家在创作中服从超越自己的某种力量，他既属于自己，又不属于自己，既意识到自己的存在，又意识不到自己的存在。他的意识是散乱的、分裂的，因此和疯子相类似。

浪漫主义美学家对艺术天才、艺术家的心理变态的研究表明，他们关注艺术创作过程中意识和直觉的关系问题。在和新古典主义美学的理性主义的斗争中，浪漫主义者强调了直觉、感情、非理性在艺术创作中的意义。诺瓦利斯主张艺术认识比科学认识优越，"诗人比科学家的理智更好地理解自然"，因为"只有诗人能够猜出生活的涵义"。诗人之所以能够更好地理解生活，因为他用来理解的器官是直觉，而不是理性。诗的情感和神秘感有许多共同之处，它能看到看不见的东西，感觉到不

---

[1] 叔本华：《作为意志和表现的世界》，石冲白译，商务印书馆 1982 年版，第 270—271 页。

可感觉的东西。瓦肯德罗认为艺术创作是无意识的，是不可预先设定的。"我无法说清，为什么描绘是这样而不是那样从我的手中流淌出来，就像歌手无法理解，为什么他的嗓音是粗俗的或者悦耳的。"F.施莱格尔、华兹华斯、柯尔律治都颂扬过直觉。

对直觉的强调并不是完全否定意识的作用。谢林提出，艺术创作既不能被归结为枯燥的理性，又不能归结为纯直觉，它是两者复杂的结合。意识和无意识的关系就像自由和必然的关系一样。谢林首先在《先验唯心主义体系》中论述了这种观点，后来又在《艺术哲学》中发展了它。艺术以意识和无意识的同一为基础，当艺术家的意图和他的创作所服从的必然性相互吻合时，这种同一能够达到完善的地步。

浪漫主义者把艺术家的内心世界等同于理想世界，认为艺术家与众不同，对艺术家的个性提出了特殊的要求。他们要求艺术家脱离平庸，不慕浮华，不逐名利，而成为纯洁的、无私的、忠实地为艺术和美服务的人。法国女中音歌唱家、作曲家波里娜·维亚尔多就是浪漫主义者心目中优秀艺术家的范例。1843年维亚尔多随意大利歌剧团到彼得堡演出，同屠格涅夫认识，以后二人成为终生密友。李斯特对维亚尔多赞誉有加。乔治·桑的小说《康素埃洛》描写了有才华的女歌唱家康素埃洛的经历。康素埃洛是乔治·桑的理想的艺术家，其原型就是维亚尔多。

四 若干代表人物

在浪漫主义运动的形成、发展和传播中，有若干代表人物，他们的活动对于我们窥视浪漫主义运动的全貌不可或缺。这些代表人物包括施莱格尔兄弟和斯塔尔夫人。

(一)耶拿学派和施莱格尔兄弟

18世纪末期形成的耶拿学派是德国浪漫主义鼎盛的标志。施莱格尔兄弟指哥哥A.施莱格尔和弟弟F.施莱格尔,A.施莱格尔是这一学派的组织者,F.施莱格尔则是这一学派的理论奠基人。"浪漫主义"的术语在18世纪的英国文学批评中已经可以见到。不过,只有当它被施莱格尔兄弟于18—19世纪之交使用并在他们自1798年出版的杂志《雅典娜神殿》上出现后,它才广泛流传开来。

耶拿市成为浪漫主义学派的所在地有其特殊的原因。耶拿大学享有盛誉,不久前在这里执教的有席勒,当时仍然在这里执教的有著名哲学家、被称为"耶拿的灵魂"(荷尔德林语)的费希特。耶拿集中了一批具有浪漫主义情绪的青年人。与耶拿毗邻的有魏玛,那是歌德、席勒和赫尔德居住的地方,它被称为德国文化之都。A.施莱格尔于1790年23岁时移居到耶拿,1798—1800年他在耶拿大学任教。他在耶拿的住所成为浪漫主义者的聚集地。F.施莱格尔把这里称为浪漫主义者的"大家庭"。几乎所有德国早期的浪漫主义者都加入到耶拿的圈子中。

A.施莱格尔

有人把耶拿学派和文艺复兴时期意大利佛罗伦萨的柏拉图学院相比较。1459年意大利佛罗伦萨公国的执政者科齐莫·梅迪奇和洛伦佐·梅迪奇庇护的柏拉图学园是柏拉图和新柏拉图主义的爱好者组成的自由协会。它的成员来自不同的阶层、职业和地区，包括诗人、画家和建筑家，神甫和世俗人士，还有政府官员。佛罗伦萨柏拉图学园作为人文主义中心达半个世纪之久，它是文艺复兴文化和美学的一个典型现象。学园的新柏拉图主义不仅是一种理论，而且是一种生活方式。

耶拿学派具有统一的风格，共同进行创作，仿佛奏起一部交响乐。这不仅是一种艺术流派，而且是一种文化流派，就像早于它的文化现象——文艺复兴、新古典主义、启蒙运动一样。它超越文学，渗透到每种艺术中，渗透到歌唱家、演奏家和演员的演出中，渗透到哲学、科学和实用知识中。

在耶拿学派中，一些女性起了重要的作用。F.施莱格尔写道："妇女们不大需要诗人的诗，因为她们的本质就是诗。"[1]耶拿圈子"真正的缪斯"是A.施莱格尔的妻子卡洛琳娜，她"感情纤细、热情而又刚强"。A.施莱格尔还在哥廷根大学读书时，就追求过已婚的卡洛琳娜。后来，卡洛琳娜嫁给了A.施莱格尔，并来到耶拿。她在耶拿学派中受到尊重，居于整个浪漫派团体的中心，被浪漫主义者看作奇妙的生活现象和文化现象。由于女性的存在，浪漫主义圈子里有一种优雅和喜庆的氛围。女性反对某些浪漫主义者所具有的书呆子气和学究气，使浪漫主义者和日常生活相接近，把艺术与生活综合起来，体现了生活的真实性。

F.施莱格尔涉及美学问题的著作有《希腊文学研究》《希腊人及罗马人的诗歌史》和《片断》（《批评片断集》，即《美艺术学苑片断集》，以及《雅典娜神殿片断集》和《断想集》），特别是《片断》成就了他作为浪漫主义美学奠基人的地位。F.施莱格尔认为自然是永恒地创造着

---

[1] F.施莱格尔：《浪漫派风格》，第120页。

F. 施莱格尔

的艺术作品,诗意在自然中无所不在。他在《观念》(1799)中写道:诗意"在植物中流淌,在光线中照射,在儿童中微笑,在灿烂青春中颤动,在含情脉脉的女性胸部闪烁"。这种宇宙的诗是人类创造精神最深刻的根源,人和他的诗是诗意化、精神化的宇宙的一部分。

浪漫主义者指出,各种艺术之间存在着共同性,因此它们可以相互渗透。瓦肯罗德说过一句箴言:"绘画是人的形象的诗。"同样,F.施莱格尔也主张一种艺术可以具有其他艺术的属性,他写道:"在最伟大的诗人的作品中,经常散发着另一种艺术精神的气息。难道在画家的作品中不是这样吗?米开朗琪罗的画不是有几分类似雕塑吗?拉斐尔的画不是有些建筑风格吗?柯勒乔画得不是有音乐韵味吗?而且他们肯定并不因此而减色,而不如仅仅是画家的提香。"[1] "许多音乐作品不过是把诗歌翻译成音乐语言罢了。"[2]在这种意义上,艺术是不同形式的诗。

(二)魅力四射的沙龙主持人

"沙龙"是法语 salon 的音译,指文艺界或政界知名人士的团体,往往在私人家宽敞明亮、富丽堂皇的客厅里聚会。17世纪法国贵妇人在宫廷文化中很占势力,文艺沙龙大半是由她们主持的,作家和艺术家大

---

[1] F.施莱格尔:《浪漫派风格》,李伯杰译,华夏出版社2005年版,第94页。
[2] 同上书,第97页。

第十讲
浪漫主义美学的"片段"

半也是由她们庇护的。18世纪下半叶法国的社会情况虽然有了很大变化,然而沙龙的主持人大半仍然是出身高贵、生活奢华、风度优雅、社会联系广泛的女性。法国作家和美学家斯塔尔夫人就是一位才华横溢、魅力四射的沙龙主持人。

法国浪漫主义美学在19世纪20—30年代走向繁荣,斯塔尔夫人最早把"浪漫主义"术语从德国引入法国。她是著名银行家和政治活动家雅克·内克的女儿,内克作为上层资产阶级的代表人物,曾两度出任法国财政大臣。他的名字是自由法兰西的象征,斯塔尔夫人从父亲那里继承了自由主义思想。

斯塔尔夫人长得并不漂亮,但她明亮的棕色眼睛却有十分吸引人之处。"她富有女性的那种本领,能吸引人,巧妙地控制人,把一些性格非常不同的男人聚到一起。""不管她在那里出现,她总在自己周围聚集了一批有才智的人,甚至把他们从年轻漂亮的女人身边吸引过来。"[1] 1803年德国的A.施莱格尔在柏林结识斯塔尔夫人时,已经是闻名遐迩的浪

斯塔尔夫人

---

[1] 勃兰兑斯:《十九世纪文学主流》第1分册《流亡文学》,张道真译,人民文学出版社1980年版,第118页。

漫主义运动的宗师之一了。两人倾盖相交，一见如故。

斯塔尔夫人最重要的两部美学著作是《论文学》和《论德意志》。在《论文学》中，斯塔尔夫人对作为浪漫主义文学的北方文学和作为古典主义文学的南方文学进行了比较研究，她更偏爱北方文学。北方文学中的形象和思想常与"生命的短促、对死者的尊敬、对他们的思念、存者对亡者的崇拜这些方面有关"。北方文学是忧郁的，而忧郁和哲学最为协调。北方文学保留"喜爱海滨、喜爱风啸、喜爱灌木荒原的想象"，他们的想象"超出他们居住于其边缘的地球，穿透那笼罩着他们的地平线，像是代表着从生命到永恒之间那段阴暗路程的云层"。[1]北方文学比南方文学更加关注人生的终极问题，更加喜爱崇高的自然风景，思想和情感更加强烈。

德国大诗人海涅把斯塔尔夫人的《论德意志》比作她用书本形式开设的一个沙龙，她在这个沙龙里接待了德国作家，并把他们介绍给富有教养的法国人士。在这本书里人声鼎沸，纷乱嘈杂，可是 A.施莱格尔先生优美的高音听起来最为清晰。《论德意志》评价了一系列德国重要作家，如温克尔曼、莱辛、赫尔德、歌德、席勒等，而对德国浪漫主义美学的先驱者施莱格尔兄弟做了特别热烈的追捧。

斯塔尔夫人高度评价德国文学，因为德国文学的特点就是把什么都归于内心世界，而内心世界神秘莫测，引起无穷的兴味和遐想。德国作家的才华和方法丰富多彩，在文学王国如同在许多其他领域一样，整齐划一几乎总是一种受奴役的标志。从《论德意志》一书中法国人不仅了解到德国的风俗和艺术，而且了解到康德、费希特等哲学家的基本观念。该书还颂扬了热情的积极作用。斯塔尔夫人认为热情产生于无限的

---

[1] 斯塔尔夫人：《论文学》，徐继曾译，人民文学出版社 1986 年版，第 146 页。

观念，"热情不仅使人弃绝惯常的利益，而且有助于为了彼岸的不朽而牺牲这些利益"。《论德意志》在19世纪10—20年代成为倾向于浪漫主义的法国作家的案头书。

浪漫主义运动早已成为历史，然而浪漫主义者睿智的片段仍然像吉光片羽一样，在世界美学理论和艺术理论的星空中熠熠闪光。

思考题

1. 浪漫主义美学的主要特点是什么？
2. 谈谈感情在艺术活动中的作用。
3. 谈谈想象在艺术活动中的作用。

阅读书目

施勒格尔：《浪漫派风格》，李伯杰译，华夏出版社2005年版。

《欧美古典作家论现实主义和浪漫主义》（一）（二），中国社会科学出版社1980年版。

第十一讲
企业的美学管理

> 生产什么
> 如何生产
> 为谁生产

"企业的美学管理"的命题是美国哥伦比亚大学商学院教授施密特（Bernd Schmitt）首先提出来的。他和西蒙森（Alex Simonson）主张企业把"美学作为一种战略手段"，实行"企业的美学管理"，建立"企业的美学战略管理"。他们指出："实际上所有的营销活动都涉及美学，比如新产品的开发和计划、品牌管理、产品分类管理、服务管理、广告和促销、包装、交互式媒体传播，以及公共关系等。然而在大多数组织中，美学设计在职务描述中并没有得到体现，也并未包括在大多数一流商学院的课程中。"[1]

我们对企业的美学管理做出自己的阐释。企业的美学管理的理论依据是：经济活动中存在着情感驱动力。这种驱动力已经为越来越多的企业家、经济学家和管理学家所重视。乔布斯指出，IT公司主攻的战场，不在实验室，而是在消费者的右脑和左心房。乔布斯所说的"实验室"，指的是技术领域；他所说的"消费者的右脑和左心房"，指的是消费者的情感领域。瑞士斯沃琪集团是世界上最大的手表生产商和分销商。该集团总裁哈耶克宣称，他们不是一家手表公司，而是一家情感公司，他们的专门技术是研究人们的情感。虽然他们制作的手表和全世界多数手表使用一样的机件，不过，他们的突出之处在于把手表的目的由计时转变为情感。曾任宝马公司总裁的保罗·赫尼曼要求他的员工把宝马公司当成一种文化，而不仅仅是一家公司。他的目标是不仅让消费者家中都停着一辆宝马，而且要让每个人的心中都有宝马这个名词。美学是专门研究情感的学科，也应该研究经济活动中的情感因素。所以，企业能够而且应该进行美学管理。

企业是一个国家的经济基础和主要的创新平台，企业的发展推动了整个社会的发展。企业管理经过200多年实践的积累和经验的总结，已经形成一套成熟的理论体系。企业的美学管理作为一种正在成长的企业管理理论，我们给它下的定义是：企业的美学管理是为了使产品和服务在满足消费者功能需求的同时，满足他们的情感需求所采取的一切艺术化的管理措施或艺术创意的活动。

企业的美学管理的研究范围取决于人类社会三个基本的经济问题。

---

[1] 施密特、西蒙森：《视觉与感受——营销美学》，曾崇等译，上海交通大学出版社2001年版，第22页。

诺贝尔经济学奖得主保罗·萨缪尔森和威廉·诺德豪斯指出,生产什么、如何生产、为谁生产是三个基本的经济问题。他们写道:"人类社会都必须面临和解决三个基本的经济问题,无论它是一个发达的工业化国家,是一个中央计划型的经济体,还是一个孤立的部落社会。每个社会都必须通过某种方式决定:生产什么,如何生产和为谁生产。"[1]在解决生产什么、如何生产和为谁生产这三个基本的经济问题时,传统经济和现代经济有着很大的区别。这种区别表现为:传统经济生产功能性产品,现代经济生产功能与审美相结合的产品;传统经济以技术主导生产,现代经济做到技术和艺术的统一;传统经济为理性消费者生产,现代经济为理性与感性相结合的消费者生产。现代经济为企业的美学管理提供了广阔的空间。

一 生产什么

20世纪20年代,美国福特汽车公司和通用汽车公司秉持不同的经营理念,展开激烈的竞争,上演了波澜壮阔的活剧。福特公司只生产功能性产品,而通用公司把产品的功能和审美结合起来。

(一)福特公司早期的辉煌和惨淡

福特公司曾是美国工业化早期的巨无霸企业,针对福特公司的创立者亨利·福特的经营活动,经济学中出现了"福特主义"的术语,历史学家亨舍尔认为福特主义改变了世界。被称为"管理学之父"、第一个使用"管理学"术语的彼得·德鲁克赞叹道:"亨利·福特在1905年从

---

[1] 保罗·萨缪尔森、威廉·诺德豪斯:《经济学》,萧琛主译,人民邮电出版社2004年版,第4页。

第十一讲
企业的美学管理

一无所有开始，15年以后建立起世界上最大的、盈利最多的制造企业。在20世纪初叶的时候，福特汽车公司在美国的汽车市场占据了统治地位，并几乎垄断了整个市场，在世界上绝大多数其他的主要汽车市场上也占据统治地位。"[1]

亨利·福特

许多研究者把福特说成工业生产的"天才"，也有一些研究者称福特为"铁匠""疯子"。说福特是"天才"，此言不虚。美国成为装在轮子上的国家，福特居功至伟。说福特是"铁匠"，指他没有受到良好的教育，然而他从小痴迷于机械工程，成天拆装机械产品，身上总是沾满油污。说福特是"疯子"，这并不完全是贬义，指他行为狂放不羁，常有令人瞠目结舌的疯狂之举。在一个商人的资助下，福特自己制造了一辆汽车，并驾驶这辆汽车参加了全美的汽车拉力赛。结果，他击败众多竞争对手，荣获冠军，一时轰动全国。家庭并不富裕的他，由此获得资金，创办了汽车厂。这就是彼得·德鲁克所说的福特"从一无所有开始"。

福特公司1908年设计的T型汽车式样非常简单，它只有四个组成部分——引擎、底盘、前轴和后轴。第一辆福特T型车于1908年9月

---

[1] 彼得·德鲁克：《管理：使命、责任、实务》（实务篇），王永贵译，机械工业出版社，2006年版，第3页。

27日在美国底特律诞生,它很快就令千百万美国人着迷。T型车俗称Tin Lizzie,意为"廉价的小汽车",它为人们的出行提供了很大的方便,而且价格也很合理。最初售价为850美元,几乎比当时市场上的任何汽车都要便宜。1916年,减到360美元。到1927年,即生产这种车型的最后一年,价格跌到了263美元。第一年,T型车的产量达到10660辆,创下了汽车行业的纪录。对于数以百万计的美国人来说,它是完美的第一辆车:做工精良,经济实惠,式样新颖。到了1921年,T型车的产量已占世界汽车总产量的56.6%。亨利·福特坚持只向消费者提供一种款式和一种颜色的T型车:"不管他们需要什么颜色,我们只提供黑色的。"

每一辆汽车拥有同样的造型和颜色。

福特T型车

第十一讲
企业的美学管理

亨利·福特1907年向世界宣布了他的梦想："我要为广大群众制造机动车：用现代工程进行简约的设计……选用最好的材料，让最好的工人来组装……价格低到让每一个上班族都能拥有一辆——让人们在上帝赐予我们的广阔空间里，和家人一起尽情享受长时间驰骋的乐趣。"[1]他的这段话包含几层意思：第一，设计要简约，产品的造型和一切形式完全取决于功能，完全追随功能。福特坚持只向消费者提供一种颜色的汽车，实际上，要提供不同颜色的汽车，并不费太多的事，只要把为汽车喷漆的喷枪注入其他颜色就可以了。然而，福特认为汽车的颜色不会影响汽车的功能，所以他对汽车颜色的变化不屑一顾。第二，材料要好，组装质量要高，也就是说，汽车本身的功能要优秀，坚固耐用，安全可靠。第三，价格要低廉，让广大的工薪族买得起。1927年一辆高质量的福特车的价格只有263美元，福特汽车厂的非熟练工人两个月的工资就可以买一辆这样的车，汽车已经成为成千上万美国人承受得起的日常必需品了。20年里，福特销售了1500多万辆便宜的车，创造了大规模市场。

福特的梦想的实现，不仅彻底改变了美国文化，而且颠覆了整个国家的面貌。他在密歇根州的红河汽车厂拥有10万员工，这个超大型的生产圣地每隔45秒钟就会生产出一辆T型车。到1926年，美国公路上跑的一半以上的国产车都是福特公司生产的，该公司的汽车产量是它的对手通用汽车公司的一倍多。1921年，通用汽车的市场占有率为12%，而福特汽车为60%。

然而，在通用公司的竞争下，黑色的T型福特汽车在市场独占鳌头的情况到20世纪20年代末发生了变化。1921年，福特占有汽车市场

---

[1] 莫里·克莱因：《变革者》，祝平译，中信出版社2004年版，第65—66页。

60%的份额,但是到1926年它的份额已经萎缩到30%。从1927年开始,福特T型车销量直线下跌,从上一年的167万辆锐减至27万辆,并从此开始落后于主要的竞争对手通用汽车公司。

(二)通用公司的异军突起

与福特公司恰恰形成鲜明而有趣对照的是,通用公司生产功能与审美相结合的产品。艾尔弗雷德·斯隆在1923年担任通用公司的总裁,在他的带领下,通用公司实现了对福特公司的赶超。通用公司之所以能够超越福特公司,不是科技的原因,在很大程度上是经营理念的不同。

斯隆认为消费者不仅把汽车作为代步的工具,而且把汽车作为自己身份和品位的象征。人们所购买的汽车明确向他人昭示了所有者是谁、在社会等级阶梯上处于何等位置,他们还希望驾驶汽车的时候能够感到舒适和愉快。这两条要求汽车在满足消费者的功能需求的同时,也满足消费者的情感需求。而这些正是福特所忽略的。

斯隆

在这种理念的指导下,通用公司推行一种新的、更加复杂的大规模生产方式,把消费者对美观、时尚、舒适的要求融入汽车的设计和生产中。通用公司在20世纪20年代初期生产的雪佛莱的广告词就强调了"设计的美"(beauty of design)。

通用公司在20世纪20年代制定了一年一度的换型方针,不

凯迪拉克汽车

断推出新颖的汽车式样,并伴有动听的名字,诸如雪佛莱、别克、凯迪拉克等等。凯迪拉克的名称是为了纪念开拓新世界的法国探险家、贵族门斯·凯迪拉克(Mothe Cadillac),他在 200 年前建立了今日被誉为汽车王国的底特律城。在福特死盯着 T 型车时,通用汽车公司针对所有消费者不同的购买力和爱好而开发出一系列不同的车型。其中雪佛兰是低端市场的产品,凯迪拉克是高端市场的产品,别克则是中端市场的产品。1927 年,通用汽车公司的销售额几乎是福特汽车公司的两倍。

  事实证明,通用公司的策略在一些美国家庭不再满足于汽车最基本的代步功能,而需要获得其他意义的情况下取得了巨大的成功。通用汽车的市场份额迅速扩大,而福特汽车风光不再。因为不仅汽车发展得更先进,而且顾客的消费心理也变得更加复杂。垄断的市场变成消费者的市场,在日趋饱和的汽车市场中,T 型车开始退出历史舞台。福特根本不相信美国消费者会抛弃他一度辉煌、实用的老爷车，而选择他的对手颜色和型号每年都走马灯地更换的那些玩意儿。然而，福特失算了，消费者确实抛弃了他的老爷车。

1942年受聘为通用汽车公司顾问的彼得·德鲁克称赞了通用公司的这种经营理念，他以通用公司下属的凯迪拉克公司为例加以说明。在20世纪30年代的萧条时期，出生在德国的尼古拉斯·德雷斯达接管了凯迪拉克公司，他指出："凯迪拉克汽车是在同钻石和貂皮大衣竞争。凯迪拉克汽车的买主，购买的不是一种'交通工具'而是'一种地位'。"德鲁克认为德雷斯达的这一回答挽救了濒临破产的凯迪拉克公司。在大约两年的时间里，尽管当时仍处于萧条时期，但凯迪拉克公司已经成为一家主要的成长性企业。[1] 福特公司在1917—1923年间没有为T型车做过一次广告。如果消费者仅仅追求轿车的功能，把它只当作代步的工具，那么，福特牌T型车就能够畅销。但是，当消费者不仅把轿车当作代步的工具，而且作为身份的象征，那么，单一款式和颜色的轿车就不能满足消费者的这种情感需求。

在斯隆于1956年从通用汽车公司董事会主席职位上退下来的时候，他已经领导这个公司36年了，通用汽车公司成了美国最知名的象征：不仅是工业实力和发明创造的象征，也是繁荣和物质主义的象征。它在全球的员工人数达80万人，超过任何一家非政府机构。斯隆在90岁高龄去世时，他的名字就是通用汽车公司和大企业的同义词。1966年2月18日《纽约时报》用整版的篇幅刊登讣告，谈他对企业做出的贡献："当斯隆先生在1920年任通用汽车公司经营副总裁的时候，公司

---

[1] 彼得·德鲁克著，王永贵译：《管理：使命、责任、实务》（使命篇），机械工业出版社2012年版，第87页。

的汽车销售份额只占全国的不到12%；而在他1956年从主席职位上辞职的时候，这个数字达到了52%。通用汽车公司扩张成为全球最大的企业之一。"[1] 20世纪50年代中期，斯隆在全世界被推举为20世纪最卓越的首席执行官。1997—2000年通用汽车公司在世界500强中排名第一。

（三）福特主义和后福特主义

一些西方经济史研究者把从生产经济向消费经济过渡的形象，浓缩成单一的形象，就是通用汽车公司从20世纪20年代中期不断超越福特汽车公司的形象。经济学家把福特在他的汽车制造厂首先采用的标准化、规格化和传送带化的大规模流水生产组织形式，称为福特主义。大规模生产带来大众消费，这是福特主义的核心。福特主义以大众市场为基础，从事大规模生产。福特汽车公司被通用汽车公司赶超后，出现了后福特主义的术语。后福特主义以细分市场为基础，针对目标消费群生产出小规模、非标准化的产品。

当市场趋于饱和时，福特主义的弊病出现了。广大消费者对汽车的基本功能的需求得到满足后，就自然而然地开始在功能需求的基础上寻求情感需求的满足，这时候他们就不再青睐福特的T型车。他们需要更时尚、更美观的汽车。具有讽刺意味和令人深思的是，消费者需求的变化正是在福特贡献的基础上产生的，是福特首先以低廉的价格满足了消费者对汽车的功能需求，在此基础上消费者才产生了对汽车的情感需求，正是情感需求使消费者抛弃了福特T型车和福特通过T型车所提供的标准化需求。

---

[1] 威廉·佩尔弗雷：《杜兰特和斯隆：通用公司两巨头传奇》，李家河译，华夏出版社2009年版，第148页。

在福特时代，消费在本质上是大众化的、统一的和规范的。消费品的价格不断提高，但是占主导地位的是生产者而非消费者。消费者选择的余地相对较小，市场上的商品反映的是生产商的利益而非消费者的需求。在后福特时代，消费越来越专业化，形成了个性化消费模式和混合型消费模式。消费者更加易变，他们的喜好变化日益频繁而且越来越难以预测。这为企业的美学管理提供了空间。

二　如何生产

在后福特主义时代，企业在生产中不能只以技术为主导，而要把技术与艺术结合起来。

（一）技术与艺术的结合

在如何生产的问题上，通用汽车公司是早期把技术与艺术结合的典范。斯隆提出，既然汽车是消费者的身份和爱好的象征，那么，不仅要通过技术革新对汽车不断进行改造，还要不断改变每个车型的外观。为了把技术与艺术结合起来，斯隆于1927年在通用公司成立了"艺术与色彩部"（Art and Color Section），这是汽车业的第一家。

1926年以前，汽车厂家只重视汽车的功能，而不重视汽车的车型、形式和颜色，它们只是把车身看成汽车机械装置的覆盖物。如果消费者对汽车外观有特殊的要求，那么汽车厂就制造一部没有车身的汽车，消费者另外再请人重新制作车身。重新制作车身的消费者主要是好莱坞的演员。好莱坞的所在地洛杉矶就有一家专门制作车身的公司，公司负责人是斯坦福大学设计专业的年轻毕业生哈利·埃尔。1926年，通用公司的凯迪拉克公司聘用埃尔为拉萨尔新车设计车身。经过埃尔设计，这款车比以前任何一款汽车都要长，也更低些，挡泥板像飞翔的翅膀一样，优雅地插入踏板下面。最突出的是，所有的角度都呈圆形，而以前的角度都是直角。新车一上市立即成了抢手货。埃尔所采用的设计新元素不需要增加多少资本，也不需要改变多少工程，却带来了高额利润。斯隆对新车的外观极为欣赏，特意聘请埃尔担任"艺术与色彩部"的主任，让他自己组织人马，负责通用汽车公司全部汽车的外观。

后来，埃尔还把尾鳍作为轿车的装饰元素，他受 P-38 型战斗机垂直双尾翼的启发，将一块小而无功能作用的凸起物加在豪华的凯迪拉克车的尾档上。20 世纪 50 年代中期，这些凸起物演变成了大尾鳍，尾鳍从车身中伸出，形成喷气飞机喷火口的形状。战斗机的尾鳍用于加强飞机机身的稳定性，而轿车上的尾鳍没有任何功能，它只有符号象征意义，能够使人产生高速、稳定的联想。接着，埃尔又把尾鳍引入低端的雪佛莱敞轿车中。用尾鳍作为轿车的装饰元素，也为其他许多汽车公司所模仿。

市场的惨痛教训使福特公司迅速转向，然而，当福特屈服于潮流而丰富汽车的设计时，他仍然尖酸地向媒体抱怨说自己正在做"女帽"的行业。所谓"女帽"的行业，指的是技术与艺术相结合的行业。

施密特和西蒙森指出："产品和服务质量、杰出的工艺和工程，或优秀的经营和财务管理，并不能解释这些产品和公司在当今竞争市场中的成功的原因。将重点放在核心竞争力、质量以及顾客价值上也不足以创造一种无法抵御的吸引力。每个公司都通过利用美学找到了形成差异化的强有力的支撑点，在顾客心里创造了总体的正面形象，描述了公司或品牌多方面的个性。"[1] 20 世纪 50 年代，当通用公司意识到许多美国家庭的购物决策是由妇女做出以后，设计副总裁埃尔在下属中增加了

---

[1] 施密特、西蒙森：《视觉与感受——营销美学》，第 11 页。

9位女性设计师,以便在细节、材料、颜色和汽车内部装潢等方面提供"妇女的爱好"和审美趣味。通用公司设计负责人沃尔克告诉《时代》周刊:"美国汽车是靠美观卖出去的,我们设计汽车为之服务的是美国妇女。……正是妇女喜爱颜色。我们已经花费了数百万美元使汽车内的地板像妇女们居室中的铺有地毯的地板一样。"

(二)"有用的"和"易用的"

消费者都希望使用优秀产品。优秀产品指在同类产品中崭露头角,深受用户青睐,具有较高的市场占有率,能够产生显著经济效益的产品。它有三个条件:有用的、易用的、用户渴望拥有的。例如洗衣机,"有用的"指它的功能和性价比,能够洗涤各种衣物,脱水效果好,省电省水,价格合适等。"易用的"指操作方便,使用安全、舒适。"用户渴望拥有的"指它的造型和色彩能够满足用户的情感需求,使用户产生美感。有用的、易用的、用户渴望拥有的分别对应于三种因素:技术因素、人体工程学因素和美学因素。

技术因素容易理解,在这里,"技术指的是产品的核心功能,即产品原动力、使用产品所要求的部件间的相互关系以及用以生产产品的材料和方法"[1]。我们着重讲一下人体工程学因素。人体工程学是研究人、机器和环境的相互作用中,人的工作效率和安全舒适等如何达到最优化的一门科学。

在人体工程学的早期研究中,美国第一代工业设计师亨利·德雷福斯取得了令人瞩目的成就。1937年他为AT&T公司(美国电报电话公司)所设计的302型电话机是理解人机体工程学的一个经典作品。电话手柄

---

[1] Jonathan Cagan、Craig M. Vogel:《创造突破性产品——从产品策略到项目定案的创新》,辛向阳、潘龙译,机械工业出版社2004年版,第32页。

究竟要多长？话筒到听筒的距离应该是多少？德雷福斯认为最合适的手柄应该能够满足最大范围用户的使用要求，他按照人脸的形状采用了最佳平均值。这是一种在"二战"中开始应用的、所谓为第50百分位的人的设计。第50百分位是人体测量中的概念，指具有平均身材的"标准人"，他们拥有普通身材，在身高和体重的分布曲线中处于中间部分。大批量生产为了使一种产品满足尽可能多的用户要求，往往取中间值作为参照尺寸，进行产品设计。

在产品造型中，人体工程学因素如果与美学因素不匹配，产品就不可能是优秀的。美国西北大学计算机科学、心理学和认知科学教授，曾任苹果计算机公司副总的唐纳德·A.诺曼在《设计心理学》（中信出版社2003年版）和《设计心理学2：如何管理复杂》（中信出版社2011年版）中列举了很多有趣的例子，说明忽视人体工程学的产品是如何给用户带来不便的。

唐纳德·A.诺曼在世界各地的餐厅里见到各种胡椒瓶和盐瓶，他问消费者：哪个是盐瓶，哪个是胡椒瓶？得到的答案是一样的：半数的人认为左边的是盐瓶，另外半数的人认为右边的是盐瓶。当问及原因时，双方都有充分的理由，最常见的是孔的数目或大小："盐在左边的那个瓶子里，因为它有更多的孔。""胡椒在左边的那个瓶子里，因为它有更多的孔。"[1]在阿姆斯特丹一家高级餐厅，餐厅经理和服务员回答说，当盐瓶和胡椒瓶成对放在一起时，盐瓶总是更接近餐厅的大门。

调味瓶当然是很简单的容器，然而是社会系统的一部分。好的产品会提供语义符号的线索，引导人们适当地使用。企业必须把自己放在那

---

[1] 参见唐纳德·A.诺曼：《设计心理学2：如何管理复杂》，张磊译，中信出版社2011年版，第88页。

些使用它们产品的用户的位置上,提供正确的使用方式所需的信息,而且要在不破坏美观、功能以及不增加成本的情况下完成。有很多办法可以在这些容器里增加社会交流能力,例如,把调味瓶做成透明的,使消费者能够见到储存物,或者在瓶子上贴标签,或者把开孔排列成"S"或"P"的形状。设计师应该通过可视性让用户看出物品之间的关键差异。正是由于某种可视性,用户才能将盐罐和胡椒罐区分开来。由此可见,即使简单的容器,也可以是既有吸引力又容易理解的。这些简单物品展示出的原则,几乎适用于用户接触的所有物品,包括带有精密的机械结构、电子技术和通信技术的产品。

产品的可视部位应该提供操作信息,然而,这两者之间也会出现反匹配的情况,即可视部位提供了与正确操作相反的信息。产品的可视部位的实际状态与用户通过视觉、听觉和触觉所感知到的状态之间出现了反匹配。唐纳德·A.诺曼的一位朋友是计算机教授。他向别人骄傲地展示新买的CD机和CD机的遥控器——外观的确很漂亮,也很实用。这款遥控器的一端有一个突出来的小金属钩,别人不知道它有什么功能,这位教授使用它时,曾有过可笑的经历。起初他以为小金属钩是天线,便将它对准CD机,然而效果不佳,只能在近距离起作用。他以为买了一个设计得很糟糕的遥控器。几星期后,他才发现小金属钩只是用来挂遥控器的。他以前一直把遥控的那一端对着自己的身体,难怪遥控的效果不好。当他把遥控器倒过来使用时,发现即使站在房间内距CD机很远的地方,也能操作自如。

(三)"用户渴望拥有的"

产品的基本功能分为实用功能、认知功能和审美功能。技术因素决定产品的实用功能,实用功能是产品用以满足人的物质需要的属性。人体工程学因素决定产品的认知功能,认知功能就是产品实现与人对话和沟通的功能。美学因素决定产品的审美功能。"产品的审美功能是通过产品的外在形态特征给人以赏心悦目的感受，唤起人们的生活情趣和价值体验，使产品对人具有亲和力。审美功能是通过产品形式的创造取得的。"[1] 产品的审美功能使产品成为用户渴望拥有的。

世界知名企业生产的很多产品都具有强大的审美功能，这种功能也体现在日常生活用品中。理查德·萨佩在1983年设计、由意大利制造商艾勒斯的公司生产的笛音水壶就是一例。这款水壶最突出的特征是，当壶里的水烧开时，壶嘴会发出鸣哨声。理查德·萨佩花了相当大的努力使壶嘴产生和弦的"e"和"b"，或者像艾勒斯公司所描写的那样，鸣哨声是"从来往于莱茵河的轮船和游艇的声音获得的灵感"。水壶的鸣哨声是一种信号，提醒消费者"水开了"。普通水壶水开时发出的鸣声和理查德·萨佩设计的壶嘴发出的鸣哨声，在功利性效用上没有什么区别；然而在精神性效用上，笛音水壶发出的鸣哨声要远胜过普通水壶发出的鸣声。悦耳的鸣哨声使消费者充满想象，使消费者在使用过程中更有情趣，消费者乐于使用。尽管这种款式的水壶价格可能更高一些，可是它比普通水壶畅销，并且成为一种

理查德·萨佩设计的水壶

---

[1] 凌继尧、徐恒醇：《艺术设计学》，上海人民出版社2006年版，第277页。

经典产品。

麻省理工学院出版社1998年出版了日本著名学者荣久庵宪司的《日式午餐盒的美学》(*The Aesthtics of Japanese Lunchbox*)一书,该书详细讲述了如何结合美和效用,使日式午餐盒成为用于消费的实用艺术。这个午餐盒分成了几个小格,每个小格有五六种食物,在它小小的空间里装着二十到二十五种色彩和风格不同的美食。它迫使人们去注意摆放和呈现食物的细节,它的精髓是把许多东西放入一个小的空间而且保持一种美感。荣久庵宪司说,这也是许多日本高科技设计的精髓。

星巴克咖啡馆被有的经济学家称为美学管理的成功案例,它真正做到了技术与艺术的结合。它有上乘的原料和精湛的制作技术,同时,它的与众不同之处在于创造了遍及全美的统一外观。无论顾客是否欣赏艺术,这种视觉形象的美都一样吸引人。星巴克于1998年登陆英国,此前英国已有三家实力很强的咖啡连锁店。然而,星巴克的登陆改变了一切,星巴克咖啡店衍变成一种咖啡文化。英国人有悠久的下午茶的传统,而星巴克培养了越来越多喜欢喝咖啡的英国人,使得英国咖啡市场价值超过了茶的市场价值。"星巴克是怎样单独引导了20世纪90年代消费社会和休闲的最大的革命的呢?市场营销人员试图用消费者行为、入市时间和营销组合的战略选择来解释这种现象。""所有这些分析的确很对。但如何解释星巴克的吸引力?如何解释它的号召力?星巴克成为喝咖啡的首选主要是因为它成功的美学——这是建立在它的风格上的。"[1]

---

[1] 施密特、西蒙森:《视觉与感受——营销美学》,第75页。

三 为谁生产

传统经济以利益驱动和理性选择为基础解释人的经济行动,认为驱使人们开展经济行动的动机主要与利益刺激有关。它把顾客看作理性决策者,消费者能够客观评价商品的价值,善于选择价格最低、效用最优的商品,从而达到既定目标下的效用最大化。理性决策过程指经过深思熟虑,采取合理的行动满足需求。决策过程的步骤为:识别需求(出行不便,需要有代步工具),寻找信息(有各种各样的汽车),评价可供选择的产品(哪种汽车的特色或益处更适合我),购买和消费。现代经济把产品使用者视为理性与感性相结合的消费者,消费者对产品具有情感需求。

(一)消费者对产品的情感需求

消费者对产品和服务的情感性需求种类繁多,不胜枚举。奔驰轿车的功能性作用是代步的工具、安全、牢固和高质量,它的情感性作用是身份和地位的象征。斯沃琪手表的功能性作用是计时的工具、经济、耐用,情感性作用是时尚。芭比娃娃的功能性作用是儿童玩具,情感性作用是精神的慰藉,有人把它比作《圣经》里的夏娃。利维斯牛仔裤的功能性作用是蔽体和保暖,对于19世纪的美国边远地区居民和工人来说,它的情感性作用是粗犷;对于欧洲消费者来说,看上去破旧却昂贵的牛仔裤(经过精心加工,口袋边缘有磨损)的情感性作用是时髦;对于澳大利亚和新西兰的女性同性恋来说,它的情感性作用是性感刺激。万宝路香烟的功能性作用是一种烟味很浓的香烟,它的情感性作用是阳刚之气,是"美国最广泛的男子象征"。

产品的情感性作用很奇妙,有时候甚至达到令人惊叹的、难以思议的地步。胡萝卜的功能性作用是一种含有丰富维生素的蔬菜,而对于荷兰人来说,它的情感性作用是具有"爱国色彩"。在很久以前,胡萝卜有多种颜色，有红色、黑色、绿色、白色，甚至还有紫色的品种，唯独没有橙色。荷兰的创立者是奥兰治（Orange，意为橙色）王室的威廉一世，他曾带领荷兰人民打败西班牙取得独立。后人为了纪念他，把国旗的颜色定为橙色。到了16世纪，荷兰的栽培者想让这种蔬菜更具有"爱国色彩"，于是他们尝试用一种北非的变异种子，培育出橙色的胡萝卜。[1]这是历史上最精彩、最成功的通过"国家色彩"使产品实现情感性作用的实践。

"自我延伸"是消费者对产品的普遍性的情感需求之一。自我延伸的观点是贝尔克提出来的。延伸的自我由自我和拥有物两部分构成。"某些拥有物不仅是自我概念的外在显示，它们同时构成自我概念的一个有机部分。"[2]不管消费者在多大的程度上意识到，不管是否意识到，他们的消费行为都是他们的自我的延伸。看似随意的消费行为其实都受到某种内在规律的支配。

20世纪30年代美国上层人士有若干种典型的自我延伸的物品：打高尔夫球穿的白色亚麻布绑腿灯笼裤，镀铬的鸡尾酒摇晃器，白色滚边马甲。这些物品虽然已是明日黄花，然而它们表明，自我延伸的物品既是某种身份和社会地位的象征，又是消费者的审美趣味的体现。

审美自我的延伸特别明显地表现在服装上，在各种消费品中服装可以说是自我最直接的延伸。"衣服是自我身体的扩展；它们以一种非常直接的方式表现文化；必然会表现文化中占支配地位的价值观……"[3]

---

[1] 马丁·林斯特隆：《感官品牌》，赵萌萌译，天津教育出版社2011年版，第59页。

[2] 希夫曼、卡纽克：《消费者行为学》，俞文钊、肖余春等译，华东师范大学出版社2002年版，第400页。

[3] 转引自罗钢、王中忱主编：《消费文化读本》，中国社会科学出版社2003年版，第298页。

第十一讲 企业的美学管理

"时装和衣服也许是人们利用这些衣服构建和传达一种文化和社会识别特征的最明显的领域；这些不同款式、颜色、类型、质地和布料用于构建和传达那些社会和文化识别特征，因此，衣服的外形可以用那些不同社会和文化团体的存在来解释。"[1]

波尔希默斯在《街头时尚》一书中谈到了美国20世纪40年代穿佐特服的人、50年代现代主义者和泰德派成员、60年代摩登族、70年代光头仔、80年代雅皮士、90年代以后的公务员的穿着变化，这是不同文化团体以不同形式利用同一种衣服的佳例。穿佐特服的人大多数是年轻的非裔美国人和墨西哥裔美国人。他们改造了普通的日常西服，把上衣加长至膝盖，并把腰身紧缩，肩部和翻领加大，上衣中间用一个纽扣扣紧，裤子膝盖部位加宽约30英寸。佐特服是心怀不满的美国黑人青年为自己构建的识别标志。由于这种标志太张扬，以至引起美国白人的敌视，1943年在纽约、洛杉矶、费城爆发了所谓"佐特服骚乱"。穿佐特服的人之所以改造西服的基本样式，是因为他们想借此表明自身社会经济地位的提升；同时，他们之所以把西服做了大幅度的改动，是因为他们想传达一种特殊的识别信息，避免别人认为他们的服装是西服。佐特服的领带花哨艳丽，而且宽大。而美国现代主义者的领带颜色素淡，形状瘦削，线条分明。许多现代主义者都是音乐家或乐师，他们体现的是极简抽象派艺术风格的精神。

消费者对产品的情感需求还表现在符号性消费、认同性建构、感性体验、消费偏好、炫耀性消费等方面。

---

[1] 参见巴纳特：《艺术、设计与视觉文化》，王升才等译，江苏美术出版社2006年版，第136页。

（二）"美国最美国化的东西"

加多宝和可口可乐分别是我国和美国最畅销的饮料，它们的最大区别在于：加多宝仅仅是一种饮料，主要与产品的功能相联系（怕上火，喝加多宝）；而可口可乐却与美国精神相联系，被称为"美国最美国化的东西"。可口可乐是运用各种艺术化的措施，以满足消费者情感需求的一个商业神话。

可口可乐是一种非常简单的产品，它的有形部分只有三种：药剂师彭伯顿于1886年发明的糖浆，他的合伙人罗宾逊第二年用斯宾塞体写成的商标，以及1915年设计的一步裙型的瓶子。经过多次蒙目测试，可口可乐的口感并不比其他饮料好。改用塑料大瓶后，它的瓶身设计优势也丧失殆尽。然而，可口可乐由于能够满足消费者的情感需求，成为世界上最畅销的饮料。自2001年《商业周刊》和国际品牌公司共同发布"全球品牌100强"榜单以后，可口可乐的品牌价值连续11年位居第一，甚至超过了微软和IBM。可口可乐的英文Coca Cola和OK成为英语世界最流行的两个词语。可口可乐销往200多个国家和地区，它的销售地比联合国的成员国还要多。在当今世界软饮料市场上，可口可乐占有50%的份额。

1936年可口可乐公司成立50周年庆典时，公司决定撰写一本颂扬可口可乐历史的小册子。公司秘书拉尔夫·海斯写道："自从那辆单马马车沿着玛丽埃塔大街辚辚而行，车上载着当时的全部可口可乐，冷清地驶向一户位于地下室的人家以来，有几多皇帝逊位，爆发了多少场战争，推翻了多少位君主，世界地图经历了几多沧桑变化……"[1] 然

---

[1] 弗雷德里克·阿伦：《可口可乐秘方——一瓶神奇饮料的非凡故事》，陈德民等译，生活·读书·新知三联书店1997年版，第320页。

而，可口可乐公司依然生气勃勃。100多年来，它不断地把自己的产品打造成美国文化的精髓。其中最为得意的杰作是，把西方最流行的节日的标志性人物——圣诞老人改造成"可口可乐老人"。

大众艺术家哈登·森德布洛姆于1931年12月开始为可口可乐创作圣诞节系列插图。在此之前，圣诞老人已经有各种各样的版本，衣服有蓝色、黄色、

可口可乐公司设计的圣诞老人

绿色和红色。在欧洲文化中，他通常又高又瘦。森德布洛姆画的圣诞老人身体粗壮、红光满面，穿着镶有毛茸茸白色饰边的红色衣服，脸带暖人的笑容，喜欢一边从北极发送礼物一边喝可口可乐。森德布洛姆的广告的高明之处在于，把圣诞老人画成"享用正由小孩送上的可口可乐"，而决不利用有关圣诞老人的信仰和传说，吸引儿童成为消费者，向他们直接推销产品。有一年，森德布洛姆画的广告描绘的是圣诞老人心怀感激地在一户人家的壁炉架上发现一瓶可口可乐，边上有一只长袜和一张涂着小孩潦草字迹的便条："亲爱的圣诞老人，请在这里休息一下——吉米留条。"[1] 森德布洛姆所塑造的圣诞老人的形象，实际上是极其完

---

[1] 弗雷德里克·阿伦著:《可口可乐秘方——一瓶神奇饮料的非凡故事》，第295页。

美的可口可乐人的形象。可口可乐对美国文化产生了奇妙的、渗透性的影响,同时也凝固了圣诞老人在美国人头脑中的形象。可口可乐广告推出以后,圣诞老人永远被定格成了一个又高又胖、系着粗腰带、穿着黑皮靴、脸上挂着微笑的老人——同时,他的衣服颜色是可口可乐红。[1]

很多消费者对可口可乐的依恋达到痴迷的程度,犹如信徒对待宗教一样。1972年塞西尔·芒西出版了《可口可乐收藏插图指南》,一位可口可乐社区成员说:"我们像对待《圣经》一样对待这本书。"可口可乐旧日历和旧盘子价格飙涨,卖到数百美元一件。消费者以近乎疯狂的热情用可口可乐的饰品装点他们自己以及他们的孩子、他们的狗、他们的圣诞树等。一位退休的美国空军军官在遗嘱中要求将火化后的骨灰密封在可口可乐灌装瓶子内,并安放在阿林顿国家公园。《华盛顿邮报》和《音乐新闻》这些编辑旨趣迥异的报纸都提出"像可口可乐一样美国化"。美国著名空军英雄罗伯特·斯科特在他的畅销书《上帝是我的飞行同伴》中,解释他"击落第一架日本飞机"的动机是源于"美国、民主、可口可乐"的思想,这里竟然把可口可乐与国家相提并论。一位可口可乐总裁这样告诉他的属下:"你们对人们生活的影响程度,比其他任何产品,甚至比天主教在内的思想体系,都更明显。"[2]

(三)摩托车族的"精神图腾"

钱江、嘉陵和哈雷分别是我国和美国摩托车的知名品牌,它们的最大区别在于:钱江、嘉陵是一种代步工具,而哈雷是摩托车族的"精

---

[1] 马克·彭德格拉斯特:《可口可乐帝国》,高增安等译,华夏出版社2009年版,第173页。

[2] 同上书,第427页。

第十一讲 企业的美学管理

神图腾"。2008年哈雷公司105周年庆典时，哈雷车主组织了30多万辆哈雷摩托车、几十万骑乘者聚集到美国威斯康星州密尔沃基的哈雷公司总部，车主们特殊的服饰和风驰电掣的骑行，引来行人驻足观望，场面十分壮观。这不是一次普通的自驾游，而是虔诚的朝圣之旅。骑乘者像信徒一样，体验到拜谒圣地的激动和销魂，甚至感受到灵魂的洗涤和震颤。

哈雷摩托车的品质，可能不如本田、雅马哈，但是它的售价却远远高过其他日系品牌，原因就在于哈雷摩托车不仅具有功能性作用，而且更具有情感性作用。哈雷摩托车以独特的设计风靡于世，它被认为是最具有男性气概的品牌。它的男性气概体现在：线条硬朗，体积硕大，车轮厚重，车身超长，车重300多斤，裸露的美学原则——侧板、挡泥板都被拆除，能裸露的钢铁和金属尽量裸露，接近汽车的大排气量大油门使引擎发出威猛的低吼声，低陷的皮座椅和高扬的手把，加上纯金属的坚硬质地和眩目的色彩甚至烫人的排气管。

哈雷摩托车消费者组成了"哈雷车主俱乐部"，成员之间分享骑乘哈雷的经验和体会。这一由哈雷企业赞助的机构迅速发展起来，成员遍布150多个国家，达100多万。哈雷带翅膀的品牌标志成为当今世界上最多被其目标群文在身上的品牌之一。知名影星施瓦辛格、F1方程式冠军车手舒马赫等，都是哈雷摩托的忠实粉丝。美国消费者马尔科姆·福布斯48岁才第一次邂逅哈雷摩托，一生购进100多辆哈雷摩托，他有一个愿望：驾乘他最热爱的热气球和哈雷摩托环游世界。

宗教中很多事物具有符号象征意义。就基督教而言，法国圣丹尼斯教堂环绕着歌坛的12根圆柱象征着12使徒，后堂回廊的圆柱象征着12位主要先知。早期哥特式建筑沙特尔主教堂出自《圣经》人物的人像柱，象征基督舍身之死。一般教堂都有的三座塔楼象征圣父、圣子、圣灵的

"三位一体"。有些著名产品像宗教一样，也有符号象征意义。哈雷摩托车不仅以它庞大威猛的体积诉诸人们的视觉，而且以它巨大的轰鸣声诉诸人们的听觉。"发动机的'轰轰'声已经成为哈雷品牌的同义词。1996年，哈雷把雅马哈和丰田汽车告上法庭，理由是对方侵占哈雷声音的商标权。虽然哈雷发动机的声音并不合乎商标保护法的条例，但这个声音对哈雷的支持者来说，相对于做弥撒时的第一声风笛在虔诚的天主教徒心目中的地位。"[1]

哈雷的符号象征意义还体现在一系列事物上。这些事物包括印有图案的皮夹克、弹性紧身皮裤、马甲、衬衣、眼镜、头盔、皮带、皮靴、小围巾、短手套、黑色皮夹克等。哈雷标识出现在皮夹克、古龙水、珠宝，甚至睡衣、床单、毛巾、女性内衣裤、小朋友玩具上。也出现了哈雷风格服饰，许多高级时装设计师如唐娜泰拉·范思哲、让·保罗·戈尔捷、汤姆·福特和卡尔·拉格菲尔德等都从哈雷摩托车和哈雷骑手身上汲取过灵感。在哈雷风格服饰中，铆钉的装饰效果体现了前卫特点，突出了狂野、速度与力量。双排扣的皮夹克或风衣、袖口衣身多处运用拉链，使身着哈雷风格服饰的女孩显得神采奕奕。

有些产品重物质、功能和理性，有些产品重精神、情感和感性；前一类产品可以到达人手，后一类产品可以潜入人心。我国企业的转型也包括从注重产品的使用价值，到注重产品的情感价值的转型。美国大型的西尔斯公司花了整整 20 年的时间，才实现了这种转型。正如彼得·德鲁克所说："对西尔斯公司来说，基本的'价值观念'是效用、穿着质量、耐久性和耐洗性——全都是实实在在的价值，而不是时尚顾

---

[1] 马丁·林斯特隆著，赵萌萌译：《感官品牌》，天津教育出版社 2011 年版，第 157 页。

客心目中的'价值'。只有在整整一代管理当局换班以后，西尔斯公司才成功地开发出了时尚业务。"[1]

思考题

1. 谈谈你对企业的美学管理的理解。
2. 怎样看待经济活动的情感驱动力？
3. 怎样理解从产品的使用价值到产品的情感价值的转型？

阅读书目

凌继尧：《企业的美学管理》，学林出版社2014年版。

施密特、西蒙森：《视觉与感受：营销美学》，曹嵘译，上海交通大学出版社2001年版。

---

[1] 彼得·德鲁克：《管理：使命、责任、实务》（责任篇），机械工业出版社2006年版，第111页。

第十二讲
"有意味的形式"

> "艺术"概念的历史发展
> 艺术殿堂的建构
> 艺术发展的不平衡

"有意味的形式"是 20 世纪英国形式主义美学家克莱夫·贝尔在 1914 年出版的《艺术》一书中给艺术下的定义。朱光潜先生 1939 年在《美学的最低限度的必读书籍》一文中列举了 30 种西文美学著作,指出其中的这本书"最雄辩,最易引起兴趣"。20 世纪 80 年代《艺术》被译成中文后,"有意味的形式"成为美学界家喻户晓的一句名言。

贝尔主要是根据 19 世纪末期以法国画家塞尚、高更、凡·高等为代表的后期印象派绘画来研究艺术的。他认为绘画的本质不在于对自然、现实的再现性摹仿，再现性的内容只会引起生活情感，而在于线条和色彩的排列组合（即形式）能够激起我们的审美情感（即有意味）。这些审美感人的形式就是"有意味的形式"。

艺术是美学的重要研究对象。从美学史上看，一些美学家主张美学研究美，倾向把美学确定为"美的哲学"；另一些美学家主张美学研究艺术，倾向把美学确定为"艺术哲学"。黑格尔就把他的美学说成艺术哲学。朱光潜先生也大体上持这种观点。他在《西方美学史》序论中写道："从历史发展看，西方美学思想一直在侧重文艺理论，根据文艺创作实践作出结论，又转过来指导创作实践。正是由于美学也要符合从实践到认识又从认识回到实践这条规律，它就必然要侧重社会所迫切需要解决的文艺方面的问题，也就是说，美学必然主要地成为文艺理论或'艺术哲学'。艺术美是美的最高度集中的表现，从方法论的角度来看，文艺也应该是美学的主要对象。正如马克思指出的，人体解剖有助于对猴体解剖的理解，研究了最高级的发达完备的形式，就不难理解较低级的发达较不完备的形式。这个观点并不排除对自然美和现实美的研究。过去一些重要的美学家大都涉及自然美，但是也大都从文艺角度去对待自然美，并不把这两种美当作两个不可统一的对立面。"[1] 当然，美学也在美和艺术的联系中研究它们。

美学虽然长期以艺术为主要研究对象，但是要给艺术下一个普遍认可的定义，却不是一件容易的事。贝尔的艺术定义曾经风靡一时，然而很快就有人对它提出质疑，并用新的定义取代它。这种情况正如20世纪德国艺术社会学家A.豪塞所说："很难给艺术下一种不能从相反的方面来确定它的定义。艺术作品同时是形式和内容，忏悔和欺骗，游戏和

---

[1] 朱光潜：《西方美学史》上卷，第4—5页。

信息，它离自然既近又远，它既符合目的性又不符合目的性，它是历史的又是非历史的，它是个性的又无个性。"[1] 为了更好地理解艺术，我们最好从艺术概念的历史发展谈起。

一　"艺术"概念的历史发展

古希腊把"艺术"称做 technē，这个词有三种涵义：1. 人类有目的的活动。从词源上看，technē 也指"产生"，即一种合目的的行为。举凡盖房造船、驯养动物、读书写字、种植、纺织、医疗、炼金、治理国家、军事活动以至魔法巫术都是艺术。艺术等同于手工艺，有劳动和管理经验的人往往被看作诗人。这种传统是如此根深蒂固，直至公元前1世纪罗马美学家贺拉斯在《诗艺》中仍然把安菲翁当作诗人，和荷马一起加以颂扬。安菲翁没有写过诗，但是他演奏竖琴，感动顽石自动筑成忒拜城墙。2. 科学。算术、几何是计算艺术。此外还有医学、动物学、占卜术等。3. 现代含义上的艺术。古希腊人对艺术的理解表明，艺术还没有从人类的其他活动中分离出来。中文"艺术"一词在《后汉书》中就出现过，然而现代含义上的艺术是英文 art 的译名，五四运动前后，常常把 art 译作"美术"。王国维、鲁迅先生和蔡元培先生都曾采用过这种译法。鲁迅先生的《拟播布美术意见书》、蔡元培先生的《美术的起源》实际上就相当于《拟播布艺术意见书》《艺术的起源》。以后，art 被译为"艺术"，从而有别于专门意义上的"美术"。西方美学史上对艺术概念的第一种理解是把它看作摹仿。

---

[1] A. 豪塞：《艺术史哲学》，慕尼黑1958年版，第405页。

第十二讲 "有意味的形式"

(一) 艺术作为摹仿

古希腊美学主张艺术摹仿自然。希腊人认为，自然本身也是一种摹仿。它摹仿什么呢？它摹仿自身的本原、自身的生成规律。宇宙和人的关系也是原型和摹仿的关系。我们在第三讲中曾经提到过，所谓人是小宇宙，摹仿大宇宙。原型和摹仿是希腊美学特有的一对概念。因为希腊美学把客观存在置于首位，而不是像文艺复兴美学那样把人的个性置于首位。如果没有原型和摹仿的概念，就不可能理解希腊的美学和艺术。

希腊人把"艺术"和"手工技艺"都称作 technē，有时候还把"手工技艺"置于"艺术"之上。文艺复兴时期的艺术家如果被称做手艺人，他们会感到愤怒。而希腊时期的艺术家如果被称作为手艺人，他们会感到自豪。现代人对此不免有些困惑，然而在希腊人看来却是很自然的事。因为艺术和手工技艺都是摹仿。木匠在制作桌子的时候，摹仿桌子的范型，造出对生活有实际用途的物质产品。而艺术家通过摹仿创作的艺术作品只能使人的听觉或视觉产生愉悦。木匠的摹仿是真正的摹仿，艺术家的摹仿不是真正的摹仿，所以前者高于后者。

关于艺术摹仿自然，公元前5—前4世纪德谟克利特说过一段著名的话："在许多重要的事情上，人类是动物的学生：我们从蜘蛛学会了纺织和缝纫，从燕子学会了造房子，从天鹅和夜莺等鸣鸟学会唱歌，都是摹仿它们的。"[1]德谟克利特所说的摹仿已经不是对被摹仿对象的直接再现，而是根据生活需要对被摹仿对象的间接再现。

我们在第一讲中讲到苏格拉底的人本主义美学观，他的这种美学观也体现在艺术意识上。他的艺术意识以人、人的生活为主要对象。这决

---

[1] 第尔斯编、克兰茨修订：《苏格拉底以前的哲学家残篇》，第68章B部分第154则残篇。

定了他的艺术摹仿理论的特征：艺术从摹仿自然转入摹仿生活。这种摹仿理论在西方美学史上是第一次出现，它对希腊美学和以后的美学产生了重要影响。

苏格拉底对艺术摹仿生活的理解可以分为四个层次。首先，艺术摹仿生活应当逼真、惟妙惟肖。雕塑家在创作赛跑者、摔跤者、练拳者、比武者时，"摹仿活人身体的各部分俯仰屈伸紧张松散这些姿势"，从而使人物形象更真实[1]。其次，艺术摹仿生活而又高于生活，艺术摹仿包括提炼、概括的典型化过程。苏格拉底问画家巴拉苏斯："如果你想画出美的形象，而又很难找到一个人全体各部分都很完美，你是否从许多人中选择，把每个人最美的部分集中起来，使全体中每一部分都美呢？"巴拉苏斯的回答是肯定的[2]。再次，艺术摹仿现实不仅要做到形似，而且要做到神似。苏格拉底认为摹仿的精华是通过神色、面容和姿态特别是眼睛描绘心境、情感、心理活动和精神方面的特质，如"高尚和慷慨，下贱和鄙吝，谦虚和聪慧，骄傲和愚蠢"[3]。最后，艺术只要成功地摹仿了现实，不管它摹仿的是不是正面的生活现象，都能引起审美享受。苏格拉底问雕塑家克莱陀："把人在各种活动中的情感也描绘出来，是否可以引起观众的快感呢？"[4]对此，苏格拉底和克莱陀都持肯定的态度。

从希腊罗马到18世纪的西方美学，关于艺术摹仿现实的观点一直占据主导地位。艺术越是毕肖于自然，就越值得称赞。古希腊著名画家宙克西斯画的一串葡萄引来一些小鸟啄食，帕拉修斯画的帷幕诱使人动手去揭，尼西亚画的马能令真马嘶叫。这些都是优秀的艺术作品。希腊

---

[1] 北京大学哲学系美学教研室编：《西方美学家论美和美感》，第21页。
[2] 同上书，第19页。
[3] 同上书，第20页。
[4] 同上书，第21页。

艺术是以雕塑为核心的建筑、雕塑、绘画三位一体。谈到希腊雕塑，我们总会想到波里克利托的"持矛者"。它的身体的各个部分和整体的关系，都符合一定的数的比例，而这些数是从活的人体中产生出来的。由于强调摹仿，所以形体性是希腊艺术特别关注的方面。

文艺复兴时期意大利画家达·芬奇、18世纪法国启蒙运动学者狄德罗、19世纪俄国批评家别林斯基都强调艺术是对自然和现实的摹仿，由此可见艺术摹仿说的源远流长。

（二）艺术作为表现

与艺术摹仿说直接对峙的是18世纪以后形成的艺术表现说。摹仿说主张艺术再现客观世界，表现说则主张艺术表现主观心灵。

美国学者艾布拉姆斯在1953年出版的名著《镜与灯》（中译本由北京大学出版社于1989年出版，2015年有新版）中，用镜隐喻摹仿说，在这种情况下，心灵作为接收体，像镜子一样反映客观世界；用灯隐喻表现说，在这种情况下，心灵作为发光体，像灯一样流溢主观感情。虽然表现说形成较晚，然而发光体的原型概念出自3世纪罗马美学家普洛丁。在长达上千年的希腊罗马美学中，普洛丁是仅次于柏拉图和亚里士多德的第三位最重要的美学家。普洛丁美学是对希腊罗马美学的总结，并对中世纪美学产生了深远影响。在西方美学史中，普洛丁起到承上启下的作用。

艺术表现说最醒豁的说法是英国18—19世纪浪漫主义诗人华兹华斯在《抒情歌谣集》1800年版序言中提出的："诗是强烈情感的自然流露。"浪漫主义的创作倾向由来已久，但是浪漫主义作为一种文艺思潮，18世纪下半叶到19世纪上半叶盛行于欧洲。它和现实主义同为文艺上的两大主要思潮。现实主义以艺术摹仿说为基础，浪漫主义以艺术表现说为基础。华兹华斯和柯尔律治是英国第一代浪漫主义作家的代表，

《抒情歌谣集》是他俩于1798年共同出版的诗集，诗集1800年再版时华兹华斯写了序。这一书一序开创了英国文艺中的浪漫主义时代。浪漫主义者批评艺术摹仿说，认为艺术不是对现实的描绘，而是对理想的描绘。柯尔律治在《论诗或艺术》中说，艺术的共同定义是，"像诗一样，它们都是为了表达智力的企图、思想、概念、感想，而且都是导源于人的心灵……"[1]英国第二代浪漫主义诗人拜伦也说，诗是汹涌的激情的表现。

在随后的年代里，艺术表现说产生了重要影响。20世纪意大利美学家克罗齐在《美学原理》中、英国美学家科林伍德在《艺术原理》中都主张艺术是情感的表现。

艺术表现说是对艺术摹仿说鲜明的反动。在艺术创作中，有些艺术家偏重于客观，有些偏重于主观。不过，这两种倾向并不是截然分开的，有时候对客观现实的摹仿和主观情感的表现有机地结合在一起。韩愈在一篇文章中说，张旭善草书，当他喜怒哀乐、怨恨思慕时，必定用草书抒发这些感情。当他观察鸟兽虫鱼、日月星辰而心有所感时，也要诉诸草书。也就是说，张旭的书法不但抒写自己的情感，也表现自然界各种变动的形象。他在表达自己的情感时也反映自然界的各种形象，或者借这些形象的概括来暗示他对这些形象的情感。[2]

清代画家郑板桥画竹，题诗道："衙斋卧听萧萧竹，疑是民间疾苦声；些小吾朝州县吏，一枝一叶总关情。"郑板桥画的竹不仅是对自然中的竹的摹仿，而且通过竹表现了他特殊的情感。通常以竹表现人的清

---

[1] 艾布拉姆斯：《镜与灯：浪漫主义文化及批评传统》，郦稚牛等译，北京大学出版社1989年版，第70页。

[2] 参见《宗白华全集》第3卷，第401页。

第十二讲 "有意味的形式"

高,而郑板桥从衙斋竹声中听到民间疾苦声。同是画竹,元代画家倪瓒就不同于郑板桥,他在《跋画竹》中说:"余之竹聊以写胸中逸气耳,岂复较其似与非,叶之繁与疏,枝之斜与直哉!"所谓"逸气",就是超尘出世的内在情感和精神气度。倪瓒画竹主要表现自己的情感,至于画的竹和自然中的竹是否相像,

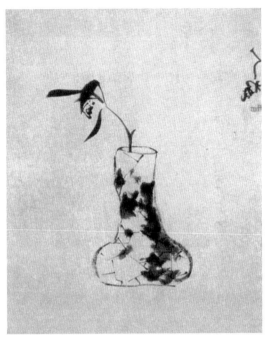

八大山人《安晚帖》(一)

他是不复计较的。清初画家八大山人是明代宁献王朱权的后裔,原名朱耷。作为遗民,他颠沛流离,满腹苍凉。他的画冷峭凝练、生硬狂猛。他的落款"八大山人"草书,连起来看有点像"哭之笑之",隐喻身世之痛。他画的花鸟当然是对自然的摹仿,然而他更重写意,即以花鸟表达自己的悲愤。他画的荷总是残破的,画的石总是嶙峋的,画的鸡也形态怪异,白眼向上。郑板桥在他的画上题诗说:"国破家亡鬓总皤,一囊诗画作头陀。横涂竖抹千千幅,墨点无多泪点多。""墨点"是对自然的摹仿,"泪点"是情感的表露,八大山人的画"泪点"多于"墨点"。

艺术摹仿说和艺术表现说只是林林总总的艺术定义中的两种。随着时代的发展,必定有更多的艺术定义出现,例如杜尚那件命名为《泉》的小便器以及其他现代派艺术都拓展了艺术的定义。

二　艺术殿堂的建构

艺术殿堂的建构不是指个别艺术作品的结构，而是整个艺术世界的结构，也就是人常说的艺术分类。研究艺术分类的目的是寻求和发现各门艺术反映现实的特征和规律，以便自觉地认识和掌握它们。

（一）艺术的分类

根据大部分研究者的意见，艺术按照内容和形式的共性主要可以分为九种：文学、绘画、雕塑、音乐、舞蹈、戏剧、影视、建筑和艺术设计。这种层次的划分是艺术样式的划分。

那么，这九种艺术样式是根据什么原则划分出来的呢？原则有两个：第一，本体论原则，即以艺术作品物质存在形式的差异为基础对艺术进行分类。艺术作品首先作为某种物质结构被创作出来，存在并出现在欣赏者面前。它们作为声音、词汇、色彩、线条、动作、体积的组合，具有空间特征，或者时间空间特征。达·芬奇《最后的晚餐》是为修道院长方形斋堂画的巨型壁画，他借《圣经》上的题材来表现叛徒犹大和耶稣之间的戏剧性冲突，描绘了众门徒的形象、性格和气质。由于这幅画很大，欣赏者不能把它一下子摄入眼帘，然而它的整体是在同一个空间里存在的，可以被称作空间艺术。18—19世纪德国音乐家贝多芬把古典交响乐推到前所未有的高峰，他的第三交响乐《英雄》、第五交响乐《命运》、第六交响乐《田园》等都是杰出的艺术作品。交响乐是在时间承续中展开的，可以被称为时间艺术。舞蹈顾名思义是"手之舞之，足之蹈之"。舞蹈中无论是变化多端、错综复杂的手势语言，还是规范严谨、屈伸踢踏的腿脚动作，都同时是在空间和时间中展开的，可以被称为空间时间艺术。这样，属于空间艺术的有绘画、雕塑、建筑、艺术设计，属于时间艺术的有音乐、文学，属于空间时间艺术的有舞蹈、戏剧、影视。

美学史上最早把艺术分为空间艺术、时间艺术和空间时间艺术的是19世纪初期德国美学家克鲁格。他在《编纂一本关于美艺术的系统百科全书的尝试》（莱比锡1802年版）中，肯定艺术作品作为感性知觉的对象，能够以时间构成（作为有次序的展开过程），或以空间构成（作为要素排列），抑或同时以时间和空间构成。我国五四运动前后，把艺术分为静艺术和动艺术是一种颇为流行的观点。鲁迅先生在《拟播布美术意见书》（1913）一文、蔡元培先生在《美术的起源》（1920）一文和《美术的进化》（1921）一文中都持这一种观点。从物质存在的形态上讲，静的艺术是空间艺术，动的艺术是时间艺术，舞蹈兼有空间的位置和时间的连续，是空间时间艺术。

艺术分类的第二个原则是符号学原则。艺术的外在形式有双重性：一方面它是物质结构，例如绘画的颜色和线条的组合；另一方面它是形象符号，绘画的颜色和线条的组合荷载某种艺术信息，并把这种信息从艺术家传输给观众。在不同的艺术中，形象符号有两种。一种形象符号具有再现性，绘画、雕刻、戏剧、影视、文学中的形象符号再现客体现实的外貌，这些艺术可以称为再现艺术。另一种形象符号具有非再现性，音乐、舞蹈、建筑、艺术设计中的形象符号不直接再现客观现实的外貌，而表现与客观现实的关系，这些艺术可以称为非再现艺术。鲁迅先生把再现艺术和非再现艺术分别称为模拟艺术和独创艺术，根据本讲第一节的内容，也可以把它们称为摹仿艺术和表现艺术。

再现艺术和非再现艺术的区分是相对的。建筑是非再现艺术，19世纪法国建筑师勒丘为了再现现实，把畜棚设计成母牛的形状，被当成一个大笑话。然而，澳大利亚悉尼歌剧院的造型作为对贝壳的摹仿，却获得巨大成功。音乐的情况也是如此。作为非再现艺术，音乐也可以摹仿自然声响和禽鸟的鸣啭，乐器在某种程度上是对人的嗓音的摹仿。我们只是说，音乐、建筑的再现能力比起它们的情感表现能力要狭隘得多。歌德把建筑称为"凝固的音乐"，这表明建筑虽然不再现生活，然而它像音乐一样具有情感表现力，这种情感性的根源是对生活和社会的反映。罗马万神殿就很能说明这个问题。

万神殿建于 2 世纪罗马皇帝哈德良时代。神殿为圆形，屋顶为巨大的半球形穹顶，周围绕以 6.2 米厚的混凝土墙体。穹窿的直径和高度均为 43.43 米（在 19 世纪以前，它的穹窿顶保持着最大跨度的纪录）。与希腊神庙仅注重外部立面设计不同的是，万神殿也注重内部空间设计。墙体无窗，穹顶正中央开有一个直径 8.9 米的天窗，从天窗射入的光的圆盘，随着时辰的变化而诡异地移动。万神殿的青铜大门高达 7 米。万神殿的宏伟和刚劲令人想起大一统的罗马帝国广袤无垠的疆土、庞大威严的国家机器和帝王的宏图伟业，也令人想起能征善战的罗马士兵晒得黝黑的面孔和他们高傲、威严的姿态以及罗马人所使用的强硬的、刚性的拉丁语。这就是万神殿所体现的情感。

艺术分类的本体论原则和符号学原则一经一纬相互交织，就形成九种艺术样式：

	时间艺术	空间艺术	空间时间艺术
再现艺术	文学	绘画、雕塑	戏剧、影视
表现艺术	音乐	建筑、艺术设计	舞蹈

除了本体论原则和符号学原则外，美学史还运用其他原则对艺术进行分类。例如，根据艺术的用途来分类。建筑和艺术设计是实用艺术，其他各种艺术是非实用艺术，又称纯艺术。鲁迅先生把它们分别称为致用艺术和非致用艺术。建筑要"大"，即有足够的空间，又要"壮"，即

第十二讲
"有意味的形式"

牢固。公元前1世纪罗马建筑师维特鲁威在《建筑十书》中,提出了建筑三原则,即"坚固、实用、美观"。这三原则迄今仍然没有失去其生命力。美观才能使建筑成为艺术品,然而建筑仍然要坚固、实用。所以,建筑是实用艺术。也有人根据欣赏者知觉艺术的方式对艺术进行分类。绘画、建筑、雕塑等是通过眼睛来知觉的,可以称作视觉艺术。音乐是通过耳朵来知觉的,可以称作听觉艺术。不过,与本体论原则和符号学原则相比,艺术分类的其他原则只是派生的、次要的原则,而不是原初的、根本的原则。

对每种艺术样式还可以进行分类,这是体裁和品种的划分。我们先看体裁的划分。拿中国绘画来说,唐朝阎立本的《步辇图》是人物画。元朝黄公望的晚年得意之作《富春山居图》是山水画。明朝吕纪的《梅茶雉雀图》

黄公望《富春山居图》

吕纪《梅茶雉雀图》

是花鸟画。人物画、山水画、花鸟画是中国画中的不同体裁。西方画中的肖像画、静物画、风景画也是不同的体裁。体裁是一种艺术样式由于内在原因所引起的结构变化。我们上面所说的绘画体裁的划分是由题材的不同引起的，体裁的划分也可以由容量的不同而产生。例如，小说有短篇小说、中篇小说、长篇小说、长篇系列小说等。我们再看品种的划分。拿音乐来说，它可以分为声乐和器乐，器乐又可以分为管乐、弦乐和打击乐。这些都是音乐的品种。品种是由于同一种艺术样式利用不同的材料和不同的工艺成形方法所产生的，不同品种的艺术性质当然很不相同，但是再现和表现的能力是共同的。

(二) 艺术疆界的变化

在古代，艺术和人类的其他活动，如手工技艺是混为一体的。究竟什么时候艺术才从人类的其他活动中分离出来，成为一个独立的文化领域，美学史上有不同的说法。其中一种说法是，就欧洲而言，艺术的独立发生在 17 世纪。意大利、法国、英国、俄国先后成立了艺术研究院，从法律上把纯艺术同手工技艺分离开来。并且，艺术取得了术语的合法化。原来 art 同时表示"艺术"和"手工技艺"，现在由 art 构成了两个派生词：artist——艺术家，和 artisan——手艺人。[1]

艺术的独立并没有使它成为脱离现实世界的封闭的领域。在艺术世界和非艺术世界之间并不存在不可逾越的鸿沟，而是发生着平衡的、渐进式的过渡。艺术中存在着两种相互对立的倾向：一种倾向使艺术摆脱同实践活动的原初的联系，另一种倾向则希望保持这种联系或者建立一种新的联系。[2]

---

[1] 卡冈：《艺术形态学》，凌继尧、金亚娜译，生活·读书·新知三联书店 1986 年版，第 39 页。

[2] 同上书，第 219 页。

建筑和艺术设计作为实用艺术，保持着同实践活动的联系。就是其他纯艺术，也以不同的方式保持着同实践活动的联系。绘画、雕塑只具有单一的艺术功能，然而它们也能创作出既有艺术功能又有实用功能的作品，如为历史博物馆制作的绘画和雕塑。而与这些绘画和雕塑直接毗邻的，是非艺术领域中的图纸、技术插图、地图、木模特儿等。在文学中，除诗歌、小说、散文外，还存在具有复功能（艺术功能和实用功能）的领域，如艺术政论、科学散文等。它们进一步向外延伸，就是日常生活的话语世界。在音乐中，军乐、摇篮曲、运动音乐、宗教音乐具有复功能性，它们同日常生活中的有声交际手段相毗邻。在舞蹈中，处在复功能地段的有艺术体操、花样滑冰、水上芭蕾，它们把舞蹈和运动结合起来。

艺术独立的倾向和艺术向实践活动扩张的倾向，使艺术的疆界发生着变化。另外，在艺术发展的过程中，某些旧艺术领域的消亡和新艺术领域的产生，也使艺术的疆界发生变化。艺术领域消亡的明显例证是希腊罗马的演说艺术。我们在第八讲中谈到，朗吉弩斯的《论崇高》是一部修辞学著作。希腊罗马的修辞学不是现代意义上关于作文的艺术，而是关于公开演讲的艺术，就是"演说术"或"雄辩术"，是关于演说的理论著作。朱光潜先生在《西方美学史》中写道："有人把亚里士多德死后五六百年的时期（包括罗马时期）叫作'修辞学的时期'，这是很有见地的。这时期修辞学论著确实是如雨后春笋，多至不可胜数。"[1]这足见演说艺术的繁荣。

演说艺术在希腊罗马的繁荣有深刻的社会原因。修辞学起始于公元前5世纪，它的奠基者是智者派哲学家。我们在第一讲中讲到智者是一

---

[1] 朱光潜：《西方美学史》上卷，第98页。

批以传授知识和演说术为业的哲学家,他们是希腊民主制度的产物。亚里士多德也写过《修辞学》的著作。狄摩西尼是希腊最著名的演说家,西塞罗则是罗马最著名的演说家。西塞罗认为演说是一门艺术,演说家类似于诗人,而演说高于诗,诗的魅力与演说相比只占第二位。然而在希腊罗马以后,演说艺术迅速衰落。虽然在某些特定的历史时期中,例如法国大革命时期,演说也曾经发出过耀眼的光辉,然而作为一门艺术,它已经消亡了。

另一方面,随着技术的发展,艺术的领域也拓展了,它不断吸纳各种工业文明的产品,这些产品把艺术活动同技术活动、交际活动和其他活动结合在一起。例如,在传媒和室外随处可见的广告,就成为艺术的一个新领域。德国美学家哈曼在1911年出版的《美学》中首次从美学角度分析了广告艺术,广告艺术把功利功能、商务功能和审美功能结合在一起。艺术的独立本来意味着艺术和手工艺相分离。然而,德国建筑家格罗皮乌斯1919年创立的包豪斯学校,却提出艺术和手工艺要重新结合,艺术家和工艺技师之间没有原则区别,艺术家只是高级的工艺师。关于这一点,我们在第十讲中已经比较详细地讲到。意大利艺术设计师索特萨斯1969年为奥利维蒂公司设计了一种轻巧、别致的手提打字机,它由鲜红的塑料制成,仿佛是一种玩具。后来该打字机被纽约现代艺术博物馆收藏,工业产品成了艺术品。影视艺术也以一定的技术条件为基础。近年来,国际上动画艺术发展迅速,美国每年的动画产业创造1500亿美元的产值。20世纪90年代末期出现了三维立体动画、FLASH网络动画、互动电玩游戏,还有数码影视特技、玩具设计等造型动画。所有这些,都造成了艺术疆界的变化。

三　艺术发展的不平衡

对艺术发展的不平衡有多种理解。比如，艺术和经济发展不平衡。希腊的经济与后世相比当然是落后的，然而希腊的艺术却非常发达，它在某些方面甚至达到后世难以企及的高度。艺术和政治的发展也可以不平衡。我国魏晋时代政治上非常混乱、社会动荡不安，然而魏晋时代的艺术成就却很高。我们这里讲的艺术发展的不平衡，指的是艺术的样式和体裁发展的不平衡。

（一）艺术样式发展的不平衡

在不同的历史阶段，各种艺术样式的发展是不平衡的。这里既有社会历史的原因，又有艺术自身的原因。

在古希腊，雕塑和戏剧最为发达。希腊有三大悲剧家埃斯库罗斯、索福克勒斯和欧里庇得斯，喜剧家阿里斯托芬。亚里士多德的《诗学》作为西方第一部最重要的文艺理论著作就是研究戏剧的。希腊的雕塑和戏剧发达，原因在于希腊城邦中个性的意义有了增长。虽然在希腊哲学中个性、主体的概念还不发达，然而，像我们在第一讲讨论柏拉图的理式时所指出的那样，希腊从原始社会进入奴隶社会以后，人的思维已经逐渐代替了原始社会的意识形态——神话。希腊雕塑描绘人，也描绘神。希腊人把神理解为有个性的人，神有喜怒哀乐，有情欲，也有缺陷。希腊的宙斯雕塑、女神阿芙洛狄特雕塑、海神波塞冬雕塑、希腊化时期的农牧神雕塑都具有形象的个性化特点，而不像埃及雕塑那样概括性大于具体性。希腊戏剧家也注意描绘个性角色。亚里士多德认为，戏剧的目的是摹仿人物的行动，情节作为事件的安排和人物的相互作用，是戏剧的基础。

中世纪不同于古希腊，当时执艺术牛耳的是音乐和建筑。中世纪时

第十二讲
"有意味的形式"

圣索菲亚大教堂

一神教的基督教代替了古希腊的多神教。基督教重视精神性，轻视形体性。再现形体的雕塑和绘画受到限制。体现普遍的宗教感情的音乐以及体现一般性而不是具体性的建筑，得到充分的发展。在中世纪，东欧以拜占庭（又称君士坦丁堡）为中心，形成了拜占庭文化。君士坦丁堡的圣索菲亚大教堂是拜占庭建筑的代表作。它比古罗马的万神殿更为高敞宽阔，产生了统一而多变的空间效果。"当朦胧的光线由穹顶下缘的一个个小窗洞中洒进幽暗的室内，教堂内部彩色贴面图案、两侧镶金柱头、包金交界线和顶部与地面彩色玻璃、马赛克装饰，营造出斑斓而迷离的景象。"[1] 置身于教堂中，教徒的心也飘飘荡荡，仿佛飞向上帝。西欧形成了哥特式建筑体系，代表作有德国科隆大教堂和法国巴黎圣母院。科隆大教堂的墙和塔越往上越细，顶上的小尖顶直刺苍天，教堂所有局部的上端也是尖的，给人一种腾飞凌空的感觉。教堂窗洞镶满五彩

---

[1] 凌继尧、张燕主编：《美学与艺术鉴赏》，上海人民出版社 2001 年版，第 175 页。

斑斓的玻璃，人在教堂中仿佛有升腾天国的感觉。巴黎圣母院由圣堂、小礼拜堂、98米高的十字厅尖塔、塔楼等组成。它的西立面中间是象征天堂的玫瑰窗，两侧是尖券高窗，高窗之上有塔楼左右分峙。它的特色之一是底部层层内收的券门，仿佛把行人吸入圣洁的殿堂。中世纪的建筑体现了宗教教义。

文艺复兴时期，绘画在艺术中占据了主导地位。文艺复兴时期艺术家渴望认识自然和现实世界，喜欢把艺术比作反映现实的镜子。达·芬奇就认为艺术家的心应该像一面镜子，把所反映事物的色彩和形象摄取进来。在这种情况下，抬高绘画、贬低建筑就是很正常的事。不仅画家达·芬奇而且建筑家阿尔伯蒂都认为绘画具有最高的价值，因为绘画（还有雕塑）能够比其他艺术更忠实、更准确地再现现实。另外，文艺复兴时期科学的发展也促使意大利绘画达到欧洲的第一次高峰。当时重要的艺术家如达·芬奇、阿尔伯蒂、米开朗琪罗都同时是科学家。"他们认识到艺术既然是摹仿自然，就要把艺术摆在自然科学的基础上。这句话有两层意义：头一层是对自然本身要有精确的科学的认识，其次是把所认识到的自然逼真地再现出来，在技巧和手法上须有自然科学的理论基础。"[1]达·芬奇甚至把绘画称为科学。艺术家们研究与造型艺术有关的解剖学、透视学、配色学等，这些都促进了绘画的发展。

在17—18世纪的欧洲，戏剧登上艺术的前台。戏剧的核心是戏剧性，戏剧性指戏剧应该集中浓烈地反映现实的矛盾和冲突。17世纪法国新古典主义者继续做意大利人在文艺复兴时期做的事情：以继承古典

---

[1] 朱光潜：《西方美学史》上卷，第162页。

为主要内容。"法国新古典主义文艺就是法国理性主义哲学的体现"[1]，法国理性主义哲学的标志是笛卡儿的《论方法》一书。该书反映了封建阶级和资产阶级的斗争和妥协，笛卡尔主张物质和精神的二元论，而没有解决谁先谁后的问题。17世纪法国新古典主义戏剧家高乃依和拉辛的作品就体现了这种二元论。18世纪启蒙运动是资产阶级从思想战线上向封建统治和教会势力发起总攻击的体现。法国剧作家狄德罗、博马舍和德国剧作家莱辛、席勒的作品反映了社会现实中的矛盾和冲突。博马舍的《费加罗的婚姻》表现了农奴和贵族地主之间尖锐的斗争，费加罗的胜利意味着法国人民反封建斗争的胜利。席勒要求戏剧对当时封建社会的罪恶做出裁决，他的剧本《强盗》反对专制暴君，他在剧本第二版的扉页上写道："打倒暴虐者！"他的另一部剧本《阴谋与爱情》也表现了德国市民和封建统治者之间的矛盾。

18世纪下半叶到19世纪上半叶，浪漫主义运动使诗歌特别是音乐成为艺术的皇冠。英国的华兹华斯、拜伦、雪莱和济慈，法国的雨果，俄国的普希金和莱蒙托夫都留下了不朽的诗歌名篇。德国音乐家贝多芬、波兰音乐家肖邦、匈牙利音乐家李斯特、法国音乐家柏辽兹使浪漫主义时期成为音乐史上的黄金时期。当时是对个性的内心世界特别感兴趣的时代。诗歌和音乐比其他艺术更适合表现人的情感。"音乐能够潜入人的精神的感情生活深处，能够表达无论是形象描绘还是语言都无法捕捉住的最细微的情绪和心灵运动的起伏，音乐具有含蓄的抒情性和感情上的紧张性……"[2]

19世纪中期到19世纪末期，批判现实主义使文学（长篇小说）在

---

[1] 朱光潜：《西方美学史》上卷，第182页。

[2] 《卡冈美学教程》，凌继尧等译，北京大学出版社1990年版，第652页。

各种艺术中占据了核心地位。法国作家司汤达的《红与黑》、巴尔扎克的《人间喜剧》、雨果的《悲惨世界》、福楼拜的《包法利夫人》，英国作家狄更斯的《大卫·科波菲尔》，俄国作家果戈理的《死魂灵》、托尔斯泰的《安娜·卡列尼娜》都是批判现实主义的杰作。在鞭笞社会黑暗、描绘个性和社会环境的联系方面，文学比其他艺术有更广泛的可能性。艺术样式发展的不平衡与社会对艺术的特殊需要有关。

（二）艺术体裁发展的不平衡

在我国丰富而悠久的文化传统中，艺术发展的不平衡现象也十分明显。在文学中，汉赋、唐诗、宋词、元曲、明清小说分别是各个时代的骄子。仅就明清时期的古典长篇小说而言，体裁（按照题材而划分）发展的不平衡就是一个值得研究的现象。一般认为，明清长篇小说的发展大致经历了各有不同特点的四个阶段[1]。

明初（14世纪60年代至15世纪末）为第一阶段，这是中国古典长篇小说的创立阶段。这一阶段的代表作有《水浒传》《三国演义》《隋唐两朝志传》《平妖传》《残唐五代史演义》等。它们写的都是历史题材，全是军事文学。也就是说，它们在体裁上都是描写战争的历史长篇小说。这种体裁在当时得到充分发展有其历史原因。元末大规模的农民起义，不但扩大了明初作者的眼界，丰富了生活知识和斗争经验，而且也给作者的选材以深刻的影响，使得他们所创作的长篇小说几乎都和农民起义有关。

整个明朝中叶（16世纪）是中国古典小说发展的第二个阶段。这时候出现了不同体裁的小说，有以《西游记》为代表的神怪小说，以《金瓶梅》为代表的世情小说，以《海刚峰先生居官公案传》为代表的公案

---

[1] 有关明清小说的论述，部分内容参考了旅日学者周先民先生的手稿。

小说。题材的拓宽与社会生活的多样化有关，特别是《金瓶梅》的出现表现出长篇小说开始由反映历史走向反映现实的倾向。

《红楼梦》《儒林外史》和《镜花缘》是中国古典长篇小说发展的第三阶段的代表作。在这些小说里出现了积极要求个性解放、追求男女平等、反对封建礼教的主题。这显然与当时社会经济生活中出现的资本主义因素、社会思潮中民主意识的发生和发展有关。

及至晚清（18世纪末至20世纪初），中国古典长篇小说进入最后一个发展阶段。在体裁上，主要出现了三类小说：以《官场现形记》《二十年目睹之怪现状》《老残游记》和《孽海花》为代表的谴责朝廷、官场和社会风气的"谴责小说"；以《三侠五义》《儿女英雄传》为代表的侠义小说；反对帝国主义入侵，宣扬民族思想、爱国主义和改良主义的小说。这些体裁得到优先发展，是由民族矛盾尖锐、阶段斗争激烈、中华民族处于存亡继绝的危急关头的状况造成的。

我们在艺术世界做了一番涉猎后，能否给艺术下一个通俗的定义？或许可以说，艺术是人创造的特殊的审美价值，它反映客观现实，表现主观感情。我们说艺术是特殊的审美价值，因为它不同于人类其他活动（科学认识、劳动、交往、运动等）中的审美价值。在这些活动中，审美因素是零散的、稀释的，在艺术中，审美因素是集中的、凝聚的。因此，艺术能使人产生强烈的审美感受。艺术作为人工制品，必须具有物质载体。即使艺术是物质的实物（艺术设计产品和建筑）时，它也具有精神反映性，表现某种社会心理和时代氛围。

思考题

1. 比较艺术摹仿说和艺术表现说。
2. 怎样对艺术进行分类？

3.举例说明艺术的样式和体裁发展的不平衡。

阅读书目

宗白华:《艺境》,北京大学出版社1989年版。

卡冈:《艺术形态学》,凌继尧等译,生活·读书·新知三联书店1986年版。

第十三讲
艺术的"不用之用"

> 艺术功能的研究概况
> 若干艺术功能描述

艺术满足人的某种特殊需要的作用,叫作艺术功能。它既包括艺术创作对艺术家的功能,又包括艺术作品对知觉者的功能。

中国古典小说《三国演义》和《水浒传》提供了军事斗争和政治斗争的策略和经验,有些农民革命的领袖在攻城略地、埋伏袭击等方面仿效《三国演义》和《水浒传》的计谋。这是艺术的认识功能,即艺术提供关于客观现实和主观世界的知识和信息的能力。胡适先生针对中国的小说和戏剧说过:"无论是小说,是戏剧,总有一个美满的团圆。现今戏园里唱完戏时总有一男一女出来一拜,叫作'团圆',这便是中国人的'团圆迷信'的绝妙代表。有一两个例外的文学家，要想打破这种团圆的迷信，如《石头记》的林黛玉不与贾宝玉团圆，如《桃花扇》的侯朝宗不与李香君团圆，但这种结束法是中国文人所不许的，于是有《后石头记》《红楼圆梦》等书，把林黛玉从棺材里掘起来好同贾宝玉团圆，于是有顾天石的《南桃花扇》侯公子与李香君当场团圆！"[1] 鲁迅先生在《中国小说的历史的变迁》中也指出："凡是历史上不团圆的，在小说里往往给他团圆；没有报应的，给他报应，互相骗骗。——这实在是国民性底问题。"[2] 这种情况不仅在中国艺术中存在，在西方艺术中也存在。

《李尔王》是莎士比亚的四大悲剧之一（另三部是《哈姆雷特》《奥赛罗》和《麦克白》），它叙述古代不列颠王李尔年迈体衰，把国土分给三个女儿。长女和次女善于逢迎，得到国王欢心。三女科底丽雅由于坦率爽直，反被剥夺遗产，嫁给法国国王。后来，长女、次女和她们的丈夫百般虐待李尔王，把他逼疯。在暴风雨中，他冲出女儿的宫廷，奔向荒野。科底丽雅兴兵讨伐，结果她和李尔王都被俘虏，科底丽雅被吊死，李尔王也疯癫死去。观众不愿意看到这种悲剧结局，希望给悲剧人物更好的命运。从1681—1838年150多年中，西方舞台上演的不是莎士比亚的《李尔王》，而是伽立克等人的改编本。在改编本中，科底丽雅和爱德伽成了婚，李尔也重登王位。这种改动表明了"真、善终将胜利"的信条，符合观众的心理愿望。这是艺术的补偿功能，即艺术补充现实生活中未能得到满足的需要、补充某些情感欠缺或信息空白的作用。

18世纪欧洲有人提倡在日内瓦设剧院，法国启蒙运动者卢梭写了一

---

[1] 胡适：《文学进化观与戏剧改良》，《胡适文集》第3卷，人民文学出版社1998年版，第97页。

[2] 《鲁迅全集》第9卷，人民文学出版社1981年版，第316页。

第十三讲
艺术的"不用之用"

封万言的长信去劝阻他。卢梭以为人性本来好善恶恶，戏剧却往往使罪恶可爱，使德行显得可笑，所以它的影响最危险。瑞士人如果要保持山国居民的朴素天真，最好不要模仿近代"文化城市"去设戏院来伤风败俗。卢梭在这里说的是艺术的教育功能，他主张艺术培育良好的道德，认为戏剧伤风败俗，应在排斥之列。

艺术的功能远远不止这些，并且，上述功能也不是艺术所特有的。科学有认识功能，宗教有补偿功能，道德有教育功能，那么，艺术有没有它特有的、根本的功能呢？回答是肯定的。这就是艺术的审美功能，即艺术产生美感的能力。《红楼梦》问世后，立即惊动了当时的社会。人们读它、谈论它。有些青年人为书中的爱情故事所感动，更深夜静的时候常常隐隐哭泣。这足见《红楼梦》审美功能的巨大。

艺术的审美功能被我国学者概括成两个简约的命题："不用之用"（鲁迅先生语），"无用便是大用"（丰子恺先生语）。从物质功利性看，艺术是无用的，鲁迅先生在《摩罗诗力说》中指出，艺术"益智不如史乘，诚人不如格言，致富不如工商，弋功名不如卒业之券"。然而，从精神功利性看，艺术可以"美善吾人之性情，崇大吾人之思想"。丰子恺先生也指出："美术的绘画虽然无用（详之，非实用，或无直接的用处），但其在人生的效果，比较起有用的（详言之，实用的，或直接有用的）图画来，伟大得多。"[1] 丰子恺先生所说的"美术的绘画"就是"艺术的绘画"，如人体肖像画；他所说的"有用的图画"则用于某种实用目的，如人体解剖图。在人生效果上，前者比后者要伟大。所以艺术的无用是大用。

艺术的功能究竟有多少种？艺术的审美功能和其他功能的关系怎

---

[1] 胡经之主编：《中国现代美学丛编》，北京大学出版社1987版，第158页。

样?要回答这样的问题,我们还得从艺术功能的研究历史,特别是20世纪我国对艺术功能的研究谈起。

一 艺术功能的研究概况

艺术功能的研究具有悠久的历史,对它的最初研究已经表明艺术的多功能性。

在中国古代,孔子论述过艺术的功能。《论语·阳货》记载,"《诗》,可以兴,可以观,可以群,可以怨"。"兴"是"感发志意",使精神感动奋发。"观"是"观风俗之盛衰",观察社会生活的变迁。"群"是"群君相切磋",使个人融入社会、使个人社会化。"怨"是"怨刺上政",批评社会现实。在古希腊,柏拉图最强调艺术的教育功能,他把艺术完全变成为他的社会政治目的服务的工具。同时,柏拉图也承认艺术的审美功能(艺术形式的美能使人产生快感),并且论述过艺术的净化功能:"母亲们要让不想睡觉的孩子入睡,她们采用的不是安静的方法,而是运动的方法,把孩子抱在手里固定地摇晃;她们不是沉默不语,而是哼着某种曲调,仿佛直接给孩子弹琴。母亲们运用同扬抑格和诗才相结合的这种运动,医治孩子们的烦躁。"[1]

艺术的多功能性研究最明显地体现在15—16世纪荷兰作曲家和理论家约安·金克托利斯的《音乐效用的总结》一文中,他列举了音乐的20种功能,包括同宗教相联系的功能("装饰对上帝的赞美""驱逐恶魔"等),以及"驱忧解闷""引起狂喜""使人愉悦""治愈病人""减轻劳动""鼓舞斗志""唤起爱""增加筵宴的欢愉""使乐师驰

---

[1] 柏拉图:《法律篇》,790de。

名"等。[1]

20世纪我国对艺术功能的研究经历了三个阶段：第一阶段是50年代以前，对艺术功能做多元阐述；第二阶段是50—70年代，艺术功能的研究被模式化、固定化；第三阶段是80年代以后，在新的理论层次上确认艺术的多功能性，从多元阐述走向系统阐述。

(一) 艺术功能的多元阐述

20世纪上半叶，我国学者以开放的姿态，积极吸纳国外艺术研究成果，阐述了多种艺术功能。我们对其中若干种做个简单的说明。

1. 审美功能。王国维受到康德"审美不涉利害"的观念的影响，在20世纪率先明确地主张艺术的纯粹性和独立性。在艺术功能问题上，王国维反对把艺术作为政治道德的手段，主张艺术应该具有"纯粹美术之目的"。五四运动前后，我国学者把英语art译作"美术"。因此，王国维在这里所说的"美术"，以及上文中丰子恺先生所说的"美术的绘画"中的"美术"，都是指"艺术"。

2. 认识功能。20世纪上半叶，我国很多学者都论述过艺术的认识功能，但是研究问题的角度有所不同，归纳起来主要有两种。一种是从美和真、艺术和科学的同一性来理解艺术的认识功能。梁启超从"真美合一"的观念出发，认为艺术能够产生科学，真就是美，求美先从求真入手。"科学根本精神，全在养成观察力。养成观察力的法门，虽然很多，我想，没有比美术再直捷了。因为美术家所以成功，全在观察自然之美。怎样才能看得出自然之美，最要紧是观察自然之真。能观察自然之真，不惟美术出来，连科学也出来了。所以美术可以算得科学的金钥

---

[1] 斯托洛维奇：《生活·创作·人——艺术活动的功能》，凌继尧译，中国人民大学出版社1993年版，第53页。

匙。"[1]艺术和科学一样，具有认识功能。虽然艺术和科学有很多联系，然而它们还有根本的区别，梁启超把它们完全等同，未免片面。

论述艺术认识功能的另一种角度是把艺术看作客观现实的反映。艺术反映客观现实，必然包含着对客观现实的认识。基于这样的理由，胡秋原先生在1930年就明确阐述了艺术的认识功能："首先，艺术是生活之认识。艺术不是空想感情，以及心情随意的游戏。艺术不是表现诗人主观感觉和经验，也不是唤起读者的'良善感情'为第一目的。"[2]

3. 自我表现功能。艺术满足艺术家表现内在精神世界的需要的能力，叫作自我表现功能。强调艺术表现自我，是对艺术摹仿现实、反映现实的观点的否定，这和浪漫主义文艺思潮影响的增加有关。20世纪20年代，我国有些艺术理论家明确地主张艺术表现自我。1923年郭沫若先生在《批评与梦》一文中写道："艺术是自我的表现，是艺术家的一种内在冲动的不得不尔的表现……自然不过供给艺术家以种种素材，使这种种的素材融合成一种新的生命力，融合成一个完整的新世界，这还是艺术家的高贵的自我！"[3]艺术确有自我表现功能，但是郭沫若先生把它绝对化了。其观点的片面性在于，把艺术家的内在感情、情绪和欲求当作艺术创作的唯一根源，客观现实在艺术创作中完全处于无足轻重的地位。自然向艺术家提供的素材，仅仅被艺术家随意处置、利用、融合，并为艺术家的主观世界所吞噬，完全取决于"艺术家的高贵的自我"。

4. 暗示功能。艺术对知觉者产生情感感染、唤醒他们意识和潜意识

---

[1] 北京大学哲学系美学教研室编：《中国美学资料选编》下册，中华书局1981年版，第412页。

[2] 见《现代文学》创刊号（1930年7月）。

[3] 郭沫若：《批评与梦》，《时事新报·艺术》1923年12月30日。

中的感情能力，叫作暗示功能。艺术的暗示功能强烈时，知觉者仿佛进入某种催眠状态，接受艺术作品所暗示的感情。19世纪俄国作家托尔斯泰曾经谈到这种艺术功能："艺术是这样的一项人类的活动：一个人用某种外在的符号有意识地把自己体验过的感情传达给别人，而别人为这类感情所感染，也体验到这些感情。"[1] 托尔斯泰对艺术功能的这种理解，在20世纪前半期我国的艺术理论中产生了一定的影响。1930年王森然先生指出："托尔斯泰把情绪的传导，当作一种人类团结的工具，实有几分至理。真的，凡是一件艺术品，如果不能拿感情传导到观者或听者身上去，那就不是艺术了。"[2] 艺术之所以有暗示功能，因为艺术是充满感情的，而感情能够感染，这种感染在很大程度上是潜意识的，从而成为一种暗示。

5. 净化功能。艺术舒缓、宣泄知觉者过分强烈的情绪，使之恢复心理平衡和心理健康从而产生审美快感的作用，叫作净化功能。20世纪20年代梁实秋先生在《亚里士多德的〈诗学〉》（收于《浪漫的与古典》，新月书店1927年版）一文中指出，摹仿论是古典主义理论的中心，而排除涤净（Katharsis）是艺术的根本任务。梁实秋先生在这里所说的就是艺术的净化功能，他把希腊语Katharsis译为"排除涤净"，现在通译为"净化"。

6. 补偿功能。1921年胡愈之先生在《新文学界与创作》一文中写道："文学家创造出诗世界，想象的世界，把想象的人物，想象的事情安插进去。这种世界是物质的世界的补足（Complement），我们对于物质世

---

[1] 托尔斯泰：《艺术论》，丰陈宝译，人民文学出版社1958年版，第47—48页（译文略有改动）。

[2] 转引自胡经之主编：《中国现代美学丛编》，第430页。

界有所不满时,可以在想象的世界中,寻得慰安之物。"[1]胡愈之先生在这里所说的就是艺术的补偿功能。在20世纪20—30年代研究艺术功能的著作中,"慰安"是一个较常出现的词语。

7. 社会组织功能。艺术像号角,召唤社会共同体团结一致;艺术又像投枪,刺向敌对的社会共同体。艺术的这种作用叫作社会组织功能。鲁迅先生的《摩罗诗力说》最充分地说明了艺术的社会组织功能。他把18世纪末到19世纪中叶欧洲一些著名的革命浪漫主义诗人如拜伦、雪莱、普希金、莱蒙托夫、密茨凯维支、裴多菲等,称为"摩罗诗派"(意即"恶魔诗派")。他们的共同特点是"立意在反抗,指归在动作,而为世所不甚愉悦者"。他们的作品起到极大的社会组织功能。例如,1844年3月,奥地利人民革命的消息传到布达佩斯,匈牙利诗人裴多菲立即写了一首《民族之歌》到群众中朗诵,号召匈牙利人民为争取自由和解放而斗争。

8. 社会改造功能。艺术改造和变革社会现实的作用,叫作社会改造功能。艺术可以对社会发生重大的影响,然而主张艺术能够改造和变革社会,就过分夸大了艺术的作用,把艺术抬高到不适当的位置。这种夸大艺术作用的观点在20世纪上半叶屡见不鲜。梁启超在《论小说与群治之关系》一文中,呼吁"欲改良群治,必自小说界革命始;欲新民,必自新小说始"[2]。在梁启超那里,艺术仿佛具有决定一切的作用。更有甚者,徐朗西先生在《艺术与社会》一书中把艺术称为"社会的原动力"[3],他援引唐代画家张彦远关于"图画者,有国之鸿宝,理乱

---

[1] 愈之:《新文学与创作》,《小说月报》第12卷第2号(1921年2月)
[2] 北京大学哲学系美学教研室编:《中国美学资料选编》下,第426页。
[3] 胡经之主编:《中国现代美学丛编》,第144页。

第十三讲
艺术的"不用之用"

之纪纲"的论述,指出中国古代视绘画为"治国平天下之重宝"。把艺术说成是社会发展的动力,那就把艺术的地位抬高到无以复加的地步。

20世纪上半叶我国学者谈及的其他艺术功能,还包括教育功能、交际功能、娱乐功能等。当时对艺术功能的研究主要限于对现象的描述,因此,不可避免地存在着一些缺陷。首先,研究者从各自的立场出发,根据艺术的某种历史形式或者某种样式和体裁来阐述艺术的功能,而不是对整个艺术的功能进行总结。艺术的认识功能论主要依据现实主义艺术,特别是19世纪的欧洲现实主义艺术;艺术的自我表现功能论主要依据浪漫主义艺术,特别是近代欧洲浪漫主义艺术。这些理论有局部的合理性和正确性,然而不能说明艺术功能的普遍规律。其次,艺术的多种功能在研究者的视野里仅仅是机械的堆积,它们的相互联系没有得到说明。艺术在发挥作用时,它的各种功能是彼此结合在一起的。因此,要理解艺术的整体功能,必须阐述它的各种功能的相互关系。艺术功能的数目究竟有多少种?艺术的多功能性是随意列举的,还是根据某种理论前提严密地推导出来的?这样的问题没有引起研究者的注意。再次,艺术各种功能的特殊性没有得到研究。艺术的许多功能也为其他人类活动所具有,例如,科学具有认识功能,语言具有交际功能,宗教具有补偿功能,那么,把艺术的这些功能联结起来,使它们区别于其他人类活动的相应功能的特殊性究竟是什么?不认清艺术功能的特殊性,就无法准确理解艺术的功能。20世纪上半叶我国艺术功能研究中存在的这些问题,在艺术功能研究的下一阶段——50—70年代不仅没有得到解决,相反,艺术功能的多元阐释被抛弃了,艺术功能仅仅被局限在两三种上。

(二)艺术的三功能说

20世纪50—70年代,艺术功能在我国被归结为三种:认识功能、教育功能和审美功能。从艺术的多功能阐释收缩到艺术三功能说，这是很大的转折。艺术三功能说把艺术功能模式化、固定化，在几十年中产生了深远的影响。对这种影响的形成，以群先生主编的《文学的基本原理》起到无可比拟的作用。《文学的基本原理》虽然只谈到文学的功能，然而它完全适用于艺术。

《文学的基本原理》在1963—1964年间出版，累计印数达180多万册，创我国美学理论和文艺理论著作印数之最。

《文学的基本原理》把文艺的作用归纳为认识作用、教育作用和美感作用三个方面。由于文艺通过具体、生动的艺术形象再现现实生活的图景，所以，人们通过阅读优秀的文艺作品，可以了解到各个时代社会生活的真实面貌，获得丰富生动的社会历史知识和生活知识，提高观察生活、认识生活的能力。通常举的例子是，恩格斯说他从19世纪法国作家巴尔扎克的系列小说《人间喜剧》中所学到的东西，甚至"比从当时所有职业的历史学家、经济学家和统计学家那里学到的全部东西还要多"。

《文学的基本原理》把文艺的教育作用确定为"帮助人们形成革命的世界观，培养崇高的思想感情和坚强的性格方面"所起的作用。艺术家不是纯客观地描写现实生活，而是寄寓着一定的社会理想与审美观念，表现出对生活的态度与评价。这种态度与评价对艺术接受者具有教育作用。该书举的例子有：列宁高度赞扬《国际歌》的作者欧仁·鲍狄埃"是一位最伟大的用歌作为工具的宣传家"，指出"一个有觉悟的工人，不管他来到哪个国家，不管命运把他抛到哪里，不管他怎样感到自己是异邦人，言语不通，举目无亲，远离祖国，——他都可以凭《国际歌》的熟悉的曲调，给自己找到同志和朋友"。[1]

---

[1] 以群主编：《文学的基本原理》上册，上海文艺出版社1979年版，第83—84页。

第十三讲
艺术的"不用之用"

文艺作品能使接受者在情感上产生强烈的反应,"引起优美的或丑恶的、崇高的或卑劣的、悲惨的或可笑的等等感觉,从而在精神上得到愉悦和陶冶,增加对生活中是非、美丑的判断力",这就是艺术的美感作用。《文学的基本原理》还论述了文艺的三种作用的关系。由于艺术家所要表达的思想和作品中所描写的事物始终结合在一起,因此,艺术的教育作用也必然和它的认识作用紧密地结合在一起。而艺术的认识作用和教育作用又是通过美感作用来实现的。20世纪80年代以后,艺术的三功能说仍然为很多艺术原理著作和教科书所采用。

艺术三功能说的主要缺陷是没有考虑到艺术功能的丰富性和特殊性。它没有回答一个貌似简单的问题:艺术为什么恰恰具有而且仅仅具有这三种功能?它在阐述艺术的认识功能和教育功能时,没有说明这些功能的特殊性。艺术的认识功能被等同于科学的认识功能,艺术的教育功能被狭窄化为政治思想教育、狭窄化为某种道德观念的灌输,忽视了完整性和综合性。

艺术三功能说也没有考虑到艺术的根本功能。它虽然把认识功能、教育功能和审美功能相并列,然而实际上它们有主次之分。认识功能和教育功能被摆在重要的地位,而审美功能仅仅处于辅助的地位。艺术三功能说不是从艺术的根本任务和目的,而是仅仅从艺术表现的特点来阐述审美功能。艺术通过生动的形象,"使人如临其境、如见其人、如闻其声,从中受到感染,在思想感情上受到潜移默化的影响和教育"[1]。这样,艺术的认识功能和教育功能是通过审美功能来实现的,审美功能不是艺术自身的目的,而只是实现认识功能和教育功能的手段,只是导向这两种功能的桥梁。

---

[1] 以群主编:《文学的基本原理》上册,第86页。

艺术三功能说和艺术认识本质论密切相关。所谓艺术认识本质论，指艺术的本质是一种认识。20世纪50—70年代，艺术认识本质论在我国艺术学界占据主导和话语霸权的地位，这使人们产生一种根深蒂固的思维定式：艺术是对客观现实的反映，它和科学一样，是一种认识。因此，艺术的认识功能得到前所未有的强调。而"艺术工具论"是"艺术认识论"的盟友。"艺术工具论"把艺术看作阶级斗争的工具、宣传阶级意识形态的工具、灌输某种政治思想的工具，因此，艺术的政治教化作用受到高度重视。这是艺术三功能说在我国产生广泛影响的深层原因。

（三）艺术功能的系统阐述

20世纪80年代以后，在艺术三功能说继续发生影响的同时，我国艺术研究中出现了在新的层次上、在系统联系中对艺术功能进行多元阐述的趋势。

这段时期国外一些主张多功能性的著作被译成中文出版，其中有些著作对我国研究者产生了明显影响。这种影响主要表现在两个方面：第一，要研究艺术的功能，首先应该研究艺术所由以组成的各种因素和这些因素在结构上的相互关系。艺术在构成上有多种因素，如反映因素、创造因素、教育因素、符号因素、心理因素、游戏因素等。这些因素决定了、制约了相应的艺术功能。反映因素决定了认识功能，创造因素决定了表现功能，教育因素决定了教育功能，符号因素决定了交际功能，心理因素决定了净化功能和补偿功能，游戏因素决定了娱乐功能，等等。这样，艺术功能和艺术结构具有同形性。从构筑艺术模式、分析艺术结构中推导出艺术的功能，从而使艺术功能的产生具有了必然性和坚实的理论基础。不仅存在着艺术的结构因素和功能之间的联系，而且也存在着功能之间的联系。

第二，审美因素在艺术结构中起整合完形的作用，它也统领艺术的各种功能。艺术最根本、最主要的功能是审美功能,其他功能只有在审美功能的基础上才能发挥出来。艺术的各种功能以审美为媒介。艺术具有认识功能,但是它实现的是对世界的审美认识。只有通过审美认识,它才能够实现其他认识,如对社会规律的理解。艺术具有享乐功能,但这是一种审美享受,不同于由生理因素所决定的享受。所以审美使艺术的各种功能形成系统。

把艺术的基本功能说成审美功能,这和艺术审美本质论有关。艺术审美本质论不同于艺术认识本质论,它认为艺术的本质是审美的,艺术之所以为艺术,其根本特征在于审美。这样,艺术的每一种具体功能,都与审美发生关系。我们知道,科学有认识功能,宗教有补偿功能,语言有交际功能。它们与艺术的相应功能的区别就在于,艺术的认识功能、补偿功能、交际功能等,实质上就是审美认识功能、审美补偿功能、审美交际功能等。它们都以对世界的审美掌握的普遍规律为根源,在本质上是审美功能,只为艺术所特有,而不为科学、道德、宗教、语言等所特有。总之,艺术的功能系统是以审美为主导的、由艺术特有的各种具体功能组成的多侧面系统。

在不同的历史时代中,艺术的某种功能可以发挥特殊的作用。例如,在中世纪艺术的补偿功能起主导作用,在启蒙运动时代艺术的启蒙功能占主导地位,而19世纪艺术的认识功能是首要功能。不同的艺术门类擅长不同的功能,而艺术接受者对某些艺术功能也往往情有独钟。

二 若干艺术功能描述

国内外著作列举的艺术功能有十多种,我们选择若干种加以描述性的说明。

(一) 补偿功能

艺术以幻想补充现实世界，以虚构唤起完全真实的体验，从而弥补我们生活经验的局限性。艺术帮助我们拓宽时间的界限，在知觉古希腊艺术时，我们可以置身既往，凭借想象，我们也可以飞向未来。艺术还常帮助我们拓宽空间的界限，它使我们感受异域的自然风光，参加引人入胜的旅游，对我们许多需要的满足做出补偿。

艺术的补偿功能有两种倾向：一种是成为生活的良药，有益于人的健康；另一种是成为特殊的麻醉剂，使人丧失生活意志。20世纪西方艺术理论中最强调艺术补偿功能的是奥地利心理学家弗洛伊德。弗洛伊德认为，人的潜意识欲望和意识处在不可调和的冲突中。意识受到社会要求的规范和制约，社会严厉监督和无情压抑着潜意识欲望。人的深层欲望得不到满足，就会产生精神病。为了解决这个问题，人通过幻想来满足潜意识欲望。梦是幻想的形式之一。中国成语"黄粱一梦"就是例证。

"黄粱一梦"是在睡觉时做的，也有"梦"是在醒着时做的，这时候精力涣散，幻想涌现如同梦境一般，弗洛伊德称之为"白日梦"。朱光潜先生在《变态心理学》一书中援引了一个白日梦的精彩实例：有一个卖奶的女佣头上顶着一罐牛奶到镇上去，边走边想着：这罐牛奶可以卖得许多钱，拿这笔钱买一只母鸡，可以生许多鸡蛋；再将这些鸡蛋化钱，可以买一顶帽子和一件漂亮衣服。我戴着这顶帽子，穿着这件衣服，还怕美少年们不来请我跳舞？哼，那时候谁去理会他们！他们来请我时，我就向他们把头这样一摇！她想到这种排场，高兴极了，忘记她的牛奶罐，真的把头一摇，牛奶罐扑地一响，她才从好梦中惊醒。[1]

弗洛伊德把艺术说成"白日梦"。普通人借助白日梦满足深层欲望，

---

[1] 《朱光潜全集》第2卷，第170页。

第十三讲
艺术的"不用之用"

艺术家则通过艺术创作满足深层欲望。朱光潜先生在《变态心理学》中指出了弗洛伊德所主张的艺术补偿功能:"在弗洛伊德看,一切文艺作品和梦一样,都是欲望的化装。它们都是一种'弥补'(compensation)。实际生活上有缺陷,在想象中弥补,于是才有文艺。"[1]

艺术作品对知觉者有补偿功能。观众社会学研究表明,某种类型的观众对艺术的补偿功能特别感兴趣。例如,某些观众迷恋中国古典戏剧,虽然他们熟知剧情,仍然一次次地对剧中才子佳人历尽磨难的大团圆结局一掬同情之泪。在社会变革和转型时期,艺术的补偿功能有时也会凸现出来。在腐败现象严重时,表现清官的影视艺术作品往往拥有广泛的观众。艺术创作对艺术家也具有补偿功能。艺术创作心理学研究表明,补偿未能满足的需要,是许多艺术家创作的主要动机之一。"莎士比亚失恋于菲东女士(Mary Fitton),于是创造出莪菲丽雅(Ophelia)一个角色;屠格涅夫迷恋一个很平凡的歌女,于是在小说中创造出许多恋爱革命家的有理想有热情的女子,这都是以幻想弥补现实的缺陷,都是一种升华作用。"[2]。

除了莎士比亚和屠格涅夫外,补偿功能也是欧洲其他许多作家,如但丁、歌德、巴尔扎克、拜伦等从事创作的主观动机之一。歌德的名著《少年维特之烦恼》就是说明艺术创作补偿功能的合适的例子。这部篇幅不大的书信体小说曾由郭沫若先生译成中文,后来有多种中译本出版。小说中的主人公维特,这个光明美丽的心灵,在春光明媚的5月来到一个新鲜的客地。"他完全浸沉于大自然的生命中,就像一只蝴蝶在香海里遨游。荷马的古典诗歌使他的心地宁静庄严。小孩儿与平民

---

[1] 《朱光潜全集》第 2 卷,第 192—193 页。
[2] 同上书,第 193 页。

《少年维特之烦恼》的插图

的接触使他和悦天真。他的心情像一个春天的早晨,清朗而新鲜,精神愉快而纯洁,使我们读者也觉心花开放,感到一种青春光明的人生意义。"[1]他在一次舞会中认识了风姿绰约的绿蒂,视她如天人,立即堕入情网。连自然界也以晴光暖翠掩映于他们的情爱中。然而到了7月末,绿蒂的未婚夫阿培尔来了,维特从甜梦中惊醒。为了摆脱痛苦,他于9月11日离开了这个地方。第二年6月,他重新回到绿蒂的住处。绿蒂已和阿培尔结婚,绝望的维特终于自杀。这不是一部普通的恋爱小说,它表现了深刻的人生意义。"在这情与景的灿烂的描绘以外,在全书内尚遍布着许多真诚的,解放的,高超的思想。这是由心灵真挚的体会里迸出的微妙深刻的思想。"[2]

小说中绿蒂的原型是现实生活中的绿蒂,而在维特的身上有着歌德的影子。青年的歌德获得法学博士学位后,于1772年到韦茨拉尔的帝国高等法院实习。一次歌德去参加乡村舞会,结识了绿蒂。绿蒂的未婚夫凯斯特纳因有事晚行一步,绿蒂和同伴一起坐马车先去,歌德也在马

---

[1] 《宗白华全集》第2卷,安徽教育出版社2008年版,第29页。
[2] 同上书,第35页。

车上。歌德不知道绿蒂已订婚,对她一见钟情。不久,绿蒂告诉歌德,她和歌德的关系不可能超越友谊的范围。伤心欲绝的歌德不辞而别,返回法兰克福。后来,他的朋友因单恋友人之妻而自杀,这件事激发了他的创作灵感。他闭门谢客,奋笔疾书,只用4周时间就写完了《少年维特之烦恼》。1774年小说出版后,歌德立即把它寄给绿蒂。绿蒂读后深受感动,小说勾起了她对往事的美好回忆。

虽然小说已有很多虚构成分,小说中的人物也不同于生活中的原型,然而《少年维特之烦恼》对创作者的补偿功能是显而易见的。同时,它对读者也有某种程度的补偿功能。小说出版后,一时间,身穿蓝燕尾服、黄背心、脚蹬长筒靴的"维特装"成了青年男子的时尚;年轻女子则爱穿绿蒂的服式,尤其是她与维特初次见面时的服式:白上衣,袖口和胸襟上系着粉红色的蝴蝶结。

艺术补偿过程不能够无限地延续,这种过程在精神呈舒缓状态、人摆脱了沉重体验时就结束了。这种状态在古希腊哲学和美学中被称为"净化"。

(二) 净化功能

在艺术功能系统中,净化功能和补偿功能相互毗邻、相互转化。补偿功能指知觉者从艺术那里补充了精神上不存在的东西,是潜意识愿望的满足;净化功能则是现存的、压抑精神世界的那些东西的释放。

我们在第一节开头谈到,柏拉图曾经论述过艺术的净化功能。不过,"净化"概念能够产生重大影响,是由于亚里士多德在《诗学》中的论述。在亚里士多德那里,"诗"可以被广义地理解为文学作品,包括史诗、悲剧和喜剧等。《诗学》是主要研究悲剧的。

在西方美学史上,净化是争论时间最长、分歧最大的理论问题之一。迄至1913年,西方研究净化的文献已达1425种。在这以后,这类研究文献的数量又极大地增加了。虽然研究者们无法就净化说得出一致的结论，然而他们的研究工作从不同方面丰富了艺术知觉过程中审美体验的理论。"结果像一则尽人皆知的寓言所说的那样：一位父亲对儿子们说，果园里埋着财宝，儿子们挖遍整个果园，却什么财富也没有找到，然而，这样一来，葡萄园里的地被掘松了。"[1]葡萄的丰收给儿子们带来了财富。

对净化理解的分歧，是由《诗学》第 6 章中悲剧定义的最后一句话"借引起怜悯与恐惧来使这些情绪得到净化"的含混多义所引起的。现存的《诗学》已残缺，没有关于净化的详细解释。长期以来，参与解读这句话的不仅有美学家和文艺理论家，而且有语言学家。有的注释家甚至认为，这句话中没有一个词语是容易理解的。"怜悯"与"恐惧"貌似好懂，然而亚里士多德没有说明悲剧中产生什么样的怜悯与恐惧，因为并非所有的怜悯与恐惧都是悲的。正如朱光潜先生所指出的那样，"'怜悯和恐惧'这短短两个词一直成为学术的竞技场，许许多多著名学者都要在这里来试一试自己的技巧和本领，然而却历来只是一片混乱"[2]。

有关净化的争论，主要集中在两个问题上：什么是净化和什么得到净化。我们先看第一个问题。在这个问题上，有若干种有代表性的观点。第一，挖掘净化的伦理学含义，认为净化的作用在于改造人的不良习性，培养道德规范。17 世纪法国新古典主义戏剧家高乃依和拉辛，特别是 18 世纪德国美学家和戏剧理论家莱辛就持这种观点。希腊悲剧具有崇高的内容，它必然涉及道德方面。不过，道德作用仅仅是悲剧净化

---

[1] 斯托洛维奇：《生活·创作·人——艺术活动的功能》，第 147—148 页。
[2] 朱光潜：《悲剧心理学》，第 73 页。

的一个方面。亚里士多德还谈到净化引起的快感,净化和治疗的联系,即净化的心理生理方面。强调净化的道德教育作用有其正确的一方面,然而仍不免是片面的。

第二,从医学观点解释净化,主张悲剧净化和胃净化一样,排除和宣泄灵魂中不必要的积淀,认为净化对灵魂起治疗作用,就像药物对身体起作用一样。早在16世纪文艺复兴时期就有学者提出了这种观点。17世纪英国诗人弥尔顿在晚年也阐述了类似的看法。这种观点的出现并不奇怪。根据古希腊的医学观点,人的健康产生于身体里四种体液的平衡,如果某种体液郁积过多,就会产生病害,但可以用医药排除过量的体液。这就是净化疗法。亚里士多德的父亲是名医,他本人也受了医学教育,因此他不可能不知道净化疗法。他的著作几十次提到净化的医学意义。他在《物理学》和《形而上学》中都谈到减肥、清泻(或灌肠,即净化)和药剂是达到健康的中介。净化的医学解释在现代仍然很有影响。弗洛伊德也从事过心理的净化治疗工作。医生通过解放和发泄精神病患者的情感,引导他的精神状态恢复正常。这种净化疗法掀起了精神分析运动。净化的医学解释具有一定的合理内核。当然,这是指心理的净化,而不是生理的净化。

第三,从宗教观点解释净化。"净涤""洗涤"不洁净的心灵是宗教活动的目的。古希腊流行的奥菲斯教主张灵魂需要净涤,它有以水净化洗身的教义。受奥菲斯教的影响,毕达哥拉斯学派和柏拉图都认为净化具有纯净和开发灵魂的作用。亚里士多德的净化术语无疑具有宗教神秘的起源,但是亚里士多德作为一个理性的哲学家,已经远离这个古老的起源。他在《诗学》中追溯悲剧的起源时,淡化了它的宗教背景。他没有赋予净化术语的宗教起源以重要的意义。

第四,把净化看作一种审美快感。这种观点认为希腊美学评价艺术作品时首先从道德角度出发，而亚里士多德偏离了这种传统，把接受者观照艺术作品时所获得的审美快感放到首位。实际上，亚里士多德并没有忽视艺术的教育功能。他在《政治学》中论述音乐净化时，列举了音乐的目的：1. 教育，2. 净化，3. 精神享受。这里就把教育功能摆在第一位。

上面四种观点尽管有各自的片面性，然而对我们理解净化仍然有帮助。朱光潜先生说："亚里斯多德不同，他是个医生的儿子，他从医学观点看这个问题，说悲剧对人的心理健康有好处。他用的是'katharsis'，这个词可译为净化作用、升华作用、发散作用，说的是人一活动，把他的闷气发散掉就好了。从医学看有点道理。学美学也要学点语言学。中国话讲'苦闷'，苦和闷联在一块；说'畅快'，快和舒畅联在一块。一个东西积压在那里，阻碍自然流动就发病，发散掉就好了。发热、伤风咳嗽都是这样。"[1] 综合各家观点，我们认为，艺术净化就是通过艺术作品，舒缓、疏导和宣泄过分强烈的情绪，恢复和保持心理平衡，从而产生一种精神上的快感即美感。

我们再看"什么得到净化"的问题。从亚里士多德的"借引起怜悯和恐惧来使这些情绪得到净化"这句话来看，悲剧净化的是怜悯和恐惧。悲剧为什么能够净化怜悯和恐惧呢？这和亚里士多德的悲剧理论有关。我们在第九讲中曾经谈到，亚里士多德主张悲剧应该描写与我们相似的人，他因小过而遭受厄运，使我们产生怜悯，同时，我们的处境和他相似，也会产生因小过而惹大祸的恐惧。

这种观点遭到一些人的反对。反对者主张，上述引文中的"这些情绪"的希腊文 toioyōn pathēmatōn 应该译成"类似的情绪"或"这类情绪"。

---

[1] 《朱光潜全集》第 10 卷，第 515 页。

这样，就不仅仅指怜悯与恐惧。例如我们上面提到的戏剧家高乃依就认为，悲剧涤除的是悲剧中表现的所有情绪，包括愤怒、爱、野心、恨、嫉妒等。我们不同意高乃依的看法，仍然主张悲剧净化的是怜悯与恐惧。原因在于亚里士多德认为不同的艺术净化不同的情绪。在《政治学》第8卷中，亚里士多德谈到宗教音乐的净化功能："有些人在受宗教狂热支配时，一听到宗教的乐调，卷入狂迷状态，随后就安静下来，仿佛受到了一种治疗和净化。这种情形当然也适用于受哀怜恐惧以及其他类似情绪影响的人。某些人特别容易受某种情绪影响，他们也可以在不同程度上受到音乐的激动，受到净化，因而心里感到一种轻松舒畅的快感。因此，具有净化作用的歌曲可以产生一种无害的快感。"[1] 宗教音乐净化迷狂的情绪，产生音乐的快感；悲剧净化怜悯和恐惧，产生悲剧的快感。

固然，悲剧可以表现多种情绪，像高乃依所指出的那样，有愤怒、爱、野心、恨、嫉妒等。悲剧表现的情绪是悲剧人物感到的，而悲剧激起的情绪是观众感到的。悲剧所表现的情绪不同于悲剧所激起的情绪。例如，莎士比亚的悲剧《奥赛罗》表现的情绪是嫉妒和悔恨，但是观看这部悲剧的观众感到的情绪却是怜悯和恐惧。悲剧中受到净化的情绪是怜悯和恐惧，而不是嫉妒、悔恨、野心等所表现的情绪。这种观点是朱光潜先生在《悲剧心理学》第10章中提出来的。

朱先生还区分出情绪和对应于这些情绪的本能潜在的能量。情绪与本能密切相关，产生一种情绪时，必定有一种对应的本能在起作用。怜悯和恐惧不是心中随时存在的具体事物，它们只有在某种客观事物刺激之下才会出现。在刺激产生之前，它们只是本能的潜在性质，这类潜在

---

[1] 北京大学哲学系美学教研室编：《西方美学家论美和美感》，第45页。

性质在适当的时候可以使人产生一定的情绪。例如，怜悯只有在面对值得怜悯的对象时才会产生。人不能总是用哭泣来表现悲伤，用笑来表现欢乐。本能冲动被压抑后，其潜在能量就会郁积起来，对心灵造成痛苦的压力，甚至会引起各种精神病症。但是，压抑一旦排除，郁积的能量就可以畅快地排出，从而产生轻松的快感。净化的本质是情绪的缓和，实际上得到疏导的是本能潜在的能量。"于是，亚里士多德那段有名的话就等于说：悲剧激起怜悯和恐惧，从而导致与这些情绪相对应的本能潜在能量的宣泄。"[1]

亚里士多德只谈到悲剧和音乐的净化，其实，其他艺术也有净化功能。例如，净化表现在哥特式"建筑艺术从沉重、惰性的石头中取得"的那种轻盈、飘渺和清澈中[2]。不仅在艺术知觉过程中，艺术创作过程中也存在着净化。艺术史上很多例证表明，一些艺术家在强烈的情绪的驱动下从事创作，创作完成后会有摆脱重荷的轻松。除了知觉艺术作品外，审美地知觉自然、社会现象、人的外貌和行为也能产生净化。

（三）教育功能

艺术培养人的审美价值取向、激发人的审美创造能力的作用，叫作教育功能。艺术教育不同于政治教育、道德教育、法律教育、劳动教育的地方在于它的综合性和渗透性。所谓综合性，指艺术教育不是对个性的某一方面、某一领域的教育，而是对个性的综合教育，其目的是培养全面地、和谐地发展的人。所谓渗透性，指艺术教育作为审美教育的重要手段，渗透在其他各种教育中，揭示它们的审美因素。在美学史上，

---

[1] 朱光潜：《悲剧心理学》，第180页。
[2] 维戈茨基：《艺术心理学》，周新译，上海文艺出版社1985年版，第317页。

人们研究艺术的教育功能时，主要指的是道德教育功能。

柏拉图是西方明确地把道德教育效果当作艺术评价标准的第一人。对诗的道德评价是柏拉图诗歌理论中最重要的内容，他对荷马的态度就是这种道德评价的具体表现。我们在第十五讲中将讲到，柏拉图对荷马和其他诗人的作品进行彻底检查和坚决清洗后，剩下的只有"颂神的和赞美好人的诗歌"，而其他一切诗歌都不准闯入理想国的国境。

在《理想国》第3卷，柏拉图向诗人下了逐客令："如果有一位聪明人有本领摹仿任何事物，乔扮任何形状，如果他来到我们的城邦，提议向我们展览他的身子和他的诗，我们要把他当作一位神奇而愉快的人物看待，向他鞠躬敬礼；但是我们也要告诉他：我们的城邦里没有像他这样的一个人，法律也不准许有像他这样的一个人，然后把他涂上香水，戴上毛冠，请他到别的城邦去。""涂上香水，戴上毛冠"是对人的一种礼遇。在这里是一种讽刺性的说法：诗人，我们"敬重"你，但是要把你驱逐出去。那么，柏拉图需要什么样的诗人呢？"至于我们的城邦哩，我们只要一种诗人和故事作者：没有他那副悦人的本领而态度却比他严肃；他们的作品须对于我们有益；须只摹仿好人的言语，并且遵守我们原来替保卫者们设计教育时所定的那些规范。"[1]

中国古代艺术理论的哲学基础多半是以善为中心的伦理哲学，这种艺术理论强调文艺"劝善惩恶"的道德内涵。"在中国方面，从周秦一直到现代西方文艺思潮的输入，文艺都被认为道德的附庸。这种思想是国民性的表现。中国民族向来偏重实用，他们不欢喜把文艺和实用分开，也犹如他们不欢喜离开人事实用而去讲求玄理。"[2]唐朝以后广为

---

[1] 柏拉图：《文艺对话集》，第56页。

[2] 《朱光潜全集》第1卷，第294页。

流行的"文以载道"的说法,要求文艺表现道德内容。用王国维的话来说,中国古典诗歌方面,咏史怀古感事赠人之题目,弥漫充塞于诗界,而抒情叙事的作品,所占份额很小。至于戏曲小说,往往以惩劝为旨。有纯粹艺术目的的作品,则常常遭到贬抑。

无论在西方还是在中国,为道德而艺术的观点势力最长久,然而在近代也最为人所唾弃。唾弃它的人强调艺术自身的独立价值。19世纪浪漫主义者提出"为艺术而艺术"的信条,反对狭隘的道德观。"为艺术而艺术"的主张发源于法国,后来流传到德国和英国,在欧洲风靡一时。"为艺术而艺术"的倡导者相信艺术的独立自主,他们不把艺术看作一种工具,而是看作目的本身。他们认为艺术家只应该关心美,如果关心到美以外的事,那就不成其为艺术家了。"为艺术而艺术"和为道德而艺术是两个相反的主张,它们各有各的合理性,也各有各的缺陷。那么,应该怎样看待艺术和道德的关系呢?朱光潜先生在《文艺心理学》中采取了另一种研究问题的角度,即分析以往的艺术作品,看它们和道德的关系究竟如何。

根据朱先生的分析,以艺术和道德的关系为标准,艺术作品可以分为三种:一种是有道德目的者,即作者有意要在作品中寄寓道德教训。这类作品中有些具有很高的艺术价值,如《圣经》、中世纪的基督教艺术、但丁的《神曲》、弥尔顿的《失乐园》、雨果的《悲惨世界》、托尔斯泰的小说以及易卜生、萧伯纳的戏剧等。这类作品中也有没有艺术价值的,例如,英国诗人华兹华斯的宣传宗教教义的十四行诗、中国无数的劝善书等。二是一般人所认为不道德者,即作品有不道德内容。如《金瓶梅》,英国劳伦斯的《查泰莱夫人的情人》等。三是有道德影响者,即作者无意宣传一种道德,却发生了重要的道德影响。有道德影响不同于道德目的。有道德目的指作者有意宣传一种观念,拿艺术做工具。

有道德影响指读者读过艺术作品后在思想或气质方面产生较好的变化。"凡是第一流艺术作品大半没有道德目的而有道德影响,荷马史诗、希腊悲剧以及中国第一流的抒情诗都可以为证。它们或是安慰情感,或是启发性灵,或是洗涤胸襟,或是表现对于人生的深广的观照。一个人在真正欣赏过它们以后,与在未读它们以前,思想气质不能是完全一样的。"[1]

朱光潜先生的论述揭示了艺术发挥教育功能的重要机制:艺术的教育功能把艺术的其他功能——安慰情感、启发性灵、洗涤胸襟、观照人生的深广等整合化,因为艺术的根本目的是培育人的精神完整性和丰富性。

(四)娱乐功能

艺术充填闲暇时间,使人像体验休息一样体验到娱乐的作用,叫作娱乐功能。人们去电影院,看画展,听音乐会,打开电视机,一般都出于娱乐的目的。虽然娱乐不是艺术的目的,但是没有娱乐,艺术的目的就不能实现。有些艺术创作如喜剧、轻音乐、相声、小品等,主要用于休息和娱乐,然而娱乐功能为任何一种艺术包括最严肃的艺术所固有。

艺术之所以具有娱乐功能,是因为艺术结构中具有游戏因素。艺术和游戏是不同的现象,但是它们之间有某种联系。在西方美学史上,柏拉图最早触及这种联系。而对艺术和游戏问题进行哲学和理论的思考,则是从康德和席勒开始的。康德认为,游戏是充分自由的表现,不能不自由地游戏。而自由是艺术的精髓,正是在自由这一点上,艺术与游戏是相通的。席勒也阐述了游戏活动的自由性和艺术中的游戏因素。世界上第一本研究艺术起源的专著《艺术的起源》的作者、德国格罗塞表明

---

[1] 《朱光潜全集》第1卷,第319页。

了艺术起源于游戏的观点。

在《文艺心理学》和《谈美》中，朱光潜先生专门研究了艺术和游戏的问题。他指出："艺术的雏形就是游戏。"游戏和艺术是"自由的活动"。根据朱先生的分析，我们可以看出游戏（如儿童把扫帚当马骑）和艺术的若干类似点：它们都是在现实世界之外另造一个想象世界；这种想象世界和现实有牵连，又要超脱现实；它们对想象世界的态度是既信又不信，是一种"佯信"；它们都是能够产生快感的自由活动。虽然艺术早就摆脱了游戏，然而它仍然包括游戏因素，没有这种因素艺术就不成其为艺术。

艺术的娱乐功能不仅是心理学问题，而且是社会学问题。古希腊的社会学思想和美学思想就提出了以艺术充填闲暇时间的问题。在《政治学》第8卷第3章中，亚里士多德把时间分为劳作时间和闲暇时间。有两种闲暇时间：社会闲暇时间和个人闲暇时间。在奴隶社会中，社会闲暇时间以奴隶的劳动时间为基础，奴隶生产的剩余产品，为不劳动阶级提供了发展其他能力的闲暇时间，成为社会发展（包括科学、文化和艺术发展）的物质基础。亚里士多德把个人闲暇时间作为"全部人生的唯一本原"，"人的本性谋求的不仅是能够胜任劳作，而且是能够安然享有闲暇"。[1] 如何用艺术充填闲暇时间，这是亚里士多德的审美教育所关心的问题。正如他所说的那样，需要思考"闲暇时人们应该做些什么"，他的答案是，"显然应该有一些着眼于消遣中的闲暇的教育课程"。这些课程只是为了自身范围的事物，而不是以自身之外的其他事物为目的。音乐就是这样的课程，它是自由人的一种消遣方式。

---

[1] 《亚里士多德全集》第9卷，第273页。

亚里士多德的闲暇概念对于艺术理论具有重要的意义。首先，这种概念把艺术、审美和自由联系在一起。艺术和审美"既不立足于实用也不立足于必需，而是为了自由而高尚的情操"[1]。艺术创作是在社会自由的闲暇时间中实现的，艺术欣赏是在个人自由的闲暇时间中进行的。艺术活动和审美活动是自由地、不受强制地实现的。没有闲暇，艺术既不能产生，又不能被欣赏。这种观点触及艺术和审美的本质特点，对后世产生巨大的影响。启蒙运动美学就把艺术活动和审美活动同自由联系起来。

其次，闲暇的概念涉及艺术的娱乐功能，"音乐被认为是自由人的一种逍遥方式"。亚里士多德的《政治学》第8卷第5章明确提出了音乐的娱乐功能："娱乐是为了松弛，而松弛必定带来享受，它是医治劳苦的良药。"[2] 其实，不仅音乐，其他艺术也具有娱乐功能。娱乐功能使艺术对广大观众具有强烈的吸引力。

艺术能够满足人们不同的需要，它具有多功能性。艺术的发展取决于社会对它的需要，艺术本身也刺激着社会需要的形成。艺术期待着呼唤艺术的社会。

思考题

1. 艺术三功能说有什么局限性？
2. 谈谈你所理解的艺术功能。
3. 艺术最根本的功能是什么？请加以说明。

---

[1] 《亚里士多德全集》第9卷，第275页。
[2] 同上书，第278页。

阅读书目

朱光潜:《谈美·谈文学》,人民文学出版社1988年版。

斯托洛维奇:《生活·创作·人——艺术活动的功能》,凌继尧译,中国人民大学出版社1993年版。

奥黛丽·赫本

好莱坞最为经典的面孔和姿态之一,电影将艺术的娱乐功能发挥到极致。

《黑客帝国》剧照

电影充分发挥了电影的娱乐功能,而且远不止于此,
它同样承担了解释世界、探讨世界本质的任务。

梵·高《一双农鞋》

哲学家认为这双破烂的鞋呈现的是一个农夫一生的故事,揭示的是关于存在的思索。

伦敦塔桥

交通设施作为景观。

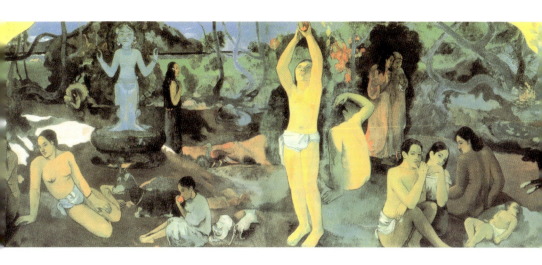

高更 《我们从哪里来?我们是谁?我们到哪里去?》

高更用画笔来探讨人类最宏大的三个问题。

布达拉宫

宫殿与寺庙作为景观。

美国圣路易斯市拱门

巨大的纪念性建筑作为景观。

悉尼歌剧院

公共建筑作为景观。

第十四讲
人生的艺术化

生命的意蕴

人诗意地栖居

从工具本体到情感本体

欧洲阿尔卑斯山山谷中有一条宽阔的公路，两旁景物极美，路上一条标语说："慢慢走，欣赏啊！"朱光潜先生的《谈美》一书最后一章就以这6个字为标题，全书也以这6个字结尾，朱先生以此奉赠青年朋友们：在这车水马龙的世界中生活，不要像在阿尔卑斯山山谷中乘汽车兜风，匆匆忙忙地急驰而过，而要多多回首流连风景，这样，丰富华严的世界才不会了无生趣。

朱先生建议我们像欣赏艺术一样欣赏世界和人生。凡是善于欣赏的人，他"有一双慧眼看世界，整个世界的动态便成为他的诗，他的图画，他的戏剧，让他的性情在其中'怡养'。到了这种境界，人生便经过了艺术化"[1]。艺术是情趣的活动，艺术的生活也就是情趣丰富的生活。"情趣愈丰富，生活也愈美满。所谓人生的艺术化就是人生的情趣化。"[2]以情趣为着眼点，朱先生把人分为两种：一种是情趣丰富的，对于许多事物都觉得有趣味，而且到处寻求享受这种趣味；另一种是情趣干枯的，对于许多事物都觉得没有趣味，也不去寻求趣味。

人生的情趣来自宇宙的人情化和生命价值的张扬，来自对人生意义的体味和对生命意蕴的解读。

一　生命的意蕴

"人生的艺术化"的概念是在20世纪30年代提出来的，如果把它放在世界学术发展的进程中来看，它的意义就立即凸显出来。

（一）世界学术背景中的人生艺术化命题

20世纪以来，西方国家科学技术和工业文明的发展取得了巨大成就，同时也带来一系列问题。例如，自然资源被浪费，生态平衡遭到破坏，环境污染严重。人们追求物质享受，精神生活空虚。在高度自动化的环境中，人的工作越来越单调、机械，人成为工具的一部分，人性被分裂，人的本质受到摧残。"在当今世界存在的众多问题中，有三个问题十分突出，一个是人的物质生活和精神生活的失衡，一个是人的内心生活的失衡，一个是人与自然的关系的失衡。"[3]

---

[1]　《朱光潜全集》第4卷，第163页。
[2]　《朱光潜全集》第2卷，第96页。
[3]　叶朗：《胸中之竹——走向现代之中国美学》，第30页。

第十四讲 人生的艺术化

由于这些问题，西方许多学者，例如德国的社会学家韦伯、哲学家海德格尔、美籍德裔哲学家马尔库塞等对西方现代社会进行了尖锐的批判，批判矛头直指工具理性。所谓"工具理性"，就是人以理性为工具来改造世界、控制自然，以求得自身的生存发展。人的生活活动变成单纯的工具操作，人成为"理性的动物"，世界被程序化、符号化。世界成为某种功利意义的符号后，它就失去了审美意义。在理性的重压下，感性几乎荡然无存。人感到寂寞和孤单，出现了病态的冷漠或"不感症"。"这种感官的异常迟钝，这种心理性的'不感症'，不仅使人失去自己曾经有过的敏感与激情，使人的生活变得异常的贫乏、单调和枯燥，而且更使人与人之间、人与世界之间、人与物之间日益疏远、日益隔膜起来，他人成为一堵墙，人变得越来越孤独，越来越绝望。"[1]

人的这种生存状态，用明清之际学者王夫之的话来说，就是终日劳碌，"数米计薪，日以挫其志气，仰视天而不知其高，俯视地而不知其厚，虽觉如梦，虽视如盲，虽勤动其四体而心不灵"。迷于名利，与世沉浮，心里没有源头活水，他们的大病是生命的干枯，"生命的机械化"。在批判工具理性的时候，西方学者强调人自身的存在要有诗意，就是要从平庸猥琐的生存境界进入生机勃勃的生存境界。

韦伯认为，随着科学技术的进步，世界不断理智化和理性化。从原则上说，再没有什么神秘莫测、无法计算的力量在起作用，人们可以通过计算掌握一切。原来人们相信神秘力量的存在，常常祈求神灵，求助魔法。宇宙被看作有生命的、有神性的有机体，人是活的宇宙的一部分。人还没有从神奇的、有艺术魅力的世界中分裂出来。古希腊人认

---

[1] 樊美筠:《中国传统美学的当代阐释》，中国社会科学出版社1997年版，第10页。

为，树可以像人一样说话；一个神在河里洗澡，这条河就成为他的妻子。那时候宗教很发达，存在着一个信仰的世界。信仰的世界也就是价值的世界和意义的世界。由于科学技术的发展，世界发生着上千年的、持续的"除魅"过程，即指理性和科学逐渐代替传统宗教信仰的魅力的过程。"为世界除魅"是韦伯的著名提法，据说这个提法是他从席勒那里借用过来的。"除魅"的德语是 Entzauberung，意思是"使失去魅力""使失去吸引力"。所谓"为世界除魅"，就是使世界失去神性、诗意和艺术魅力。当信仰世界、价值世界和意义世界存在时，世界是有神性的、有诗意和艺术魅力的。现在世界被理智化、理性化了，技术和计算替代了神性的功效。宗教信仰衰落了，宗教活动也被理智化。于是，价值世界和意义世界失落了，销声匿迹了。丰富浓郁的世界只剩下一个单调的、赤裸裸的理性世界，就像有血有肉的人变成一个干枯的生物标本。人的精神生活和物质生活失衡，感性和理性、情和思相分裂。在物质世界日益发展的同时，精神世界被分割得七零八落，成为所谓"文明的碎片"。人置身于不断丰富的世界中，只会感到"活得累"。人为物役，成为机器的奴隶。那么，是否有超越单纯的实践和技术层面的意义呢？韦伯在这里提出的问题，来自托尔斯泰对生命意蕴的叩问："对于我们来说唯一重要的问题是，我们要做什么？我们怎样生活？"

韦伯晚年开始研读托尔斯泰和陀思妥耶夫斯基的著作。在 19 世纪的俄罗斯作家中，列夫·托尔斯泰和陀思妥耶夫斯基最为西方学界所看重，他们的影响也远远超出了文学界。我们在第九讲中提到陀思妥耶夫斯基，他以艺术家、心理学家和道德家的眼光观察世界，深刻描绘的社会的种种悲剧令人震颤。他的很多作品思考人生哲理，挖掘人性内涵，透过形象传达出深刻的人生意义。列夫·托尔斯泰出身于名门贵族，他一直醉心于反省和自我分析，追求道德完善。列夫·托尔斯泰的"列

第十四讲
人生的艺术化

夫",在俄语里是"狮子"的意思。宗白华先生说:"托尔斯泰的脑额之下一双狮子眼睛,透射进世界上每一片形相,和人心里每一个角落。"[1]他否定本阶级富裕而有教养的生活,晚年弃绝拥有巨大庄园的家庭而出走,途中患肺炎,10天后在一个车站逝世。托尔斯泰出走时,一定思考着生命意蕴的问题。正如韦伯所指出的那样,托尔斯泰的"沉思所针对的全部问题,日益沉重地围绕着死亡是不是一个有意

列夫·托尔斯泰

义的现象这一疑问。他以为回答是肯定的,而文明人则以为否"。"既然死亡没有意义,这样的文明生活也就没了意义,因为正是文明的生活,通过它的无意义的'进步性',宣告了死亡的无意义。"[2]韦伯所说的是终极关怀、终极价值的问题。所谓终极关怀,就是对存在的意义、对生和死的问题的关怀。

李泽厚先生把生命的意蕴问题表述为"人会如何活下去,为什么活,活得怎么样"。也有人借用《红楼梦》中的说法来表示对"瞬间与永恒"

---

[1] 《宗白华全集》第2卷,第300页。

[2] 马克斯·韦伯:《学术与政治》,冯克利译,生活·读书·新知三联书店1998年版,第29—30页。

的思考。妙玉见到宝玉时问：你从何处来？黛玉葬花词说："天尽头，何处有香丘？"这是何处去的问题。从何处来是生，到何处去是死。这些都是对人生的哲学拷问。[1] 19世纪法国画家高更的一幅画就以"我们从哪里来？我们是谁？我们到哪里去？"命名。画面自左向右描绘了人生的三部曲：过去（诞生）、现在（生活）和未来（死亡）。高更说这幅画表现了他在种种可怕的环境中所体验过的悲伤之情。这正是对生命意蕴的思考。

（二）宇宙、社会和器物中的生命意蕴

对于生命意蕴和人生艺术化的关系，我们可以从若干方面来看。首先对生命意蕴的理解，"使现实的人生启示着深一层的意义和美"（宗白华先生语），因而显得更有情趣。在《艺术与中国社会》一文中，宗白华先生虽然没有使用"生命意蕴"的术语，但是他实际上把生命意蕴分成三个层次。第一个层次是宇宙中的生命意蕴。"中国人在天地的动静、四时的节律、昼夜的来复、生长老死的绵延，感到宇宙是生生而具条理的。"[2] 这段话我们在第二讲中已经援引过。这"生生而具条理"是天地运行的大道。这也是宇宙的人情化，人赋予宇宙温暖的、巨大的情感。中国古代认为人身是小天地，天地是大人身。《淮南子·本经训》说："天地宇宙，一人之身也；六合之内，一人之制也。"天有九重，人有九窍；天有四时，人有四肢；天有四时以制十二月，人有四肢以使十二节（关节）。人的头圆像天，足方像地，人与天地同构。"子在川上曰：'逝者如斯夫，不舍昼夜！'"（《论语·子罕》）这句话是何等的感慨！它最能表现中国人对生命意蕴理解的风度和境界：生命就像流水一样逝去

---

[1] 李泽厚：《世纪新梦》，第377页。
[2] 《宗白华全集》第2卷，第413页。

第十四讲
人生的艺术化

而又生生不息。

我们在第三讲中谈到,道学家(理学家)评论人物,注重所谓"气象",即人格魅力。比如,说周敦颐的气象如"光风霁月"。周敦颐是北宋理学家的开山祖,他不仅重视人的气象,也重视天地的生意、生机。他喜欢"绿满窗前草不除",别人问原因,他说:"观天地生物气象。"他认为天地的生意使他从自身有限的存在中解放出来而体验到无限和永恒,从而得到一种精神享受。[1]

第二个层次是社会生活中的生命意蕴。儒家学说对生命的最高度的把握和最深度的体验,被贯彻到社会生活中就形成了礼乐文化。"礼"和"乐"是儒家学说和中国传统文化的两大基石,这个问题我们在下一讲中将谈到,这里仅做一个简单的说明。"礼"指社会生活里的秩序条理,"乐"指个体内心的和谐。中国人的个人人格和社会组织是宇宙秩序和宇宙生命的表征,所以,礼和乐荷载着形而上的光辉。"中国人感到宇宙全体是大生命的流行,其本身就是节奏与和谐。人类社会生活里的礼和乐,是反射着天地的节奏与和谐。"[2]宗先生用宇宙论的语言说明了人的存在和活动,人生活在宇宙中,他就有了归依感。

第三个层次是实用的、物质的工具器皿中的生命意蕴。中国人制造和使用工具器皿,不只是用来控制自然,而是希望在它们中表现对自然的敬爱,用它们来体现大自然的和谐和秩序。例如,中国传统的房屋就体现了这种宇宙意识。正如一位外国汉学家所指出的那样:"传统的中国房屋也同样是用一种宇宙符号表现出来的。其房顶部的开口,称为'天窗',保证了人与天之间的联系。……换言之,在日常住宅的特定结

---

[1] 叶朗:《胸中之竹》,第37页。

[2] 《宗白华全集》第2卷,第416页。

构中都可以看到宇宙的象征符号，房屋就是世界的成象。"[1]而且，礼乐还使工具器皿上升到艺术领域。例如，夏商周三代的玉器从石器时代的石斧石磬等上升而来，玉的精光内敛、坚贞温润的意象又成为中国画、瓷器、书法和诗追求的目的；三代的铜器从铜器时代的烹调器和饮器等上升而来，铜器的端庄流丽又是中国建筑、汉赋唐律、四六文体的理想型范。所以，"在中国文化里，从最低层的物质器皿，穿过礼乐生活，直达天地境界，是一片混然无间，灵肉不二的大和谐，大节奏"[2]。这是中国人的文化意识，也是中国艺术境界的最后根据。天人关系是中华民族审美意识的核心问题，《易经》把天人合一视为最高的人生理想，这也是最高的审美理想。它要求理想的君子"与天地合其德，与日月合其明，与四时合其序"，这是对生命意蕴的本质理解。

（三）体味生命意蕴

生命意蕴和人生艺术化的关系还表现为：善于体味生命意蕴的人，必定有更为丰富的情感世界，他的生活也更有情趣。轰轰烈烈的伟业、成仁取义的壮举、超群绝伦的行为和高蹈深邃的思想，固然能体现生命意蕴。然而在更多的情况下，生命意蕴就体现在平凡的、普通的、日常的生活中。体味生命意蕴，意味着感受、体验、领悟、发掘"亲子情、男女爱、夫妇恩、师生谊、朋友义、故园思、家园恋、山水花鸟的欣托、普救众生之襟怀以及认识发现的愉快、创造发明的欢欣、战胜艰险的悦乐、天人交会的归依感和神秘经验"，以及自己的"经历、遭遇、希望、忧伤、焦虑、失望、欢愉、恐怖……"[3]在俗世尘缘中把握和流

---

[1] 米尔希·埃利亚德：《神秘主义、巫术与文化风尚》，宋立道、鲁奇译，光明日报出版社1990年版，第32—33页。
[2] 《宗白华全集》第2卷，第415页。
[3] 李泽厚：《世纪新梦》，第30—31页。

连生命的一片真情，就是我们的精神家园所在。

明朝归有光写过一篇出色的抒情散文《项脊轩记》。项脊轩是他青年时代读书的书斋。

> 借书满架，偃仰啸歌，冥然兀坐，万籁有声。而庭阶寂寂，小鸟时来啄食，人至不去。三五之夜，明月半墙，桂影斑驳，风移影动，珊珊可爱。

归有光青年时家境贫寒，他读的书大多是借来的。然而他读得很投入，或者高声吟诵，或者静坐默想。读书的生活是孤寂的，与他相伴的只有小鸟清风、明月桂影。不过，他从读书中获得很大的乐趣，他的心境是快慰的。以这种心境看外物，他见出其中的情趣，或者说外物的形象契合他的心境。啄食的小鸟仿佛通人性，人至而不去。农历十五的月亮分外皎洁，月光使桂树投下浓重的阴影。可喜的是，清风吹来，桂影珊珊摇曳显得那样活泼，仿佛与人互通款曲。归有光仰望明月的清辉，俯视斑驳的桂影，他的心都要溶化在这一片静寂的美中。

《项脊轩记》以细腻的笔触，还写了许多可喜可悲的事。它的最后一段写道：

> 后五年，吾妻来归，时至轩中，从余问古事，或凭几学书。吾妻归宁，述诸小妹语曰："闻姊家有阁子，且何谓阁子也？"其后六年，吾妻死，室坏不修。其后二年，余久卧病无聊，乃使人复葺南阁子，其制稍异于前。然自后余多在外，不常居。庭有枇杷树，吾妻死之年所手植也，今已亭亭如盖矣！

归有光结婚后，妻子常来项脊轩。归有光用三件事描绘了夫妻间的亲密感情：妻子向他询问古事；妻子在几案旁学写字；妻子回娘家探亲后，向他转述娘家妹妹们关于阁子（项脊轩）的问语。这三件事都是无关紧要的家庭琐事，然而从中透出浓浓的温馨。这三件事也都与项脊轩有关，项脊轩成为他们生活的一部分。文中最后一句话尤其令人感叹，唱出了深沉的人生哀歌。亭亭如盖的枇杷树是一个很美丽的景象，不过，在归有光眼里，这种美显得凄迷、哀艳。他睹物思人，触目伤怀。这棵树是妻子去世那年亲手栽的，其情其景宛如昨日，然而转瞬已经多年，树已经长得根深叶茂。这些年来自己常常飘泊在外，不知妻子魂归何处。如果妻子仍然活着，在亭亭如盖的枇杷树下，再一次转述娘家妹妹们的问语，定会另有一番情趣。说不定枇杷树也成为她和妹妹们的谈资。光阴流逝、生命不居使人无奈而又伤感。不过，他们拥有过生活，生活中的悲和喜永远值得咀嚼和回味。读过《项脊轩记》最后一句话的人，或许会不知不觉地受感染，想起自己去世的亲人在生前的某些作为，这些作为现在还有迹可寻，活着的人多么想把这些作为的现状向当事的亲人倾诉，可是亲人早已归入道山。生死茫茫，能不怆然！朱自清先生在《给亡妇》一文的最后，轻轻地呼唤着去世的妻子的名字，抒发的正是这种至情："我们想告诉你，五个孩子都好，我们一定尽心教养他们，让他们对得起死了的母亲你，谦，好好儿放心安睡罢，你。"其中的人生感喟和对生命的思索是具体的、切实的、可以触摸的。然而这不是简单的情感发泄，它是对生命本体的嗟叹和回味。它不是生理的，而是审美的，对人的精神世界起着一种洗涤和净化的作用。

我们中很多人都经历过小鸟啄食、树影斑驳的景象，然而很少有人能像归有光那样对它们加以细细玩味。因为我们太忙了，总是那样行色匆匆，忽视了"闲心""闲情"对人生的价值。要欣赏世界，必须忙里偷闲，暂时从实用世界中走出来，在审美世界中驻足，做一回"闲人"。苏轼到承天寺寻张怀民夜游，就做了一回这样的闲人。

> 元丰六年十月十二日，夜，解衣欲睡，月色入户，欣然起行。念无与为乐者，遂至承天寺，寻张怀民。怀民亦未寝，相与步于中庭。
>
> 庭下如积水空明，水中藻、荇交横，盖竹柏影也。
>
> 何夜无月？何处无竹柏？但少闲人如吾两人者耳。

写这篇短文时，苏轼被贬谪，任湖北黄州团练副使（地方军事助理官）。农历十月中旬，时值初冬，夜里已有一些寒意。张怀民也被贬谪，暂时住在承天寺。于是，苏轼赶到承天寺，张怀民果然"未寝"，两人漫步于中庭。庭院中好像汪着一池清澄的水，水草摇曳纵横。原来这不是水草，而是明月下竹柏的倒影。这真是清澈透明、冰清玉洁的世界。苏轼在庭院中漫步，就像悠游于"积水空明"中的鱼儿。我们在第四讲中讲过庄子濠上观鱼的故事："鯈鱼出游从容，是鱼乐也！"苏轼这时候的心情也一定是自由自在的，他忘怀人间得失，胸襟如同月光那样澄澈。短文中最后一段话："何夜无月？何处无竹柏？但少闲人如吾两人者耳。"有些研究者认为，这段话的意味更多的是惆怅和悲凉，谪居的境遇无时无刻不缠绕着苏轼，他感叹世间像自己这样孤寂的又有几人呢？我们觉得，这段话与其说是悲凉，不如说是审美欣喜之余的感慨：何时、何处无良辰美景，然而有"闲情"欣赏它们的人太少了。苏轼既有欣喜，又有感慨，是"欣慨交心"。"欣慨交心"是人的精神生活丰富的一种表现。精神生活丰富的人"有感慨，也有欣喜；惟其有感慨，那种欣喜是由冲突调和而彻悟人生世相的欣喜，不只是浅薄的嬉笑；惟其有欣喜，那种感慨有适当的调剂,不只是奋激佯狂,或是神经质的感伤。他对于人生悲喜剧两方面都能领悟"[1]。

朱光潜先生在《人间世》1935年"新年特大号"上列举了1934年他所爱读的3本书:英语的希腊短诗选本,阮籍的《咏怀诗》,《菜根谭》(融会儒释道三家的哲学而成的处世法)。朱先生称阮籍的《咏怀诗》是"中国最沉痛的诗"。朱先生没有具体说明原因,我们认为原因在于《咏怀诗》中深情而忧愤的哀伤,充满了对生命的感叹。"把受残酷政治迫害的疼楚哀伤曲折而强烈地抒发出来,大概从来没有人像阮籍写得这样深沉美丽。"[2]

阮籍是三国魏诗人,在司马氏集团和曹魏王室斗争中,他为远祸避害,明哲保身,或者登山临水,或者酩醉不醒。他的女儿很有才情,司马昭想让儿子司马炎娶她为妻。阮籍心里不同意与司马昭联姻,但是又不便明目张胆地抗拒,于是大醉60天不起,使事情无法进行。他在政治思想上和嵇康一样,都推崇老庄,反对礼教,所以中国文学史和中国美学史经常把他们并提。阮籍的五言《咏怀诗》82首,其中很多是写惧祸忧生的。比如,第1首写道:

> 夜中不能寐,起坐弹鸣琴。薄帷鉴明月,清风吹我襟。孤鸿号外野,朔鸟鸣北林。徘徊将何见,忧思独伤心。

在第3首中,诗人目睹秋冬季节万物凋零,叹息人生无常:"繁华有憔悴,堂上生荆杞。""一身不自保,何况恋妻子。"中国古代诗人多半

---

[1] 《朱光潜全集》第3卷,第263页。
[2] 李泽厚:《美学三书》,第106页。

为儒家出身，而阮籍和我们在第二讲中提到的屈原，却受老庄的影响最深。

我们在第三讲中曾经谈到晋人的超脱和潇洒。晋人超脱，但是未能忘情；晋人潇洒，其根本原因在于他们一往情深。正是因为他们具有至情，所以他们悲哀和欢乐的感觉特别深沉。谈到晋人的深情，人们常常引用《世说新语》中"木犹如此，人何以堪"的说法：

> 桓公北征，经金城，见前为琅邪时种柳，皆已十围，慨然曰："木犹如此，人何以堪！"攀枝执条，泫然流泪。（《言语》）

桓公就是我们在第三讲中提到的晋代将军、一代枭雄桓温，朱光潜先生赞赏这段散文"寥寥数语，写尽人物俱非的伤感，多么简单而又隽永！"它有一种既直接而又飘渺摇曳的风致。《咏怀诗》和桓温抒发的感情之所以值得重视，因为它"虽然发自个体，却又依然是一种普泛的对人生、生死、离别等存在状态的哀伤感喟，其特征是充满了非概念语言所能表达的思辨和智慧。它总与对宇宙的流变、自然的道、人的本体存在的深刻感受和探询连在一起"[1]。阮籍的《咏怀诗》和桓温的慨叹都是对生命意蕴的感受的深情抒发。

朱光潜先生自己在欣赏自然风景和诗歌作品时，也注意感受和探询生命意蕴。唐朝诗人钱起写过一首湘灵鼓瑟的五言诗。诗人想象美丽而神秘的湘江女神鼓瑟，优美动听然而哀怨凄惋的乐曲在寥阔的湘江上空回荡，一直传到无尽的苍穹中。这种乐曲连金石都感到伤悲，更何况文人墨客。它汇成一股悲风，飞过八百里洞庭湖。诗的结尾写道："曲终

---

[1] 李泽厚：《美学三书》，第 351—352 页。

人不见，江上数峰青。"湘江女神鼓瑟完毕，曲终人去，只留下一江如带和数座青青的山峰。

朱先生在《谈美》一书中曾经引用过这两句诗。"曲终人不见"说的是人事，"江上数峰青"说的是物景。这两者本来不相干，但是这两个意象都可以传出一种凄清寂寞的情感，所以它们可以协调，形成完整的有机体。

后来，朱先生认为这样理解还没有见出这两句诗的佳妙。他对它们有新的体味，是从中见到哲学的意蕴，即生命的意蕴的时候。"'曲终人不见'所表现的是消逝，'江上数峰青'所表现的是永恒。可爱的乐声和奏乐者虽然消逝了，而青山却巍然如旧，永远可以让我们把心情寄托在上面。""曲终了，人去了，我们一霎时以前所游目骋怀的世界，猛然间好像从脚底倒塌去了。这是人生最难堪的一件事，但是一转眼间我们看到江上青峰，好像又找到另一个可爱的伴侣，另一个可托足的世界，而且它永远是在那里的。""不仅如此，人和曲果真消逝了么；这一曲缠绵悱恻的音乐没有惊动山灵？它没有传出江上青峰的妩媚和严肃？它没有深深地印在这妩媚和严肃里面？反正青山和湘灵的瑟声已发生这么一回的因缘，青山永在，瑟声和鼓瑟的人也就永在了。"[1]

朱先生在这两句诗中见出"消逝之中有永恒"的人生意蕴，他从诗中所体会到的情感就不只是凄凉寂寞，而是一种静穆。凄凉寂寞的意味仍然存在，然而更多的是得到归依的愉悦。"人散了，曲终了，我们还可以寄怀于江上那几排青山，在它们所显示的永恒生命之流里安息。"[2]

---

[1] 《朱光潜全集》第8卷，第395页。
[2] 同上书，第397页。

对生命意蕴的形而上追求应该是"在刹那间见终点,在微尘中显大千,在有限中寓无限"。

(四) 本色的生活

生命意蕴和人生艺术化的关系也表现为:执着于生命意蕴的人,他的生活必定是本色的生活。本色的生活是至性深情的流露,它就是艺术化的生活。苏轼认为写文章应该像水行山谷中,行于其所不得不行,止于其所不得不止。本色的生活也应当这样。

我们在第七讲中谈到,朱自清和丰子恺是朱光潜的好朋友。朱自清先生平整严肃,丰子恺先生雍容恬静,他们的性格很不相同。然而,他们的性格都自然地体现在他们的言行风采中,叫人一见就觉得和谐完整,他们的生活都是艺术的生活,他们都有完美的人格。

王瑶先生在清华大学中文系读书时,选了朱自清先生讲授的"文辞研究"一课。由于这是关于中国文学批评的专门课程,内容比较枯燥,班上只有王瑶先生一个人听课。但是朱自清先生仍然如平常一样讲授,不仅从不缺课,而且照样地做报告和考试。王瑶先生回忆说,

丰子恺《惊呼》

朱自清先生主持清华大学中文系十多年，从不揽权，更不跋扈，自己工作极忙，但是从来没有役使过助教或同学，和每一位情感都很融洽。你随便告诉他点事情，他总会谢谢你的。他把唐人的诗句"夕阳无限好，只是近黄昏"，改写成"但得夕阳无限好，何须惆怅近黄昏"，写好放在写字桌的玻璃板下面，当作自己的警惕。学校里在他家大门前存了几车沙土，大概是为修墙或铺路用的，他的小女儿要取一点儿玩玩，他说不许，因为那是公家的。[1] 朱自清的至情产生了至文。他的《背影》之所以感人至深而广为传诵，因为其中表达了真情。

丰子恺先生的言谈举止自然圆融。据朱光潜先生回忆，丰子恺先生的性情向来深挚，待人无论尊卑大小，一律和蔼可亲。他自己画成一幅画，刻成一块木刻，拿着看看，欣然微笑。偶然遇见一件有趣的事，他也欣然微笑。"他的画极家常，造境着笔都不求奇特古怪，却于平实中寓深永之致。他的画就像他的人。"[2] 丰子恺先生的漫画不同于一般画家的地方，就在于他有至性深情的流露。

二　人诗意地栖居

"人诗意地栖居"是18—19世纪德国诗人荷尔德林晚年写的一首诗中的一个短语。荷尔德林和黑格尔是朋友，也多次拜访过席勒。自从海德格尔在《荷尔德林与诗的本质》(1936)、《……人诗意地栖居……》(1951)等文中对这个短语做出阐释后，这个短语就广为传诵。

海德格尔是20世纪德国著名的哲学家，人的存在是他所关心的问

---

[1]　郭良夫编：《完美的人格》，生活·读书·新知三联书店1987年版，第176页。
[2]　《朱光潜全集》第9卷，第155页。

第十四讲 人生的艺术化

题。海德格尔认为，有无诗意是能否存在的标志，诗意地栖居是真正的存在，没有诗意地栖居就不是存在，诗意使栖居成为栖居。"诗意地栖居"是相对"技术地栖居"而言的。海德格尔主张诗意地栖居而反对技术地栖居。在技术占统治地位以前，人类是诗意地栖居的。海德格尔援引了奥地利19—20世纪诗人里尔克去世前夕写的一封信："对于我们祖父母而言，一所'房子'，一口'井'，一座熟悉的塔，甚至他们自己的衣服和他们的大衣，都还具有无穷的意味，无限的亲切——几乎每一事物，都是他们在其中发现人性的东西与加进人性的东西的容器。"[1]"房子""井""塔"本身没有意味，但是人们把自己的感情投射到它们身上，它们就成为温馨的往昔的象征，从而具有无穷的意味，使人感到无限亲切。从它们上面，人们体验到人与自然的和谐。而在工业社会中，技术统治越来越无所顾忌，越来越遍及大地，取代了昔日所见的物的世界的内容。它不仅把一切物设定为在生产过程中可制造的东西，而且通过市场把产品送发出去。人的人性和物的物性，都分化为在市场上可计算出来的市场价值。技术把所有的存在物都带入一种计算的交易中。人利用科学技术满足自己的物质欲望，忘记了"存在"和人的意义。

荷尔德林作为浪漫主义诗人的重要代表，追求人与自然的和谐。所谓"诗意地栖居"，就是通过人生艺术化、诗意化，来抵制科学技术所带来的个性泯灭、生活刻板化和碎片化的危险。"刻板化"指现代技术为了生产和使用的方便，把一切变得千篇一律。"碎片化"指人和自然脱节，感性和理性脱节。人成为被计算使用的物质，成为物化的存在和机械生活整体的一个碎片。

---

[1] 海德格尔：《诗·语言·思》，彭富春译，文化艺术出版社1991年版，第102页。

海德格尔的学生马尔库塞把工业社会中的人称为"单面人"。马尔库塞是法兰克福学派的重要代表人物，他出身于柏林犹太家庭，纳粹上台后犹太人受到迫害，他流亡到了美国。他所说的"单面人"，又可以翻译成"单向度的人"。在工具理性占统治地位的社会中，人在各方面成为物质的附庸，人原来有理性和感性两个方面，现在感性受到理性的压抑，人日趋单维化。所谓"单面人"，就是"物质的、技术的、功利的追求在社会生活中占据了压倒一切的统治的地位，而精神的活动和精神的追求则被忽视，被冷漠，被挤压，被驱赶"，在这种情况下，人"成为没有精神生活和情感生活的单纯的技术性的动物和功利性的动物"。马尔库塞提出"单面人"的警告，是想"从物质的、技术的、功利的统治下拯救精神"。[1]马尔库塞1964年出版的一本名著就叫作《单面人》，副标题是"发达工业社会意识形态研究"。

马尔库塞认为，在发达的工业社会中，社会控制是通过技术形式来实现的。社会不断满足人们的新需要，人们似乎为商品而生活。小轿车、高清晰度的传真装置、错层式家庭住宅以及厨房设备成了人们生活的灵魂。一切文化领域也都具有商品形式。"发自心灵的音乐可以是充当推销术的音乐。所以，重要的是交换价值，而不是真实的价值。"[2]人沦为物，人作为一种单纯的工具而存在。"以技术的进步作为手段，人附属于机器的这种意义上的不自由，在多种自由的舒适生活中得到了巩固和加强。"人成为工业文明的奴隶。"发达工业文明的奴隶是受到抬举的奴隶，但他们毕竟还是奴隶。"[3]

---

[1] 叶朗：《胸中之竹》，第310页。

[2] 马尔库塞：《单向度的人》，刘继译，上海译文出版社1989年版，第53页。

[3] 同上书，第31页。

为了纠正单面人的状况，马尔库塞提出通过艺术和审美，建立新感性。我们在第十五讲中将谈到，美学在诞生时的原初意义就是"感性学"。马尔库塞所说的"新感性"，就是把感性从理性的压抑中解放出来，使感性和理性达到和谐统一，从而以新的感觉方式知觉世界。而能够发挥这种功能、形成和建立新感性的，正是艺术和审美。

三　从工具本体到情感本体

韦伯、海德格尔和马尔库塞等人对工业文明、工具理性进行了批判，我们应该怎样看待这个问题呢？首先，我们需要工业文明、科学技术和工具理性的极大发展。在这一点上，我们和韦伯等人的观点不同。虽然工业文明、工具理性破坏了生存的诗意，造成环境污染、生态失衡等等，"但它们同时也极大地改变、改进和改善了整个人类的衣食住行、物质生活，延长了人们的寿命，而这毕竟是主要的方面"[1]。制造和使用工具是人区别于动物的本质特征。理性只是一种工具，它还不能代表终极关怀，然而没有这种工具，人类就不能进入现代社会。因此，不能浪漫地批判和否定工业文明和工具理性。其次，对工业文明和工具理性的极大发展进行调节、补救和纠正。[2] 清除它们中有害的一面，对理性进行所谓解毒，使人从工具理性的极端控制中解放出来，不再成为机器的奴隶。为此，李泽厚先生提出要从工具本体发展到情感本体。在工具本体中，人是进行理性操作的工具；在情感本体中，人是情感丰富的、内在自然充分人化的个体（关于"内在自

---

[1] 李泽厚：《世纪新梦》，第 14 页。
[2] 李泽厚：《美学三书》，第 489 页。

然的人化",参见第五讲)。工具本体以制造和使用工具为核心,解决"人活着"的问题;情感本体以精神世界引领人类前进,解决"人活得怎样"的问题。本体是最后的实在,一切的根源。情感本体就是以情感为目的、为最后的实在。

李泽厚先生还把情感本体同新感性、美感的本质、人生的境界、华夏美学的精髓等问题联系起来。我们前面讲过,马尔库塞提出建立新感性的问题。李泽厚先生也提出这个问题,他的《美学四讲》中有一节的标题就是"建立新感性"。他所说的新感性,就是人类通过世代的文化承袭而不断丰富、巩固和发展起来的心理本体,特别是其中的情感本体。心理本体、情感本体和美感的本质是一致的,它们都是内在自然的人化。而外在自然的人化则是工具本体的建立。

冯友兰先生曾把人生分为相互交错、纠织的四种境界:自然境界、功利境界、道德境界和天地境界。在自然境界中,人浑浑噩噩地生活,满足于动物性的生存状态。在功利境界中,人为了名利或事业而熙熙攘攘。在道德境界中,人立己助人,道德高尚,高风亮节,志存高远。天地境界是一种审美境界、情感本体的境界。"它可以表现为对日常生活、人际经验的肯定性的感受、体验、领悟、珍惜、回味和省视,也可以表现为一己身心与自然、宇宙相沟通、交流、融解、认同、合一的神秘经验。"[1]所谓一己身心与自然、宇宙相交融,就是把自然与宇宙人情化、生命化,在平凡、有限、转瞬即逝的真实情感中,找到人生的归宿、精神家园和终极关怀。这种境界所带来的快乐是庄子所说的"天乐",即不是一种由具体对象所产生的感性快乐,而是一种持续的平宁淡远的心境。

---

[1] 李泽厚:《世纪新梦》,第27页。

第十四讲
人生的艺术化

我们在第一节讲过，天人合一是最高的审美理想。李泽厚先生把天人合一解释为外在的自然山水与人内在的自然情感都渗透、交融和积淀了社会的人际的内容[1]，社会和社会成员与自然的发展处在和谐统一中。这正是华夏美学的精髓，也是在工具本体上生长出情感本体。对于人生的目的、存在的意义，人们思索、感受得太少了。"人沉沦在日常生活中，奔走忙碌于衣食住行、名位利禄，早已把这一切丢掉遗忘，已经失去那敏锐的感受能力，很难得去发现和领略这无目的性的永恒本体了。也许，只有在吟诗、读画、听音乐的片刻中；也许，只在观赏大自然的俄顷中，能获得'蓦然回首，那人却在灯火阑珊处'的妙悟境界？"[2] 情感本体要求停留、执着、眷恋在情感中，品味和珍惜自己的情感存在。对情感的体味就是对人生意义、宇宙奥秘的体味。在这种体味中，人的存在成为与大自然合为一体的存在。从工具本体到情感本体，就是从功利的人生进到艺术的人生。

朱自清先生在散文《匆匆》中写道："燕子去了，有再来的时候；杨柳枯了，有再青的时候；桃花谢了，有再开的时候。但是，聪明的，你告诉我，我们的日子为什么一去不复返呢？"对于一去不复返的生命，我们要频频驻足流连，满怀至性深情地去咀嚼、去体味。做一个"深于情者"，是美学修养的最终归宿。否则，即使读过的美学著作汗牛充栋，也仍然是一个缺乏美学修养的人。

---

[1] 李泽厚：《美学三书》，第 312 页。
[2] 同上书，第 383 页。

思考题

1. 怎样理解"人生艺术化"的命题?
2. 解释"人诗意地栖居"的概念。
3. 什么是"情感本体"?

阅读书目

朱光潜:《诗论》,生活·读书·新知三联书店1984年版。

宗白华:《美学与意境》,人民出版社1987年版。

李泽厚:《美学三书》,安徽文艺出版社1999年版。

第十五讲
伫立在蔡元培的塑像前

蔡元培和美育

美育的内涵和实施

伫立在北京大学校园中蔡元培先生的塑像前,不觉想起他"提倡美育"题词的柔韧笔迹,他呼吁"以美育代宗教"的拳拳之心以及他关于美育的一系列讲演和文章。蔡元培先生的名字是和完整教育的理念结合在一起的。

蔡元培先生一生最重要的贡献体现在两个方面:一是在他担任北大校长时,实行兼容并包的办学方针;二是他毕生倡导美育。蔡元培先生曾任中华民国临时政府教育总长,并长期担任北大校长,他以这种身份和地位倡导美育,对美育的推广和实施起到重要的作用。正因为如此,有人把他称为中国美育之父。

一　蔡元培和美育

美育是审美教育的简称。蔡元培先生在为1930年商务印书馆出版的《教育大辞书》所撰写的"美育"条目中给美育下了一个定义："美育者，应用美学之理论于教育，以陶养感情为目的者也。"[1] 这则定义表明美育是教育的一部分，是在美学理论指导下的感情教育。它符合美育思想发展的历史事实。

（一）美育的由来

蔡元培先生为中国美术会特刊题字

"美育"这个术语是德国美学家席勒最早使用的。他给丹麦亲王写了27封讨论美育问题的书信，于1795年陆续发表在他主编的《季节女神》上，后来结集出版为《美育书简》。中国最早使用"美育"术语的是蔡元培先生。1901年他在《哲学总论》一文中提出了"美育"的概念，这是他根据席勒曾经使用过的德文词组 Ästhetische Erziehung 翻译过来的。1903年王国维在《论教育之宗旨》中，把西方美育理论较为全面地引进中国。

"美育"的术语虽然诞生比较晚，然而美育思想无论在中国还是在西方

---

[1]　《蔡元培美学文选》，北京大学出版社1983年版，第174页。

第十五讲
伫立在蔡元培的塑像前

都早已有之。蔡元培先生指出:"从柏拉图提出美育主义后,多少教育家都认美术是改造社会的工具。"[1]这里的"美术"是一种广义的理解,即"艺术"的意思。柏拉图的美育思想是美育思想史的源头之一,对以后的美育研究者包括蔡元培先生都产生了重要影响。对此我们有必要做一个简略的说明。

柏拉图的美育思想是他的教育思想的有机组成部分。我们把柏拉图看作一位哲学家和美学家,然而某些近代西方学者却首先把他看作一位道德政治思想家和教育家,他们十分重视柏拉图学说的教育思想。马堡新康德主义学派哲学家耶格尔就是其中一例。他在两卷本著作《潘迪亚:希腊文化的理想》(1959年柏林版)中,逐篇分析了柏拉图的对话,极其详尽地研究了柏拉图的教育思想,包括柏拉图的美育思想。他对柏拉图教育思想的研究,在深度和广度上至今无人超越。

柏拉图的美育思想主要体现在他的对话《理想国》和《法律篇》中。出于对现存的、逐步衰落的城邦的不满,柏拉图为当时的社会寻找出路,他在《理想国》中构建了理想的城邦国家。理想国中有统治者、卫士和生产者三个阶层,针对统治者和卫士,柏拉图制订了理想的教育计划。耶格尔指出,《理想国》不是一部关于政治学的著作,而是迄今有关教育的最好论著。

柏拉图的美育思想有若干特点。首先,美育主要是艺术教育,而他又把艺术完全变成为他的社会政治理想服务的工具。他把艺术教育的内容摆在首位,要把不符合他的道德标准的艺术清洗出去,因为这些艺术对理想国公民的教育有害。理想国的公民应当敬神,荷马诗歌有谩神的内容是不能容许的:"我们像已决定了我们的儿童该听哪些故事,不该

---

[1] 《蔡元培美学文选》,第104页。

矗立在北京大学校园里的蔡元培先生塑像，曾竹韶作

听哪些故事，用意是要他们长大成人时知道敬神敬父母，并且互相友爱。"[1]理想国的最高秩序是各安其位，各司其职。卫士们担任保卫城邦的职责，他们应该知道谁是真正的敌人，勇敢是他们的德行，会使他们勇气消沉的诗歌要坚决剔除。"我们就有理由把著名英雄的痛哭勾消，把这种痛苦交给女人们，交给凡庸的女人们和懦夫们，使我们培养起来保卫城邦的人们知道这种弱点是可耻的。"[2]理想国的公民应该知道什么是善，混淆善恶的艺术当然要禁止。对荷马和其他诗人的作品进行彻底检查后，剩下的只有颂神和赞美好人的诗歌，而其他一切诗歌都不准闯入理想国的国境。荷马是希腊最著名的诗人，柏拉图是希腊最权威的哲学家。柏拉图对荷马的态度成为西方美育思想史上有趣的现象之一。柏拉图深深地热爱荷马，欣赏荷马史诗的美。然而，他不能容忍荷马描写了神的种种劣迹，也不满意荷马描写了普通人有害的性格。荷马作品的这些内容与他梦想建立的乌托邦理想

---

[1] 柏拉图：《文艺对话集》，第34页。
[2] 同上书，第37页。

国相冲突。有悖于他的道德标尺的一切，包括他所敬爱的荷马，也要毫不留情地加以清洗。

其次，除了美育的内容外，柏拉图还注意美育的方法。他深知艺术对人的作用是潜移默化地进行的："我们不是应该寻找一些有本领的艺术家，把自然的优美方面描绘出来，使我们的青年们像住在风和日暖的地带一样，四周围一切都健康有益，天天耳濡目染于优秀的作品，像从一种清幽境界呼吸一阵清风，来呼吸它们的好影响，使他们不知不觉地从小就培养起对于美的爱好，并且培养起融美于心灵的习惯吗？"[1]美育应该采用合适的方式，顺其自然，不能有任何强制和压力，要把这种教育变成儿童感到愉悦的游戏。同时，美育既要从每个人的自然禀赋出发，发展符合他的禀赋的潜在能力，又要调节人的性格和性情，达到某种和谐。要引导性格安静的、驯服的人变得坚强、刚毅，促使性情粗鲁的、暴烈的人变得温柔、诚恳。

最后，柏拉图主张美育和一般教育是相互渗透的，甚至是同一的，"教育首先是通过阿波罗和诗神们来进行的"。他认为"受过教育的人就受过很好的合唱的训练，而没有受过教育的却没有这种训练"，"教育得好的人就能歌善舞"。如果"知道在歌唱和舞蹈中什么才是好的，我们才真正知道谁受过教育，谁没有受过教育"。[2]

1922年蔡元培先生在《美育实施的方法》一文中写道："我国初办新式教育的时候，只提出体育智育德育三条件，称为三育。十年来，渐渐的提到美育，现在教育界已经公认了。"[3]王国维把四育分为两个部

---

[1] 柏拉图：《文艺对话集》，第62页。

[2] 同上书，第302页。

[3] 《蔡元培美学文选》，第154页。

分：体育和心育。心育包括德育、智育、美育。四育培养身心健康的、全面发展的人。为什么心灵的教育（心育）恰恰包括德育、智育、美育呢？这在学理上有什么依据吗？这要从德国美学家鲍姆嘉通对美学的命名谈起。

在一些国家的图书馆中，藏有1735年德国出版的一本小书——这是鲍姆嘉通用拉丁语写成的学位论文，题目是《关于诗的哲学沉思录》。这本书第一次使用了"美学"一词，这是鲍姆嘉通根据希腊词语"埃斯特惕卡"（Asthetica）构成的，原意是"感性知觉""感性学"。鲍姆嘉通依据另一个德国哲学家莱布尼兹的学说，把人的精神世界分为知、情、意三部分。逻辑学研究知，引导人们达到真；伦理学研究意（意志），引导人们达到善；但还没有一门科学来研究情（情感），于是他建议由美学来研究它。他认为，美学可以引导人们达到美，从而取得与逻辑学和伦理学同等的地位。由于"逻辑学"和"伦理学"在西文中是以希腊词语为基础的，所以，鲍姆嘉通也用希腊词语构成了"美学"这一术语。1750年，他正式以"埃斯特惕卡"命名他的《美学》一书。"美学"这个术语从此流行开来。美学虽然是作为感性学被提出来的，但它同时是研究美和艺术的科学。因为在鲍姆嘉通看来，感性认识的完善就是美，而艺术是美的集中体现。长期以来，美和艺术成为美学的主要对象。所以，有人把美学解释为"美的哲学"，也有人把它解释为"艺术哲学"。这一点我们在第十二讲中已经指出过。我们在第四讲中还讲到，19世纪自然科学特别是心理学和生理学的发展，引起美学对象的重要变化。美感在美学对象中占有了以往无法比拟的显赫地位，美学同时研究美、美感和艺术。

汉字"美"的词源学研究也表明，美与感性存在联系。汉代许慎的《说文解字》说：羊大则美。羊长得肥大就美。这表明"美"与满足人的感性需要和享受有直接关系。对"美"的另一种词源学解释是：羊人为美。在原始艺术和图腾崇拜中，人戴着羊头跳舞是"美"字的起源。这表明"美"与原始的巫术礼仪活动有关。"如果把'羊大则美'和'羊人为美'统一起来，就可看出：一方面'美'是物质的感性存在，与人的感性需要、享受、感官直接相关；另一方面'美'又有社会的意义和内容，与人的群体和理性相连。而这两种对'美'字来源的解释有个共同趋向，即都说明美的存在离不开人的存在。"[1]

蔡元培先生接受了把人的心理能力划分为知、情、意三部分的观点，他在《美术与科学的关系》一文中写道："我们的心理上，可以分三方面看：一面是意志，一面是知识，一面是感情。意志的表现是行为，属于伦理学，知识属于各科学，感情是属于美术的。"[2] 在教育领域，知、情、意分别与智育、美育和德育相对应。所以，知、情、意的划分是中国的德育、智育、美育的学术基础。蔡元培先生指出："教育学中，智育者教智力之应用，德育者教道德之应用，美育者教情感之应用是也。"[3]

倡导美育的席勒和蔡元培在美学上都是康德的信徒。康德的主要著作被称为"三大批判"，其中的《纯粹理性批判》研究知，《实践理性批判》研究意，《判断力批判》研究情，从而构成完整的哲学体系。席勒的《美育书简》是针对当时德国的社会现实、在康德的《判断力批判》的影响下写成的。席勒认为，古希腊社会是和谐的，人性是完整的。科学技术的严密分工和更加复杂的国家机器使近代社会成为一种精巧的

---

[1] 李泽厚：《美学三书》，第469—470页。
[2] 《蔡元培美学文选》，第135页。
[3] 《蔡元培全集》第1卷，浙江教育出版社1997年版，第357页。

钟表机械,其中由无数众多的但是都无生命的部分组成一种机械生活的整体。"现在,国家与教会、法律与习俗都分裂开来,享受与劳动脱节,手段与目的脱节,努力与报酬脱节。永远束缚在整体中一个孤零零的断片上,人也就把自己变成一个断片了。耳朵里听到的永远是他推动的机器轮盘的那种单调乏味的嘈杂声,人就无法发展他生存的和谐,他不是把人性刻印到他的自然(本性)中去,而是把自己仅仅变成他的职业和科学知识的一种标志。"[1]在这种社会中,人性变得分裂。而要培养社会的和谐和人性的完整,必须实施美育。体育促进健康,智育促进认识,德育促进道德,美育促进鉴赏力和审美情感。

席勒把审美自由看作社会自由和政治自由的前提,这无疑夸大了美育的作用。朱光潜先生指出,过分夸大艺术和美的作用是浪漫运动时期的一种通病,"始作俑者"正是席勒。不过,席勒希望通过美育来重塑完整的人的观点,仍然具有积极意义。正如蔡元培先生所说,经过席勒详论美育的作用,"美育之标识,始彰明较著矣"。欧洲的美育从此得到有意识的发展,"可以资吾人之借鉴者甚多"。德国当代哲学家哈贝马斯把席勒的《美育书简》说成历史上第一部系统的、对现代性进行审美批判的纲领性著作,称席勒是把握到现代性的第一人。

(二)以美育代宗教

"以美育代宗教"是中国近代美育思想上的一个著名命题。1917年蔡元培先生到北大履行校长职务,同年他在北京神州学会做了《以美育代宗教说》的讲演,这篇讲演后来发表在《新青年》上。1930年和1932年蔡元培先生又分别发表了《以美育代宗教》和《美育代宗教》。他在最初提出"以美育代宗教"的主张时,就想写一本专著来阐述这个

---

[1] 席勒:《美育书简》,徐恒醇译,中国文联出版公司1984年版,第51页。

第十五讲
伫立在蔡元培的塑像前

问题,并预拟了提纲。这份提纲时刻在他脑海中盘桓,然而由于人事牵制,历经20年之久未能成书,他暮年时深以为憾。

从世界美学史和世界艺术史的角度看,"以美育代宗教"的提法并不是孤立的。1917年俄国十月革命后,列宁曾提出以戏剧代宗教,他认为除了戏剧以外,没有一个学校、一个机关能够用来代替宗教。1964年在荷兰阿姆斯特丹举行的第5届国际美学会议上,一位比利时美学家宣读了《艺术——现代人的宗教》的论文,他要用艺术来代替宗教。之所以用美育、戏剧、艺术代替宗教,原因在于审美意识、艺术与宗教有相同的地方。

马克思在《1857—1858年经济学手稿》中谈到,人以两种不同的方式来把握世界。一种是理论方式,它把表象加工成概念。科学包括哲学就是把握世界的理论方式。另一种是实践精神方式,艺术和宗教就是这样的方式。所谓实践精神方式,就是对现实进行改造,然而这种改造是在精神领域里发生的。艺术和宗教都创造新的现实,不过,这种新的现实不同于真的现实,它是由艺术家和宗教人士的想象、幻想所创造的。在人类文化史上,神话是把握世界的实践精神方式的最早成果,是人的幻想对现实的不自觉的艺术加工。在神话中,艺术和宗教融为一体。后来,艺术脱离了神话,然而它仍然保留着从神话那里继承过来的以艺术形象把握世界的方法。蔡元培先生虽然不熟悉马克思的上述观点,不过他的直觉准确地指出了艺术和宗教的共同性,那就是它们都作用于人的感情,这为美育代宗教提供了可能。

审美意识不具有宗教根源,宗教意识却具有审美根源。为了更有效地对人发生影响,宗教利用了人的审美需要。天下名山僧占多,"凡是一切教堂和寺观大都建筑在风景最好的地方"。"再说到这些建筑物的内部也是很壮丽的,我们只要到教堂里面去观察,我们就可以看出里面的光线和那些神龛都显出神秘的样子，而且教堂里面一定有许多雕刻，这些雕刻都起源于基督教。现在有许多油画和图像都取材自基督教，唐朝的图像也都是佛。此外在音乐方面，宗教的音乐，例如宗教上的赞美歌和歌舞，其价值是永远存在的。"[1]宗教和艺术、宗教意识和审美意识可以相互交织，但是它们有根本区别。宗教通过审美价值肯定超自然力量的存在，即神的存在，而美育则肯定人自身的价值和意义。

在功能上，宗教和艺术也有相同的地方。蔡元培先生指出，宗教的作用是"要人对于一切不满意的事能找到安慰，使一切辛苦和不舒服能统统去掉"。宗教的这种补偿作用是它的最大的作用。我们在第十三讲中谈到，艺术也有补偿作用。不过，艺术补偿不同于宗教补偿。艺术补偿是弥补人的有限生活中的不足，从精神上补充、充实现实世界，宗教补偿则以非现实的、死后的回报来安抚人。

经过对宗教和美育的比较，蔡元培先生得出结论说："一、美育是自由的，而宗教是强制的；二、美育是进步的，而宗教是保守的；三、美育是普及的，而宗教是有界的。"[2]因此，必须以美育代替宗教。

蔡元培先生主张以美育代宗教，并不想取消宗教。作为人类文化的一种类型，宗教不可能被美育所替代；然而，作为情感教育的手段，美育可以代替宗教。"以美育代宗教"是以自由反对强制、以进步反对保守、以普及反对局限的一种文化变革。

在我国学术界很热衷的关于现代性的语境中，蔡元培先生的以美育代宗教说获得了新的意义。德国社会学家韦伯认为西方的现代化是一个

---

[1] 《蔡元培美学文选》，第161—162页。
[2] 同上书，第180页。

理性的过程。理性化导致世界的"除魅"。我们在第十四讲中已经讲过这个问题。在世界除魅的情况下，宗教信仰衰退，宗教活动变得理性化。艺术和美育可以成为宗教体验的替代品。艺术超越日常生活的体验性也成为审美现代性的重要标识。

二 美育的内涵和实施

自从1901年蔡元培先生提出"美育"的概念以来，我国对美育的研究主要集中在美育的内涵、功用、它和德育智育的关系以及实施方法等问题上。

（一）美育的内涵和功用

中国古代教育包括六艺：礼、乐、射、御、书、数。据蔡元培先生解释，乐是纯粹的美育。其他五艺除数外也含有美育成分。书用来记述，还要讲究美观。射和御是技术教育，要求熟练，其姿态也要娴雅。礼的本义在于守规，而它的作用又在远离鄙俗。对于纯粹美育的乐，郭沫若先生有一个精到的说明："中国旧时的所谓乐（岳），它的内容包含得很广。音乐、诗歌、舞蹈，本是三位一体不用说，绘画、雕镂、建筑等造型艺术也被包含着。甚至于连仪仗、田猎、肴馔等都可以涵盖。所谓'乐（岳）者，乐（洛）也'，凡是使人快乐，使人的感官得到享受的东西，都可以广泛地称之为乐。"[1] 乐作为中国古代典型的美育，既包括艺术教育，又包括一切使人感到愉悦的其他教育。乐的这种内涵基本上规定了现代研究者对美育的理解。

乐在儒家学说中占有极其重要的地位。孔子所理解的乐，不只是弦

---

[1]《沫若文集》第16卷，人民文学出版社1962年版，第186页。

管歌唱，他曾郑重声明："乐云乐云，钟鼓云乎哉？"（《论语·阳货》）乐不只是钟鼓悦耳之声，它要表现一种精神。朱光潜先生认为，乐的精神和礼的精神是儒家思想系统的基础，儒家从这两个观念的基础上建立起一套伦理学、教育学、政治学甚至宇宙哲学和宗教哲学。什么是乐的精神和礼的精神呢？乐的精神是和，即和谐；礼的精神是序，即秩序。对于个人来说，乐使人的知、情、意彼此协调，内心和谐；礼使人的行为端正。行为端正正是内心和谐的外在表现。对于社会来说，乐在冲突中求和谐，社会成员和睦相处；礼在混乱中求秩序，人人遵守制度法律。儒家还在宇宙中见到礼和乐。天尊地卑，动静有常，物以群分，这是宇宙中的礼。天地相荡，鼓之以雷霆，奋之以风雨，动之以四时，暖之以日月，这是宇宙中的乐。这种礼和乐说尽了宇宙的妙谛。

　　《论语》中有一段话总述儒家的教育宗旨："兴于《诗》，立于礼，成于乐。"（《论语·泰伯》）这表明一个人的教育要从《诗》开始，经过礼的调节，用乐来完成。学诗(包括有关古典文献和种种知识)以感发意志，自觉地训练礼仪规范，通过乐的陶冶来造就一个完全的人。[1] 诗与乐相关，目的在怡情养性，养成内心的和谐。"诗与乐原来是一回事，一切艺术精神原来也都与诗乐相通。孔子提倡诗乐，犹如近代人提倡美育。"[2] 孔子看到诗乐对情感教育的重要性，把诗乐看作教育的基础。不过，孔子对诗乐有所取舍，他要求诗乐不仅形式上是美的，而且内容上是善的，于是有了他的删诗和正乐。他删掉不合乎礼的诗，倡导品味纯正的乐。我们在第六讲中谈到，孔子听到《韶》乐，三月不知肉味。《韶》乐是歌颂舜继承先王业绩的音乐，符合孔子仁政的理想，达

---

[1] 李泽厚：《美学三书》，第263页。

[2] 《朱光潜全集》第9卷，第144页。

到尽善尽美的地步。而对于郑声，孔子则竭力反对，因为郑声过分迎合了听众感官快适的需要，太过、太刺激，不够质朴。

孔子极爱音乐，也是中国古代最懂得音乐的人之一。他被困陈蔡之时也"弦歌不辍"。他擅长歌唱，"与人歌而善，必使反之，而后和之"，也擅长演奏，"击磬于卫，取瑟而歌"，"学鼓琴于襄子"。他曾经简约而精确地说出一个乐曲的构造。《论语·八佾》写道："乐，其可知也。始作，翕如也。从之，纯如也。皦如也。绎如也。以成。"对此，宗白华先生解释道："起始，众音齐奏。展开后，协调着向前演进，音调纯洁。继之，聚精会神，达到高峰，主题突出，音调响亮。最后，收声落调，余音袅袅，情韵不匮，乐曲在意味隽永里完成。这是多么简约而美妙的描述呀！"[1]宗先生还指出，中国古代音乐包含着极为重要的宇宙观念和政教思想。如果研究西方哲学必须理解数学、几何学，那么，研究中国哲学也要理解中国古代音乐思想。数学和音乐是中西古代哲学思想的灵魂。

孔子强调《诗》和乐的思想内容，也强调美育和德育的有机结合。"兴于《诗》，立于礼，成于乐。"《诗》和乐是艺术教育，是美育；礼是德育。它们是结合在一起的。孔子再三叮嘱弟子们学诗学礼，他自己则是体现乐的精神和礼的精神的楷模。"孔子自己是最深于诗礼的人，我们读《论语》听他的声音笑貌，看他的举止动静，就可以想象到他内心和谐而生活有纪律，恬然自得，蔼然可亲。他在老年的境界尤其是能混化乐与礼的精神，所谓'从心所欲，不逾矩'，'从心所欲'是乐，'不逾矩'是礼。"[2]"从心所欲，不逾矩"是个人修养的胜境，也是一种审美境界。

---

[1]　《宗白华全集》第3卷，第431页。
[2]　《朱光潜全集》第9卷，第104—105页。

从伦理观点看，这是最善的；从美学观点看，这是最美的。孔子不仅把美育看作一般教育的基础，而且看作政治的基础。颜渊问孔子治国的方略，孔子把音乐教育排在远离奸佞之人的前面，足见音乐教育对一个国家的重要。孔子处在周朝衰亡之际，他特别慨叹诗亡乐坏，把美育与国家兴衰联系起来。孔子的这些美育理论和柏拉图的美育理论一样，对现代的美育研究都有启示作用。

美育有广义和狭义之分。狭义的美育就是艺术教育，广义的美育是利用一切审美价值对人进行的教育。这些审美价值包括艺术美、自然美、社会美（含科学美和技术美）以及德育、智育、体育中的审美因素。不管怎样，艺术教育是美育的主体，艺术是美育的主要工具，这是艺术活动在人类活动中的特殊性决定的。艺术活动是唯一以创造审美价值为主要目的的活动。其他人类活动（如生产活动、道德活动等）也创造审美价值，然而审美价值不是它们的主要目的，它们的主要目的是创造功利价值、道德价值等。艺术价值是一种新的、特殊的审美价值，艺术的本质是审美的。

孔子、柏拉图和席勒都论述过美育的目的和功能。很多人也谈到美育可以怡情悦性、培养内心的和谐。我们现在应该怎样看待美育的功用呢？能不能把它说得具体一些呢？朱光潜先生在《谈美感教育》一文中指出，美育的功用是"解放的，给人自由的"，它的具体表现有三个方面：第一是本能冲动和情感的解放。美育给本能冲动和情感以自由发泄的机会，并把它们提升到一个较高尚较纯洁的境界，而解放情感对心理健康有极大的裨益。第二是眼界的解放。美育使人在人生世相中见出某一时某一境特别新鲜有趣而加以流连玩味。我们每个人都有所囿有所蔽，许多东西都不能见。艺术使我们的眼界开阔。中国人爱好自然风景的趣味是陶渊明、谢灵运、王维等诗人所陶染的。在英国诗人拜伦以前,欧洲人很少赞美威尼斯。"美感教育不是替有闲阶级增加一件奢侈,而是使人在丰富华严的世界中随处吸收支持生命和推展生命的活力。"第三是自然限制的解放。人在超脱自然限制而创造、欣赏艺术境界时,成为自然的主宰。"美育叫人创造艺术,欣赏艺术与自然,在人生世相中寻出丰富的兴趣。"[1]

概括以上的论述,我们可以把美育的功用归结为两点:第一,培养某种审美价值取向。个人生活在社会环境中,通过美育,使个人接受某个社会关于美和丑、崇高和卑下、悲和喜的概念,从而形成自觉的审美价值取向。第二,发展人的审美创造能力。这包括发展人的审美知觉和审美体验的能力,完善人的审美趣味,培养人在艺术活动和其他各种活动中欣赏美和创造美的能力。美育的这两种功用是相互联系和统一的,不能把其中一种功用绝对化。柏拉图把第一种功用绝对化,使美育完全隶属于道德教育,为培养某种价值取向服务。席勒则把第二种功用绝对化,视美育为恢复个性完整的唯一手段,美育仅仅在于发展人的高级精神能力。在美育的功用问题上,这两种观点都有片面性。

关于美育和德育、智育的关系,王国维说得很辩证,他的《论教育之宗旨》一文指出:"人心之知情意三者,非各自独立,而互相交错。""美育者一面使人之感情发达,以达完美之域;一面又为德育为智育之手段。"王国维的这段话表明:一方面,美育有独立的价值和意义,它有专门的研究对象,目的在于使人的感情发达、完美;另一方面,美育又可以成为促进德育和智育发展的手段。关于这后一个方面,蔡元培先生曾多次谈到。他以踢球为例加以说明。踢球要先研究踢的方法,知道踢法了,是有了踢球的知识。要是不高兴踢,就永远踢不好。美育就是

---

[1] 《朱光潜全集》第4卷,第144页。

培养踢球的兴会。德育和智育中的美育因素，能够促进受教育者更好地接受德育和智育。

（二）美育的实施

蔡元培先生不仅积极地从事美育的理论研究，而且身体力行地推广美育的实施方法。他担任北大校长期间，北大有美学课，没有人肯讲美学，他亲自授课。这是中国高校中最早开设的美学课程。所讲内容有：美学史、美的表现、美的鉴赏、美术、美的文化等。他还在北大设立了书法研究会、画法研究会和音乐研究会，延聘教师，供学生自由选习。

在《美育实施的方法》一文中，蔡元培先生论述了三方面的美育：家庭美育、学校美育和社会美育。家庭美育以胎教为起点。孕妇要生活在平和活泼的家庭环境里。室内的墙壁和地板、地毯选用恬静的颜色。应用的器具要轻便雅致，不能笨重琐巧。陈列的雕塑绘画，要风格优美的，应有体格健全的裸体像与裸体画。凡是猥亵、怪诞的作品，都不能加入。避免过分刺激的色彩和卑靡的音乐，选择乐观的、平和的乐曲和文字。这样，才没有不好的影响传给胎儿。婴儿诞生后，成人的言语和动作，都要有适当的音调态度。播放的音乐，选择静静细细的。陈列的雕塑图画，可用表现各种动静姿态的裸体康健儿童为题材的。

幼儿园美育是家庭美育和学校美育的过渡环节。在幼儿园里，舞蹈、唱歌、手工是美育的专课，就是教幼儿计算、说话，也要迎合他们的美感。在学校教育中，除专属美育的课程外，所有课程都与美育有关。地理学云霞风雪的变态、山岳河海的名胜，天文学上星月的光辉，矿物标本的精致结构和绚烂色彩也都是美育的材料。理智和情感不可偏枯，科学和艺术不可偏废。

社会美育分专门的机构和普遍的设施。专门的机构有美术馆、音乐厅、剧院、电影院、博物馆、植物园、动物园等。普遍的设施就是地方的美化，包括道路、建筑、公园、名胜、古迹、公墓等。蔡元培先生的美育实施方法从人的生前说到死后，是在20个世纪20年代提出来的。那时候我国的美育状况还很落后。"在嚣杂的剧院中，演那简单的音乐，卑鄙的戏曲。在市场上散步，止见飞扬的尘土，横冲直撞的车马，商铺门上贴着无聊的春联，地摊上出售那恶俗的花纸，在这种环境中讨生活，什（怎）能引起活泼高尚的感情呢？"[1] 为了从根本上改变这种情况，蔡元培先生提出了一系列美育措施。由于社会的原因，这些措施在当时难以实现。然而，它们具有很大的前瞻性。这些看上去很普通的措施，在今天获得了越来越重要的现实意义。我们仅举两点做说明。

"慎终追远，民德归厚矣。"中华民族历来是很重视墓葬文化的。一部《礼记》大半都谈丧祭典礼。李泽厚先生指出"中国的'礼乐'传统也首重丧葬"[2]。对死的悲哀意识标志着对生的自觉。丧葬不是归于遗忘，而是以记忆的形式返回生活的想象中，以人皆有死的事实唤起一种普遍的慈悲心。然而在蔡元培先生的时代，墓地混乱极了。"贫的是随地权厝，或随地做一个土堆子。富的是为的一个死人，占许多土地，石工墓木，也是'千篇一律'，一点没有美意。"[3] "若是照我们南方各省，满山是坟，不但太不经济，也是破坏自然美的一端。"[4] 蔡元培先生提出把墓园变成美育的手段，这是很有价值的思想。现在我们已经有了这方面成功的案例。经过中华文学基金会等部门十多年呕心沥血的筹划，庄严肃穆的中华文化名人雕塑纪念园于2002年在居庸关附近的吉驼峰上落成了。这座雕塑纪念园也是一座墓园，埋有文化名人的骨灰。纪念

---

[1] 《蔡元培美学文选》，第84页。
[2] 李泽厚：《美学三书》，第344页。
[3] 《蔡元培美学文选》，第158页。
[4] 同上书，第159页。

园的筹划者们有一个明确的指导思想，就是纪念园要建得美，尤其是要具有环境美和塑像美。

蔡元培先生在论述道路、建筑的美化时，有些观点值得注意。第一，城市建设要有整体观念。三四间东倒西歪屋，会使人产生贫乏的感觉；三四层匣子重叠的洋房，也会给人产生板滞的感觉。如果把这两者合并在一起，就更加令人难以忍受。蔡元培先生对建筑物的要求是，"分开看各有各的意匠，合起来看，合成一个系统"。第二，城市建设从实用向宜人发展。道路供行驶，要求宽平，然而也要求美化。"道路交叉的点必须留一空场，置喷泉、花畦、雕刻品等。"第三，对于古迹要修旧如旧，不能搞假古董。"所以保存古迹，以不改动他为原则。但有些非加修理不可的也要不显痕迹，且按着原状的派式。"城市建设的总目标是"花园城"。

蔡元培先生当年关于城市美化的设想，正是近年来在我国兴起的景观美学、景观设计所追求的目标。"景观"这个概念是美国学者奥姆斯特最早提出来的，他在1863年使用了"景观建筑学"的术语。对于"景观"的含义，人们有不同的解释。就我国而言，景观设计是相对于室内设计而言的，因此，我们可以把景观理解为人类栖居的开敞的室外环境。《辞海》把景观解释为"特定区域的概念"是有道理的。可以按多种方式对景观进行分类。按照生成划分，有自然景观、人造景观；按照规模划分，有城市景观、街道景观、小区景观等；按照内涵划分，有商业景观、旅游景观、历史景观、文化景观等。西方景观建设发展的主要趋势是：20世纪60—70年代，西方生态建筑全面协调人与建筑、人与自然的关系，体现生态秩序与建筑空间的和谐。此后，从景观空间形态与自然生态的平衡，走向景观空间形态与文化生态的平衡。

近年来我国大规模的城市建设、旧城改造和旅游开发取得了重大成就，同时也出现了一些不足和缺憾。例如，重视景观建设中的物质因素，忽视精神因素，忽视人们对景观的认同感、归属感的精神需求；一味摹仿造成景观的雷同和单调；制造假古董，割断历史文脉；盲目开发导致资源的浪费和生态的失衡。

景观美学和景观设计所要研究和解决的问题是什么呢？第一，探索符合功能和场所要求的、最佳的景观空间结构形态。景观结构、功能和场所的关系包括：景观的形式和功能的关系；景观的结构特征和地域属性的关系；人造景观和自然景观的关系；各种人造景观，如建筑、道路、广场、绿地、店招广告、市容街景、亮化系统等相互之间的关系；一条街道、一个地域与毗邻街道和地域的景观的关系；特色景观、标志景观和城市整体风貌的关系；景观开发和环境保护、历史文脉的延续性的关系；景观的多样性和一致性的关系；历史景观和都市现代化的关系。

第二，探索最佳的景观宜人尺度。景观设计是为人的设计，要以人为本，体现人文精神。景观设计应当充分考虑到当地的历史沿革、文化传统、民间习俗和居民心态，使景观主体产生很强的亲和力，而不是陌生感和隔膜感。建筑立面的出新、市容街景的布置、灯光夜景的设计以及城市雕塑、园林、喷泉、广告等，都成为景观主体的视觉文化对象。景观设计要从适用型向宜人型发展，使景观主体在景观中"可居可游"。从南京到杭州的高速公路的景观设计就符合宜人的要求。英国景观设计师应邀做了设计，他们总的设计理念是回归自然，不平均着墨，不露人为痕迹。他们采用"珠链式"方法，即以高速公路为"链"，以沿线的互通、服务区、山坡等关键地方为"珠"，对"珠"加以重点设计。例如，在其中一处他们设计了松树、果树、柳树和水生物等几个群落，每个群落各具特色。在松树群落里，特大松树、大松树和中小松树错落有致，高低参差，一派生机。

第三，探索景观的物质形态和它们所体现、所荷载的文化内涵的最佳契合度。任何景观都有两个层面：其一是物质形态，其二是符号系统。这种符号系统以某种形式、状貌、结构、色调传达和表现一定的情绪、气氛、格调、时尚、趣味，使物质环境变成类似于精神生活的景观。因此，应该研究景观设计师怎样以符号系统表现和凝定某种信息，景观主体怎样通过符号系统解读这种信息，从而理解景观的文化内涵和审美价值。

我们可以把景观建设的基本原则概括成最简约的公式：功能+舒适+美。这个公式正是技术美学的基本原则。"功能"指景观在技术上应该是完善的和经济的，它符合场所特征，能够发挥预定的功能。"舒适"指景观客体对景观主体具有最佳的宜人尺度。"美"指景观具有最优美的空间形态。这三项形成有机的统一。

我们可以告慰蔡元培先生的是，他当年实施美育的种种设想，必将在更广的范围内、在更高的层次上、在更新的目标中得到实现。

思考题

1. "美育"概念是怎样产生的？
2. 分析"以美育代宗教"的命题。
3. 美育的内涵是什么？美育有什么功用？
4. 怎样实施美育？

阅读书目

《蔡元培美学文选》，北京大学出版社1983年版。

席勒：《美育书简》，徐恒醇译，中国文联出版公司1984年版。

后　记

  北京大学已故教授朱光潜先生和宗白华先生，被称为20世纪中国美学的双峰。他们同年生而又同年卒，冥冥中仿佛有某种安排。朱先生和宗先生不仅留下了丰富的理论遗产，而且在美学修养上也达到了一种胜境。这种胜境的标志是：活泼的生命情趣与闲和严静的意态的结合。他们的生命就像一首气象宏阔、内容丰富的乐曲，然而始于条理，又终于条理。在这一点上，他们和孔子是相通的。孔子说"从心所欲，不逾矩"。这是一种深厚的人格修养，也是一种深厚的美学修养。中国古人喜欢用玉比喻人格的美，玉的光彩极绚烂，又极平淡。凡是与朱先生和宗先生接触过的人，都会感到他们极其质朴、本色和率真，毫无虚饰、矫情和造作。他们心定气敛，绝不张扬。当穿着朴素的朱先生拄着拐杖，拎着款式陈旧的塑料包，步履迟缓地去北大邮局领取稿费时，谁也没有想到他就是大名鼎鼎的美学家。然而，朱先生和宗先生的朴讷中蕴有含蓄的光彩，这正是"绚烂之极归于平淡"，也就是庄子所说的"朴素而天下莫能与之争美"。

  审美是自由的，朱先生和宗先生常用审美的眼光看世界，他们暮年仍不失赤子之心，他们的心境也是自由的。宗先生在一篇文章中曾经援引西汉刘向的《说苑》里记载的一段故事："孔子至齐郭门外，遇婴儿，其视精，其心正，其行端，孔子曰：'趣驱之，趣驱之，《韶》乐将作。'"

孔子看到婴儿天真圣洁的目光，让车夫赶快驶近婴儿，说是《韶》乐将要升起。孔子把婴儿心灵的美比作他最喜欢的《韶》乐。他听了《韶》乐，三月不知肉味。我们从朱先生和宗先生暮年对美的欣赏中，仿佛见到婴儿般真纯的目光。

朱先生多次略带幽默地说他喜欢自己一位本家朱熹的一首诗："半亩方塘一鉴开，天光云影共徘徊。问渠哪得清如许？为有源头活水来。"朱先生的"半亩方塘"中之所以有天光云影，因为他有"源头活水"，那就是美学修养。他善于从丰富华严的世界中随处吸取支持和推展生命的活力。当海面上金黄色的落晖被微风荡漾成无数细鳞时，朱先生领略到晚兴。面对娇红嫩绿、灿烂浓郁的风景，他会忘怀一切。竹韵松涛，虫声鸟语，甚至断垣破屋，也可以成为他赏心悦目的对象。朱先生83岁年老体衰的时候，还独自一人，兴致勃勃地从北大西校门乘公共汽车去西山看红叶。朱先生特别喜欢诗，他对中、英诗的理解是真正的学贯中西。他读中国古典诗词时常常吟哦。读李白的"西风残照，汉家陵阙"，他用高长而沉着的声音去吟哦；读贺铸的"一川烟草，满城风絮，梅子黄时雨"，他用不高不低的声音去慢吟；读林逋的"疏影横斜水清浅，暗香浮动月黄昏"，他用似有似无、似断似续的声音去微吟。朱先生欣赏书法时不仅用心，而且用情。他看颜真卿的字时，仿佛对着巍峨的高峰，不知不觉地耸肩聚眉，摹仿它的严肃；他看赵孟𫖯的字时，仿佛对着临风荡漾的柳条，不知不觉地展颐摆腰，摹仿它的秀媚。我们可以想象，朱先生在欣赏这些自然美和艺术美时，内心是何等的快慰！生机是何等的活泼！内心的自由与和谐外化为行为的端方与静穆。朱先生暮年时，每天下午必定扶杖去校内未名湖畔散步。他所推崇的美学家康德也每天下午散步。康德出门散步是那样的准时，以至邻居见他出门马上校正时钟。

后 记

宗先生自称"美乡的醉梦者",他为美的世界所陶醉、所痴迷。他喜爱艳若春花,也喜爱清如白鹤。他欣赏华丽繁复的美,这是"镂金错采,雕绩满眼",如楚国的图案、楚辞、汉赋、六朝骈文、明清的瓷器、刺绣和京剧的舞台服装;更欣赏平淡素净的美,这是"出水芙蓉,自然可爱",如汉代的铜器和陶器、王羲之的书法、顾恺之的画、陶潜的诗、宋代的白瓷。宗先生对艺术情有独钟,终生与艺术忘情相交,好像"鱼相与忘于江湖"。他每每拄着拐杖,挤公共汽车进城看艺术展览时,他的情怀一定非常闲适。寒冷的冬日,他穿着臃肿的棉衣在颐和园欣赏谐趣园时,心中一定燃烧着热烈的火焰。他把玩王羲之的书法《兰亭集序》时,不仅注意到每个字结构的优美,而且注意到全篇的章法布局。全篇中有18个"之"字,每个都结体不同,神态各异,却又联系和贯穿全篇,使全篇从第一个"永"字到最后一个"文"字一气贯注。宗先生从王羲之不粘不脱的书法中见出晋人的风神潇洒,宗先生自己也像晋人一样旷远飘逸。

朱先生的为人像他的治学一样严肃,这严肃中又自有一种豁达。中国文人历来与酒有缘,朱先生最仰慕的诗人陶渊明尤其喜欢饮酒。朱先生年轻时,常常嚼着豆腐干、花生米之类不慌不忙地喝酒,和朋友喝酒不喧不闹,年迈时依然嚼着家常菜不慌不忙地喝酒。只是年轻时喝酒如喝茶(喝的是江浙一带一种度数很低的酒),年迈时只喝少量的酒。朱先生饮酒时一定想起陶渊明《饮酒》诗中的名句:"采菊东篱下,悠然见南山。"朱先生的饮酒有一种品味陶诗的悠然。朱先生偶尔也抽烟,他从不抽香烟而用烟斗抽烟。烟淡淡地散开,一股清香。朱先生抽烟完全是重过程而不重结果。审美的人生态度也许就是重过程而不重结果。这使人想起《世说新语》里王徽之"乘兴而来,兴尽而返"的故事。

在生活中兼有严肃和豁达，是朱先生至性深情的流露。用他喜欢的格言来说，那就是"以出世的精神，做入世的事业"。"出世的精神"是一种超功利的、审美的精神，"做入世的事业"则是君子自强不息的表现。"文化大革命"中，朱先生被定为北大四大"反动学术权威"，遭到严厉的批判。1976年"文化大革命"结束时，朱先生已经年近八旬。他焕发出惊人的学术青春，短短四五年中，他翻译和整理出版了大量美学著作。用他自己的话来说，就是"一息尚存，此志不容稍懈！"

朱先生和宗先生的美学修养还体现在他们的美学著作的风格上。朱先生不喜欢高头讲章，他反对把美学著作写成朱子家训。我们可以把朱先生青年时代写的《谈美》当作优美的散文来读。针对当时青年的苦闷心理，朱先生劝慰道："朋友，闲愁最苦！愁来愁去，人生还是那么样一个人生，世界也还是那么样一个世界。""我劝你多打网球，多弹钢琴，多栽花木，多搬砖弄瓦。"这些话不免有些消极。然而，朱先生的用心是真诚的，语气是亲切的，态度是平等的，文字也如行云流水。朱自清先生、季羡林先生，都盛赞朱先生文字的晓畅。20世纪90年代，中国台湾的书店里不同出版社出版的朱先生《谈美》的版本竟达十六七种之多。正是言而有文，行之能远。朱先生的美学著作保持了这种清新可诵的风格，不过，这些著作又有浑整的体系和严密的逻辑。

宗先生一直在美的殿堂里散步，他的一本论文集就以《美学散步》命名。他所推崇的庄子也好像整天在山野里散步，观看鹏鸟小虫、蝴蝶游鱼，又在人间凝视各式各样的人物。散步是自由自在、无拘无束的行动。然而，宗先生在对具体美的欣赏中，总要追溯到决定这种欣赏的哲学本原和宇宙意识问题。宗先生散步后的回念尤其令人深思。如果用一句话来概括朱先生和宗先生的人生的话，那么可以说："他们有过诗意的生活。"这是后人最值得学习的地方，也是他们的美学思想和美学修养的精髓所在。

宗先生说过，美学的内容不一定在于哲学的分析、逻辑的考察。"真正理想的美学著作，所应追求的恰恰应该是学术性和趣味性的统一。"[1] 本着这样的宗旨，我以朱先生和宗先生的美学理论为依据，吸纳中外美学研究的有关成果，阐述美学的基本问题，努力追求学术性和趣味性的统一。

感谢同窗好友、北京大学中文系系主任温儒敏先生向我提供了写作本书的机会，感谢北京大学出版社高秀芹女士、王立刚先生和艾英女士的辛勤劳动。我的博士生陈晓娟为本书提供了第二、十二讲的初稿。为了全书体例的需要，我重新写了这两讲，在写作过程中，参考了陈晓娟的初稿。在写作本书时，我仿佛又回到北大校园，追随朱先生和宗先生的足迹，做了一次美学散步。如果翻阅本书的读者，能够有意识地为自己的"半亩方塘"增添些许"天光云影"，作者的心血就没有白费。

2014年春节

---

[1] 《宗白华全集》第3卷，安徽教育出版社1994年版，第604页。